볼트와 너트,

세상을 만든 작지만 위대한 것들의 과학

NUTS AND BOLTS
by Roma Agrawal

Nuts and Bolts

볼트와 너트,
세상을 만든 작지만
위대한 것들의 과학

현대사회를

떠받치는

7가지 발견과

발명 스토리

로마 아그라왈 지음

우아영 옮김

공학을 통해 표현되는 인간의 창의적이고 독창적인 생각의 기원을 탐구하는 멋진 책.

마크 미오도닉 《사소한 것들의 과학》 저자

이 책은 현대사회를 이루는 작고, 경이롭고, 평범한 것들에 대한 매혹적인 러브레터다.

로먼 마스 《도시의 보이지 않는 99%》 저자

로마 아그라왈은 스토리텔링의 대가다. 그는 모든 페이지마다 호기심, 기술에 대한 지식, 열정을 가득 채워 넣는 완벽한 이야기꾼이다. 역사속에 등장하는 엔지니어들의 독창성에서 영감을 받고, 미래의 혁신에 대해 긍정적인 꿈을 꿀 수 있게 되었다.

제스 웨이드 물리학자, 《나노*Nano*》 저자

이 책은 위대한 발명품뿐만 아니라, 이를 만들고 사용하는 사회 그리고 그 영향을 받는 사람들에 대한 이야기를 들려준다.

애덤 R. 샤피로 과학사학자

이 놀랍도록 매력적인 책에는 우리가 사용하는 대부분의 기술이 몇 가지 독창적인 공학적 혁신들이 반복된 결과물이라는 심오한 메시지가 담겨 있다. 로마 아그라왈은 이러한 발명품들을 생생하게 되살려낸다.

필립 볼 과학저널리스트, 《원소》 저자

인류는 수천 년 동안 도구를 만들고 발전시켜왔다. 식물에서 얻은 섬유질로 끈과 천을 만들던 원시 시대부터 거대한 건물과 교량을 세우고, 인공 심장으로 사람을 살리며, 우주비행사가 지구 밖에서도 생존할 수 있는 현대에 이르기까지. 인류가 만들어 낸 물건은 곧 인류의 역사다. 오늘날의 우리를 살아가게 하는 수많은 기계와 건물, 일상 속 물건들은 무척 복잡해 보이지만, 로마 아그라왈은 엔지니어링을 이해하는 일곱 개의 눈을 뜨게 해준다. 그와 함께 못, 바퀴, 스프링, 자석, 렌즈, 끈, 그리고 펌프의 일곱 가지 사물을 중심으로 세상을 둘러보는 새로운 시선은 곧 인류의 삶을 이해하는 흥미로운 여정이다.

로마 아그라왈은 말한다. 우리는 엔지니어링을 통해 존재해왔다고. 우리가 사물을 만들고 사용하는 방식이 곧 우리의 과거와 현재와 미래를 구성하는 일부라고 말이다. 엔지니어링을 이해하는 것은 우리가 문명을 이룩하고 번성하며 때로 누군가를 착취하기도 했던, 인류의 삶의 방식과 문명 공동체의 핵심을 이해하는 것이기도 하다. 엔지니어링이 무엇인지 몰라도 괜찮다. 이 책은 당신에게 공학을 가르치려 들지 않는다. 대신, 우리의 복잡한 삶을 이루는 작고 단순한 것들에 대한 다채로운 이야기를 들려준다.

심채경 천문학자, 《천문학자는 별을 보지 않는다》 저자

일러두기

'engineering'은 일반적으로 '공학'으로 번역하는데, 이 책에서는 학문 분야로서의 공학을 일컫기보다 '인력, 재료, 기계 따위를 일정한 생산 목적에 따라 유기적인 체계로 구성하는 활동'의 의미를 살리기 위해 모두 '공학'으로 번역하지 않고 맥락에 따라 '엔지니어링'과 혼용하였다.

머리말
이 세계의 구성 요소를 이해하는 일

　부러진 크레파스들이 눈앞에 어지러이 놓여 있었다. 한숨이 나왔다. 결과는 실망스러웠다.

　아마 다섯 살쯤이었을 거다. 부모님, 여동생과 함께 눈 덮인 뉴욕주 북부에 살던 때였다. 1980년대 당시 나는 샌드위치나 과자, 보온병 따위를 넣는 커다란 직사각형 도시락통 여러 개를 엄선해서 갖고 있었다. 그중에서도 내 앞에 열려 있던, 앞면에 머펫츠 캐릭터가 그려진 도시락통은 특히 좋아하는 거였다. 거기엔 음식 대신 나만의 어마어마한 크레용 컬렉션을 보관했다. 길고 짧고 굵고 가느다란 색색의 크레파스 말이다. 아이들 대부분이 그렇듯 나도 계속 호기심을 품고 있다가 어느 날 결심했다. 크레파스 안에 뭐가 들었는지 '알아내기'로. 그래서 크레파스를 감싼 종이를 벗겨낸 뒤, 열려 있는 도시락통의 날카로운 모서리에 크레파스를 하나씩 찧어 두 동강을 냈다. 하지만 크레파스 속은 여전히 크레파스만 빽빽이 들어차 있을 뿐이었고 내 기대는 무참히 꺾였다. 여동생은 엄청 실망했지만 나는 그냥 계속했다.

　조금 더 자라서 연필로 글자를 쓰기 시작했을 땐 종이 위에 흔적을 남긴 그 회색 막대가 연필 전체를 관통하는지 궁금해 연필깎이 안에 넣어 돌려보곤 했다. 예상이 맞았다. 그 뒤엔 곧 펜을 쓰기 시작했다. 펜을 분해하자 훨씬 흥미로운 내부가 모습을 드러냈다. 어린 시절 크레파스는 내게 실망을 안겼지만, 만년필과 볼펜에는 나사산이 파인 뚜껑이 있었고 거기에 가느다란 잉크 카트리지와 나선형 용수철이 연결돼 있었다.

　호기심을 주체하지 못해 혼자 물건을 해체하곤 했는데, 다른 사람이 그럴 때에도 옆에서 참견하기 일쑤였다. 인도에서 자라는 동안 텔레비전 화면에 검은 선이 그어지기 시작하면 사람들이 그것을 분해하는 모습을 봤다. 텔레비전 내부를 보고 깜짝 놀랐는데, 훗날 물리학 학위를 받은 뒤에야 그것들을 이해할 수 있었다. 사실 물리학을 공부하기로 한 건 우주가 무엇으로 구성되어 있는지 알고 싶어서였다. 학창시절이 끝나갈 무렵 원자물리학과 입자물리학에 매료되었다. 한때 더 이상 쪼갤 수 없다고 여겼던 원자가 전자, 양성자, 중성자로 이뤄져 있다는 게 밝혀지고, 이것들이 '물질의 기본 요소'라는 전당에 오르는 듯했지만 머잖아 쿼크라는 더 작은 요소가 그 자리를 차지했다는 사실에 내 마음을 쏙 빼앗겼다. 이해를 하든 못하든 당시 나는 사물이 무엇으로 구성되고 어떻게 생겨났는지 알아보는 데에 푹 빠져 있었다.

　복잡한 사물은 더 작고 단순한 것들로 이뤄져 있다. 우주의 구성 요소도, 살아 있는 생명체도, 인간의 발명품도 마찬가지다. 나는 꽤 운이 좋아서 사물을 구성하는 요소에 대한 어린 시절의 호기심을 업으로 삼을 수 있었다. 엔지니어로 일하면서 기계와 건물, 일상 속 물건들이 만들어진 과정과 그 중심부에 위치한 요소들에 끝없는 매력을 느꼈다. 분명 많은 사람들이 이런 감정을 공유하고 있을 것이다. 그걸 써 내려간 결과물이 바로 이 책이다.

엔지니어링은 어마어마한 분야지만 뛰어난 업적 중 일부는 규모가 작거나 무척 단순한 형태다. 우리 주변의 모든 인공물에는 기본 구성 요소가 들어 있고, 이것들이 아니었다면 모든 복잡한 기계는 존재할 수 없었을 것이다. 언뜻 재미없어 보일 수도 있다. 작고, 때론 숨겨져 있다. 하지만 전부 공학적으로 놀라운 위업에 해당한다. 그 안에는 수천 년까진 아니더라도 최소 수백 년 전으로 거슬러 올라가는 매혹적인 이야기가 숨어 있다. 르네상스 시대 과학자와 엔지니어들은 복잡한 기계의 기초가 되는 여섯 가지 '단순 기계(simple machines)'를 정의했다. 지렛대, 바퀴와 축, 도르래, 빗면, 쐐기, 나사다. 하지만 이건 이제 너무 구식인 데다 내가 보기엔 충분한 설명도 아니기 때문에 이 중 몇 개를 빼고 다른 걸 추가해서 현대 세계의 기초라고 생각하는 일곱 가지 사물을 소개하기로 했다. 이 사물들의 근본 원리와 그것이 적용된 엔지니어링 분야, 그리고 이를 통해 가능해진 규모 면면을 살펴보면 이 일곱 가지 사물에는 무척 광범위한 혁신이 내포돼 있다.

못, 바퀴, 스프링, 자석, 렌즈, 끈, 펌프. 내가 고른 이 일곱 가지 사물은 다양한 반복과 형태를 거쳤고, 앞으로도 계속 변화할 경이로운 발명품이다. 이 사물들은 처음 등장한 이후 계속 진화하고 때론 서로 다른 순서로 결합되기도 했다. 발명과 혁신이라는 연속적인 나비효과를 통해 인류는 점점 더 복잡한 기계를 만들어냈다. 일곱 가지 사물 전부가 감동을 주었고 이 세상에 지울 수 없는 흔적을 남겼다. 이것들이 없다면 인류의 삶을 이해하기 어려울 것이다. 이 사물들은 기술을 창조하고 변화시켰으며 또한 역사, 사회, 정치 및 권력 구조, 생물학, 커뮤니케이션, 교통, 예술, 문화에까지 광범위한 영향을 미쳤다.

세계적인 팬데믹이 한창이었던 2020년 영국에서 1차 봉쇄령이 내려진 시기에 이 일곱 가지 사물을 골랐다. 집에 갇힌 채 내가 가진 소지품들과 창문 너머로 보이는 사물들을 의식의 흐름대로 둘러보면서 상상으로(때로 물리적으로) 물건을 분해하고 그 안에 무엇이 있는지 살폈다. 다시 보니 볼펜은 스프링과 나사, 회전하는 구를 중심으로 이뤄져 있었다. 아기 이유식을 만들 때 쓴 믹서기는 기어로 돌아갔고, 기어는 톱니바퀴 없이는 존재할 수 없었다. 모유 수유를 할 때는 유축기 덕분에 남편도 딸아이에게 모유를 먹일 수 있었다. 훗날 우리 딸로 자라난 배아를 만들기 위해 거쳐야 했던 체외수정 과정과 코로나19 백신을 만든 연구는 전부 세포 크기로 볼 수 있게 해주는 렌즈 덕분에 가능했다. 잠깐 산책할 때 착용하거나 의료진을 안전하게 보호해주는 마스크는 수많은 섬유조직을 얽어 짠 천으로 만든 것이다. 가족과 친구들의 목소리를 들려주는 전화 스피커를 만들려면 자석이 있어야 하고, 인터넷에 접속할 수 있게 해주는 이더넷 소켓도 마찬가지다.

굴착기, 고층 건물, 공장, 터널, 전력망, 자동차, 인공위성 등 더 크고 더 복잡한 물건들에 대해 계속 생각했지만, 언제나 이 일곱 가지 기초 혁신으로 돌아오곤 했다. 조각을 이어 붙이려면 못이 필요하다. 회전하는 무언가도 필요한데 그게 바퀴다. 동력도 필요하고 동력을 저장하는 기술인 배터리도 필요하다. 물론 더 근본으로 들어가면 스프링이 있다. 자력(그리고 전력)은 멀리서도 사물을 조종할 수 있게 해준다. 렌즈는 빛의 경로를 마음대로 바꿀 수 있게 해준다. 끈을 이용하면 유연하면서도 튼튼한 소재를 만들 수 있다. 마실 물을 퍼 올리기 위해 펌프를 만든다.

이 일곱 가지 공학적 위업은 실패와 반복을 통해 발견되거나 발명되었다. 무언가가 필요할 때 재료와 모양과 형태를 바꿔가면서 될 때까지 시도해보는 과정 말이다. 예를 들자면 건물, 다리, 공장, 트랙터, 자동차, 전화기, 자물쇠, 손목시계, 세탁기 등 금속 조각들을 이어 붙여야 하는 대부분의 물건들은 못, 나사, 리벳, 볼트가 고정하고 있다. 못은 원래 나뭇조각을 잇는 데 쓰였다. 더 튼튼한 배와 가구를 만들기 위한 새로운 개념이었다. 나중에 나사가 등장해 못이 더 큰 힘을 지탱할 수 있게 됐지만, 만들기는 훨씬 더 어려웠다. 그 뒤 얇은 금속판을 저렴하게 만들 수 있게 되면서 못과 나사는 더 이상 유용하지 않았고 리벳이 발명되었다. 작은 리벳으로 냄비를 만들다가 점차 더 크고 강한 리벳으로 금속판이나 선박, 교량을 이어 붙였다. 그 뒤 기술자들은 리벳과 나사를 합쳐 더 튼튼하고 설치하기 쉬운 볼트를 발명했다. 서유럽에서 가장 높은 건물이자 내가 구조 엔지니어로서 6년 동안 몸담았던 프로젝트인 런던의 더 샤드(The Shard) 빌딩을 안정적이고 견고하게 고정하고 있는 것도 바로 볼트다.

하지만 이 모든 진화가 본래의 못이 쓸모없음을 의미하는 건 아니다. 실제로 못과 그것의 여러 '형제'들이 나사, 리벳, 볼트와 함께 조합돼 가장 알맞은 목적을 위해 쓰이고 있다. 그리고 바로 이런 식으로 디자인이 혁신된다. 인류는 몇 세기 동안 어떤 기술을 사용하다가 새로운 재료나 공정을 발명하면 기존 기술을 그에 맞게 적용해야 한다는 것을 깨닫고는 했다. 반대 경우도 있다. 믿기 어려울 정도로 튼튼한 섬유인 '케블라'를 우연히 발명하고 나서 활용할 방도를 찾는 식이다. 방탄조끼가 그 예다. 이런 발명품 중 일부는 바퀴처럼 매우 비슷한 디자인으로 전 세계 여러 지역에서 독립적으로 개발됐지만, 펌프처럼 모양이 매우 다른 발명품도 있다. 그래서 이런 발명품들은 제각각의 방식으로 탄생하고 변화하고 진화하면서 본래 목적을 훨씬 뛰어넘어 예상치 못하게 응용되고 뜻밖의 영향을 미치기도 한다.

흔히 엔지니어링을 이질적이거나 이해하기 어려운 물질과 복잡한 기술이 어우러져 있는 분야라고 여기지만, 사실 핵심은 사람이다. 만드는 사람들, 필요로 하고 사용하는 사람들, 그리고 때로 무심코 기여하는 사람들 말이다. 닐 암스트롱이 입은 우주복의 실밥이 터질까 봐 걱정하는 델라웨어주의 재봉사, 자기 손에 전류를 흘려보낸 의사, 현미경으로 자신의 정자를 관찰한 가게 주인, 돼지 심장을 이식받는 환자들 말이다. 또 전파를 발생시켜 부총독의 몸을 통과하게 한 인도의 박식가, 실수인 줄 알았는데 실은 놀라운 것을 발명한 이민자 가정의 여성 화학자, 우리가 사물을 볼 수 있는 이유에 대해 새로운 이론을 제시한 이슬람 학자, 깨진 접시 때문에 속상해하던 주부도 그에 해당한다. 수 세기 동안 엔지니어링은 특히 서구의 부유하고 교육받은 사람들과 남성들이 지배해왔다. 이 책에 소개한 이야기와 발명품, 혁신가들은 전 세계 여러 지역과 여러 시대에서 골랐다. 그리고 감춰지거나 인정받지 못한, 엔지니어링 분야의 소수자들이 기여한 바도 포함했다. 주로 업적이 문서화되지 않았거나 특허를 신청하지 않았거나(못했거나) 허가받지 못해서 사라지곤 하던 이야기들이다.

나는 엔지니어링이 과학과 디자인과 역사의 만남이라는 사실을 펼쳐 보이려고 한다. 이는 인간의 필요와 창의성에 관한 이야기이며, 문제를 찾고 이전엔 시도하지 않았던 방법으로 해결책을 찾는 과정에 대한 이야기다. 또한 우리 삶을 더 낫게 만들려고 노력하는 이야기인 동시에 반대로 발명품을 책임감 있게 쓰지 않으면 사회에 파괴적인 영향을 줄 수 있다는 사실을 인지하자는 이야기다. 가장 기초적인 엔지니어링이 어떻게 모두의 일상과 인간성에 불가분의 관계로 연결되는지 설명하고자 했다. 독자 여러분이 어린 시절의 호기심을 다시 일깨우고 점점 더 복잡해지는 엔지니어링의 블랙박스를 조사함으로써 이 세계의 구성 요소를 조금 더 잘 이해할 수 있도록 영감을 주는 것이 내 바람이다.

차례

1장

못
Nail

**가장 단순한 도구가
현대사회를 지배하기까지**

"빨갛게 달아올랐다고요? 아직 충분히 뜨겁지 않은데." 작업장의 시끄러운 소리를 뚫고 단조공 리치가 소리를 내지른다.

나는 팔 길이 정도 되는 가느다란 강철 막대의 한쪽 끝을 맨손으로 조심스레 잡고 있다. 막대의 반대쪽 끝은 용광로 안에서 섭씨 1000도 이상으로 끓고 있는 코크스에 잠겨 있다. 화염 위로 공기를 불어넣어 온도를 더 높인다. 코크스에 잠겨 있던 막대를 뽑아 들고 색깔을 확인한다. 불타는 듯 시뻘겋지만, 리치는 나에게 아직 준비가 덜 되었다고 말한다. 그래서 나는 막대를 다시 불 속에 집어넣고 밝은 주황색으로 타오를 때까지 기다린다. 이제 이 빛나는 강철 막대로 못을 만들 참이다.

그러자면 도구가 필요하다. 옆면에 '102kgs'라는 각인이 새겨진 모루(무언가를 올려놓고 두들기기 위한 도구로 주로 단조鍛造 일을 할 때 쓴다-옮긴이)가 내 앞에 놓여 있다. 강철 막대의 각도를 조정해 막대의 달궈진 쪽 끝을 평평한 모루 위에 올려놓고 무거운 망치로 때린다. 막대가 약간 납작해진다. 몇 번 더 치고 나서 막대를 90도 돌린 다음 다시 때린다. 하지만 머지않아 막대 색깔이 어두워진다. 망치가 튕겨 나오는 게 느껴지고 댕그랑거리는 소리가 더 날카로워진다. 막대가 식어버린 것이다. 막대를 다시 불 속에 넣고 주황빛으로 달귀질 때까지 기다린다. 막대를 모루 위에 올려 망치로 때리고 돌리고 다시 달군다. 끝으로 갈수록 점점 뾰족해지게끔 제대로 만들려면 이 작업을 세 번 반복해야 한다(리치는 한 번 만에 해낸다). 마침내 못의 몸통이 완성된다.

다음으로 모루 위쪽에 난 네모난 구멍에 금속용 조각 끌을 날카로운 끝이 위로 향하게 꽂는다. 앞의 작업으로 끝이 뾰족해진 강철 막대를 다시 달귀 끌 날 위에 직각으로 걸쳐놓고 인정사정없이 세게 내려쳐서 강철 막대를 두 동강 낸다. 이렇게 하면 뾰족한 끝부분만 쉽게 떼어낼 수 있다. 마지막으로 필요한 건 '머리 만드는 도구(heading tool)'다. 직사각형의 기다란 금속판으로 천공기로 뚫은 듯 다양한 크기의 구멍이 여러 개 뚫려 있다. 못의 몸통이 꼭 낄 만한 구멍을 골라 곧 못으로 완성될 그 철 조각을 통과시킨다. 그러고는 강하게 비틀어 못이 될 부분만 남기고 나머지 부분은 제거한다. 이제 못의 꼬리 부분은 금속판의 구멍을 통과해 아래쪽으로 늘어진 모양새가 되고 머리 부분은 약 1센티미터 정도 구멍 위로 튀어나온 상태가 된다. 그 부분을 모루의 동그란 구멍에 정렬시키고 재빨리 두드려 평평하게 만들면 못의 머리가 완성된다.

이제 '담금질'을 할 차례다. 금속판과 못을 통째로 수조에 집어넣으면 뜨거운 열기가 식으면서 '쉬이이익' 소리와 함께 수증기가 피어오른다. 꺼내서 망치로 톡톡 두드리자 못이 바닥에 떨어지며 댕그랑 소리를 낸다. 아직 따끈따끈한, 보잘것없는 나의 창조물.

못은 아주 단순한 엔지니어링 같지만 주위를 둘러보면 못은 어디에나 있다. 책상에서 글을 쓸 때면 못으로 건 사진과 못으로 이은

책꽂이가 보인다. 책상 자체도 못으로 고정돼 있고 책상 밑에서 방금 내가 발로 찬 신발도 마찬가지다. 회반죽 아래 나무판자로 만든 벽이나 나무 들보 위에 놓인 바닥도 전부 못으로 연결돼 있다. 이런 못 대부분은 눈에 보이지 않는다. 나무나 가죽, 벽돌 등에 파묻혀 있기 때문이다. 하지만 과묵하고 든든한 그들의 존재를 나는 알고 있다.

못이 있기에 물체를 서로 연결할 수 있다. 별거 아닌 것 같지만 두 물체를 잇는 행위는 한때 급진적인 일이었다. 우리 주변의 인간이 만든 거의 모든 물건은 근본적으로 서로 다른 부품과 재료들이 결합된 것이다. 모두가 당연하게 여기는 사실이다. 하지만 늘 그런 건 아니었다. 수천 년 전 뭔가를 창조한다는 건 보통 한 가지 재료를 목적에 알맞은 형태로 바꾸는 것을 의미했다. 예를 들어 바위 안에 공간을 깎아내 동굴을 만들거나, 돌을 날카롭게 쪼개 도구를 만들거나, 통나무를 개울 위로 쓰러뜨려 다리를 만드는 식이었다. 전부 엔지니어링의 유용한 사례다. 하지만 좀 더 복잡한 집을 짓거나, 나무막대 끝에 돌이 달린 무기를 만들거나, 나무 한 그루 길이를 훨씬 넘는 거리에 다리를 놓기 위해서는 여러 부분들을 한데 묶어야 했다. 그래야 훨씬 복잡한 물건을 만들 수 있었다.

물론 돌을 쌓아 올려 다리를 지탱할 수도 있다. 밧줄이나 가죽으로 묶을 수도 있고, 접착제가 발명된 뒤론 붙여버리는 방법도 가능해졌다. 하지만 못과 못에서 나온 파생물(리벳, 나사, 볼트) 덕분에 별도 지침 없이도 누구나 큰 규모로 서로 다른 재료를 튼튼하게 이어 붙일 수 있게 되었다. 커다란 목재 보와 기둥을 연결해서 건물을 짓고 여러 겹의 나무 널빤지를 이어 배를 만들고 얇은 금속판을 덧씌워 선박, 조각상, 자물쇠, 시계 등을 만들었다. 못이 없는 세상을 상상해보자. 복잡한 인공위성을 끈으로만 둘러서는 결코 우주로 보낼 수 없다. 움직이는 부품들을 접착제로 이어 붙여서는 시계를 만들 수 없다.

○ ◎ ◎

내가 못을 만든 곳은 하트퍼드셔주 머치해덤 마을에 있는 단조 공장이다. 이 공장은 1811년부터 계속 운영되었다. 내가 만든 못은 네모 모양에다가 약간 두껍고 고르지도 못했으며, 못을 만드는 과정은 무척 고되었다. 그렇게 망치질을 하고 났더니 손바닥에 물집이 2개나 잡히고 이두박근이 떨려왔다. 물론 요즘엔 못도 다 기계로 만들지만 고대 이집트와 로마 시대부터 수천 년 동안 못을 만드는 일은 본질적으로 내가 머치해덤에서 거쳐야 했던 과정, 즉 두드리는 노동을 수반했다.

그 고된 노동은 못을 만드는 데 사용한 재료의 유연성 때문이었다. 못에 얽힌 이야기는 어느 정도는 금속에 대한 이야기나 마찬가지다. 때로 나무로 만든 못도 좋지만 금속 못은 판도를 아예 바꿔놓았다. 금속은 못을 만드는 데 중요한 두 가지 특성을 갖고 있다. 첫째, 망치로 직접 때려 다른 재료에 박을 수 있을 정도로 강하다. 하지만 이에 못잖게 중요한 건 끝을 날카로운 모양으로 만들 수 있다는 점이다. 금속은 내부 구조가 결정질이기 때문에 결정들이 서로 약간씩 움직일 수 있는데, 금속 특유의 이 유연성을 연성(延性)이라고 한다. 예를 들어 클립은 여러 번 구부려도 부러지거나 깨지지 않는다(유연성 스펙트럼의 반대쪽 끝에는 유리처럼 깨지기 쉬운 물질들이 있다. 이런 물질에 강제로 힘을 가하면 쉽게 파괴된다).

열은 금속에 연성을 만드는 방법 중 하나다. 온도가 뜨거워지면 부유하는 전자와 결정 구조 내의 원자들이 들뜬 상태가 되어 격렬하게 움직인다. 열에너지가 빠르게 이동하며 금속이 좋은 도체가 된다는 뜻이다. 금속마다 녹는점과 전도도가 다르지만 온도가 높을수록 원자와 전자가 서로 미끄러지고 이탈하면서 재료가 부드럽고 유연해져 금속 재료를 특정 모양으로 성형할 수 있게 된다. 또 놀랍게도 가열하고 망치로 두드리고 나면 크고 거친 결정들이 더 작고 더 규칙적인 결정들로 재배열되면서 금속의 구조가 바뀐다. 이렇게 하면 금속이 식었을 때 더 강하고 더 단단하고 더 균일해진다.

인류는 약 8000년 전 석기시대부터 금을 캐내기 시작했고 이후 구리, 은, 납을 발견했다. 이 금속들은 너무 물러서 못을 만들기는 어려웠지만 그래도 구리에서 최초로 가능성을 확인할 수 있었다. 이후 진취적인 우리 조상들은 구리와 주석을 혼합해 청동을 만드는 방법을 알아냈고, 마침내 인류는 더 튼튼한 도구와 무기, 갑옷, 못 등을 만들 수 있을 만큼 강한 재료를 만들어냈다.

가장 오래된 청동 못은 기원전 3400년 전의 것으로 이집트에서 발견되었다. 이 못은 오늘날 수작업으로 두드려 만든 강철 못과 비슷하게 생겼지만, 5000년이라는 세월이 흐르면서 녹슬고 무뎌지고 변색되었다. 이집트인들은 청동 세공에 능숙해서 금속에 귀금속, 에나멜, 금으로 정교한 장식을 새겼고, 못 같은 실용적인 도구에도 청동을 사용했다. 이 못을 사용해서 배와 전차를 조립했다.

그 후 1000년 동안 구리와 청동을 사용해 못을 만들었지만 청동은 서로 다른 장소에서 발견되는 구리와 주석을 섞어 만드는 재료였기에 상업적으로 실용적인 선택은 아니었다. 기원전 1300년경 인도와 스리랑카의 금속 노동자들은 철을 만드는 방법을 발견했다. 청동만큼 단단하고 구리보다 더 강한 재료였다. 이로써 동방의 철기시대가 열렸고 청동은 곧 대체되었다. 결정적으로 기원전 1200년 즈음 중동의 정치적 격동기가 시작되면서 청동이 사라졌다. 무역로가 닫히면서 주석(그리고 청동)이 엄청 비싸진 것이다. 훗날 순철 역시 대체되었다. 철에 약간의 탄소를 섞어 만든 강철 같은 합금으로 훨씬 더 튼튼한 못을 만들게 됐기 때문이다.

로마인들은 인도산 철을 활용하는 데 무척 능숙해져서 갑옷을 만드는가 하면 브리튼섬을 포함한 제국 전역에서 못을 대량생산하기도 했다. 로마군 요새가 있던 스코틀랜드 퍼스셔의 인추틸(Inchtuthil)이라는 벌판에서 1960년대에 거대한 못 더미가 발견되었다. 서기 83~86년경 로마 제20군단 소속 약 5000명의 병사들이 갑자기 떠나면서 버리고 간 것이었다. 물을 공급하는 수로와 로마식 공중목욕탕을 채 완성하지 못했을 정도로 아주 짧은 기간 점령했지만 발굴 결과 로마의 요새 설계와 제조 기술에 대한 대단히 흥미로운 고고학적 통찰을 얻을 수 있었다.

요새는 21헥타르(축구장 26개 이상)에 이르는 광활한 규모였고 64개의 막사 건물, 병원, 곡물 창고, 그리고 특히 작업장과 대장간이 있었다. 요새의 양 날개 쪽에서 커다란 밀폐 구덩이가 발견되었다. 고고학자들이 약 2미터 깊이의 자갈층을 조심스럽게 파내자 예상치 못한 보물이 드러났다. 다양한 크기의 철제 못 87만 5428개였다. 놀랍게도 대부분 새것 같은 상태였다. 가장 바깥쪽에 있던 못이 녹슬어 불침투성 피막을 형성하면서 나머지 못들은 부식되지 않고 보존되었던 것이다. 이 못들은 약 2000년 전에 처음 만들어졌을 때처럼 빛이 나고 날카로웠다.

작업장 밖에는 또렷한 바퀴 자국이 새겨져 있어서 무거운 물건들이 오갔음을 알 수 있었다. 인추틸 대장간은 다른 정착지에 못을 공급했을 것이고, 비축물의 규모를 보건대 당시 그들의 군사 계획이 유럽 대륙으로 향함에 따라 브리튼섬의 총독 율리우스 아그리콜라가 갑자기 로마로 소환되기 전까지는 북쪽으로 더 많은 요새를 건설할 계획이었을 수도 있다. 그들은 철수할 때 요새를 불태우고 못 10톤을 묻었다. 당시 칼레도니아인들이 그걸 녹여 무기를 만들까 우려했기 때문이다.

인추틸 구덩이에서 발견된 못의 종류는 여섯 가지였는데, 각각 다른 용도로 만들어진 것으로 보인다. 원반 모양 머리를 가진 손가락 정도 길이의 작은 못이 가장 많았는데, 가구 또는 벽과 바닥 패널에 쓰였을 것이다. 내 팔꿈치에서 손가락 끝에 이르는 길이의 훨씬 커다란 못은 무거운 목재를 고정하는 데 쓰였을 것으로 보인다. 머리가 반복적인 망치질을 견딜 수 있도록 피라미드 모양으로 돼 있었다. 대부분 몸통 단면이 정사각형이었지만 단면이 둥글고 머리가 납작한 원뿔 모양에 꼬리 끝부분이 끌 모양인 못도 28개 있었다. 이런 못들은 아마 석재를 관통하는 데 사용됐을 것이다. 못이 네모

나면 각진 부분 때문에 돌이 쪼개질 수도 있기 때문이다.

　로마인들은 못 머리에 망치질을 했다. 못은 품질이 좋았고 모양, 크기, 재료가 균일했다. 큰 못은 작은 못보다 탄소 함유량이 높아서 더 단단했다. 이건 대장장이가 단조하기 전에 원재료에 등급을 매겼다는 것을 의미한다. 못의 끝부분이 머리보다 더 단단했는데, 아마도 가열해서 망치로 두들기고 담금질하는 방식 덕분일 것이다. 분명 매우 숙련된 금속공들의 솜씨였다. 내가 해봐서 아는데 수작업으로 못을 만드는 것은 아주 고되고 복잡한 일이다. 금속을 적당한 온도까지 가열해야 하며, 망치에 정확한 힘을 실어 정확한 방향으로 내리쳐야 한다. 이 모든 작업은 금속이 충분히 뜨거운 상태에서 신속하게 이뤄져야 한다. 고대인들은 재료의 온도를 측정할 수 없었기에 색깔을 보고 판단했다. 시뻘겋게 달궈졌을 때(강철의 경우 섭씨 700~900도) 구부리는 정도는 괜찮지만 더 복잡한 모양으로 만들려고 하면 금속이 갈라질 수도 있다. 더 뜨거워지면 더 유연해지고 이때 저녁노을 같은 주황색으로 변한다. 섭씨 1300도 이상으로 더 가열하면 눈부신 백색으로 빛난다. 금속 조각을 망치로 두드려 '불 용접'(두드려 만든다는 뜻의 단조 용접이라고도 한다 - 옮긴이)을 하기에 좋은 온도이며, 이 이름은 강철에서 튀는 흰색 불꽃에서 따온 것이다(이렇게 뜨거울 때 금속은 특유의 최면에 걸린 듯한 강렬함을 선사한다. 이 책을 쓰려고 조사하는 동안 강철을 이용해 매우 비범한 유기적인 조각을 창조하는 단조공이자 예술가인 애그니스 존스와 이야기를 나눴다. 그는 강철이 달궈져 흰 불꽃으로 빛나는 순간을 초현실적인 아름다움이라고 표현했다. 강철 표면의 얇은 층이 녹아내리며 단단한 모서리가 흐려지는 모습이 마치 바람 부는 날 모래사장 표면 같다고 말했다). 그 눈부신 흰 불꽃은 단조공이 원하는 한계 온도를 뜻한다. 이 온도를 넘어서면 강철은 폭죽처럼 변하며 불꽃놀이 냄새를 풍긴다. 강철이 타버린다는 뜻이다.

따라서 저탄소 합금은 섭씨 1000~1200도가 성형하기에 적당하다(정확한 온도는 합금 배합에 따라 다르다). 이때 금속은 여름철 오후의 태양처럼 노랗게 빛나며 어느 정도 다룰 수 있을 만큼 부드러워진다. 만족스러운 모양이 나왔다면 찬물에 빠르게 넣어서 식힌다. 앞서 언급한 담금질 과정이다. 금속이 단단해지며 강도가 높아지고 모양이 유지된다.

로마제국이 몰락한 뒤 유럽에서 못 제조 기술은 수 세기 동안 귀하고 특별한 기술로 취급되었다. 중세 브리튼에서 못을 만드는 노동자 '내일러'(Nailer, 나일러Naylor 성씨의 유래)들은 말굽, 이음매, 건축 등에 필요한 못을 만들었다. 지금은 상상하기 어렵지만 재료와 숙련 노동자를 구하기 어려웠던 산업화 이전 시대에 못의 가치가 매우 높았기 때문에 영국은 목재 주택이 일반적이던 북아메리카 등의 식민지로 못을 수출하는 것을 금지했다. 그 결과 이 지역들에서 못은 더욱 귀해졌고 이사할 때 살던 집에 불을 질러 잿더미 속에서 못을 수거하는 사람들도 생겨났다. 1619년 버지니아주에서는 이런 관행을 막기 위해 소유자 보상을 약속하는 법이 통과되었다.

앞서 말한 대로 자신의 농장을 버리는 사람이 그곳에 있는 필수 주택을 불태우는 것은 불법일 것이나, 충분한 보상을 위해 중립적인 두 사람이 그 주택을 짓는 데 들어간 못의 개수를 계산하여 지급할 것….

1776년 미국이 독립한 후 경제와 주택 시장이 팽창하자 미국인들은 본인 소유의 못 제조 사업을 시작했다. 가장 초기의 대규모 사업체 하나는 미국 헌법 제정자 중 한 명인 토머스 제퍼슨이 설립한 것이었다. 대통령이 되기 7년 전인 1794년, 제퍼슨은 버지니아 샬러츠빌에 있는 몬티첼로 농장에서 주조 공장을 차렸다. 2000헥타르의 농장이 딸린 대저택은 가파른 언덕 꼭대기에 자리 잡고 있었고, 제퍼슨이 사는 동안 400명이 넘는 노예들이 일했다. 열두 살 때부터 제퍼슨의 못 공장에서 일했던 조 포셋은 다른 어린 소년들과 함께 손으로 매일 8000개에서 1만 개의 못을 만들었다. 농장의 고갈된 토양을 회복시키는 휴경기 동안에도 제퍼슨 가족이 먹고살기에 충분했다. 포셋은 나중에 공장 관리자가 되었고 노예 해방 후에는 아내와 자녀 열 명의 자유를 사기 위해 직접 못 제조 사업을 시작했다.

제퍼슨은 못 만드는 사업에 자부심을 느꼈고 프랑스 정치인 장 니콜라 드뮈니에에게 보낸 편지에 못을 만드는 일이 그에겐 '귀족의 칭호'와 같다고 쓰기도 했다. 몇 년 뒤 영국이 마침내 수출을 시작하면서 철 가격이 떨어지고 못을 더 쉽게 구할 수 있게 되자 제퍼슨은 1796년 또 다른 친구에게 보낸 편지에서 새로 장만한 '절단기'를 활용해 생산량을 늘릴 거라는 기대감을 내비쳤다.

제퍼슨이 뉴욕의 버랄 씨에게서 구입한 그 기계는 못 제조 기계화의 상징이었다. 1600년에도 못 제조기가 나왔지만 인기가 별로 없었다. 작동이 어설프고 한 번에 한 개만 만들 수 있었기 때문이다. 제퍼슨의 기계는 둥근 통의 테두리에 두르는 용도로 쓰이는 얇은 철판(배럴 후프)을 잘라 조그만 4페니 못(중세 영국에서 이 못 100개의 값이 4펜스였던 데서 유래한 이름)을 만들었는데, 아마 수동 축으로 작동하는 한 쌍의 수직 칼날을 사용했을 것이다. 제퍼슨의 기계로는 못의 머리 부분은 만들지 못했던 것 같지만 그 시대의 다른 기계들은 지렛대 여러 개로 못의 넓은 쪽 끝을 평평하게 눌러서 머리를 만들었다. 이로써 고된 육체노동이 줄고 못을 만드는 과정도 빨라졌지만 그렇다고 과거와 철저하게 단절된 건 아니었다. 초기 기계로 만든 정사각형 커팅의 다소 투박한 못은 오늘날의 완벽하게 둥그런 못보다는 기존의 수제 못과 더 닮았다.

영국은 19세기 내내 대규모 못 생산지였다. 숙련 기술자는 손으로 약 1분 안에 못 하나를 만들 수 있었다. 일곱 살이나 그보다 어린 소년 소녀들이 돈을 벌려고 못을 만드는 일이 흔했다. 특히 잉글랜드 중부의 블랙컨트리에서 못 제조 사업이 번창했다. 철과 석탄이 나오는 지역이기 때문이었다. 식비와 생활비를 벌려는 여성들이 보통 그 일을 도맡았다. 그래서 탄광 노동자와 철물상들은, 가정과 아이들을 돌보지 않는 동안에는 부업으로 돈을 벌 수 있는 '못 만드는 처녀'와 결혼하기를 바랐다.

하지만 여성들이 돈을 버는 경우 종종 그렇듯 결국 노동조합의 반대에 부딪혔다. 못 단조공 노동조합이 여성들이 이 일을 하지 못하게 막으려고 한 것이다. 결국 여성들을 값싼 노동력으로 부리던 사업주들의 반대에 부딪쳤지만 말이다. 일부 여성은 역경을 딛고

못

불가능에 도전했다. 예컨대 엘리자 턴슬리는 1851년에 남편이 사망한 뒤 남편의 못 제조사를 인수하면서 '그 미망인(The Widow)'이라는 별명을 얻었다. 남편이 사망할 당시 그녀에겐 열한 살 미만의 다섯 자녀가 있었고, 못과 체인을 만드는 가족 사업을 확장하는 데 성공해 스태퍼드셔 카운티에서 동종업계 중 가장 큰 규모를 갖추어 다른 7개 지역에 창고를 둘 정도였다. 그녀는 공정하고 인간적인 고용주로 알려져 있었고 영국 전역을 돌아다니며 고객들을 만났다. 1882년 69세의 나이로 사망했을 때 회사 직원은 4000명이 넘었다. 그 회사는 지금도 존재하며, 여전히 그녀의 이름을 달고 있다. 그곳에서 생산되는 못 패키지에도 그녀의 이름이 새겨져 있다.

그런데 엘리자가 살았던 시대에 두 가지 발전이 이루어지면서 산업에 혁신을 일으켰다. 첫째, 엔지니어들이 정밀함과 대량생산의 힘을 발견했다. 이는 물건을 정확한 치수로 반복해서 만들어내는 능력이다. 헨리 모즐리(1771년생)는 최초로 실용적인 금속 절단 선반을 발명했다. 이전에는 기계에 들어가는 작은 금속 부품을 수작업으로 만들었기 때문에 오차가 불가피했다. 반면 그의 기계는 수치가 정확하고 일관된 부품을 만들어냈기 때문에 교환 가능한 부품이라는 신세계가 열렸다. 이제는 필요한 곳 어디에든 꼭 들어맞을 거라는 확신을 가지고 부품을 대량생산할 수 있었다. 이 개념은 산업혁명의 토대가 됐고 나사, 기어, 스프링, 와이어와 같이 특히 얇고 작은 것들을 만드는 기술로 이어졌다.

두 번째는 강철을 빠르고 값싸게 만드는 방법을 발견한 것이다. 총의 재료가 되는 철의 품질을 높이려고 노력했던 또 다른 '헨리'인

볼트와 너트

헨리 베서머(1813년생)는 석탄을 태우는 대신 철에 뜨거운 공기를 불어넣으면 철을 훨씬 더 높은 온도로 가열할 수 있다는 사실을 발견했다. 이 새로운 공정을 통해 철의 불순물을 효과적으로 태운 후 탄소를 정확한 양만큼 다시 첨가해 강철을 만들 수 있었다. 강철은 순철보다 더 강하고 단단하며 마모에도 훨씬 오래 지속되고 약간 유연하다. 못을 만드는 데 이상적인 재료다.

이런 발전에 힘입어 19세기에 빠르게 움직이고 강하게 누르는 기계가 만들어지면서 강철 와이어를 제조할 수 있게 되었다. 이 재료로 값싼 못을 만들 수 있었다.

와이어로 만든 못은 얇고 둥글었으며 처음에는 네모난 못보다 지탱하는 힘이 약했기 때문에 숙련된 소목장이들은 별로 좋아하지 않았다. 하지만 결국 훨씬 싼 가격 덕에 선택받을 수 있었고 생산량이 치솟았다. 1886년 미국 못의 10퍼센트가 강철 와이어로 만든 것이었다. 1913년엔 90퍼센트였다.

오늘날 못을 찍어내는 기계는 1분에 800개가 넘는 금속 못을 만들 수 있다. 와이어로 만든 민자 못(제일 흔하다), 아연 같은 것으로 코팅해 부식을 방지하는 못, 약간의 나사산이나 가시가 나 있는 가시못 등 다양한 종류의 못이 있다. 20세기 초에 나온 기계와 같은 방식으로 전부 강철 와이어를 원통에 감는 것부터 시작한다. 지름이 6밀리미터인 일반 와이어는 못을 만들기엔 너무 굵기 때문에 와이어를 계속 잡아당기는 여러 개의 회전하는 원통을 이용해 와이어를 늘여서 가늘게 만든다. 그리고는 막대 모양으로 뚝뚝 자른다. 각 막대를 못으로 만들려면 두 가지 일을 해야 한다. 먼저 한쪽 끝을 칼날로 눌러서 날카롭게 만들고, 또 다른 기계로 반대쪽 끝부분에 강한 압력을 가해 못의 머리를 만든다. 그러면 끝이다. 가열하지 않아도 되고 이두박근을 튀어나오게 하는 망치질도 필요 없다. 이대로 완성이다.

○ ◎ ◎

못을 보고 있으면 뭐가 보일까? 만약 엔지니어라면 못을 움직이지 않는 견고한 물체가 아니라 때리고 밀고 당기고 부러뜨리는 다양한 힘의 중심점으로 볼 것이다. 오랜 세월을 거치면서 엔지니어들은 못으로 물건을 고정하거나 고정 상태를 유지할 때 이런 힘들을 고려해야 했다.

못을 재료 안으로 밀어 넣어 박기 위해서 빠르고 강하게 때린다. 못의 끝부분이 날카롭기 때문에 재료를 손상시키지 않고 표면에 구멍을 낼 수 있다. 힘이 작용하는 면적이 작을수록 압력이 커지므로 망치를 쾅 때리는 힘이 못의 끝 점을 통해 재료로 효과적으로 전달되기 때문이다. 하이힐을 신고 풀밭에 서면 구두 굽이 땅을 파고 들어가는 것과 같은 원리다.

못을 통해 재료에 가해지는 힘이 있는 반면 거꾸로 못이 받는 힘도 있다. 한번은 벽에 그림을 걸려고 못을 박는데 못이 휘어버렸다. 내가 못을 약간 빗나가게 치는 바람에 힘이 못의 몸통을 따라 곧장 전달되지 않아서라고 생각할 수도 있다. 하지만 그것만이 문제는 아니었다. 사실 나는 못을 충분히 세게 때리지 않았고, 이는 못을 만들기에 좋은 재료가 되는 금속의 또 다른 특징을 보여준다. 못을 충분히 세게 때리지 않아서 못이 휘어진 이 같은 상황은 직관적이지 않은 것처럼 보인다. 큰 힘으로 때릴수록 축이 휘어질 가능성이 더 클 것 같지 않은가? 실제로 구조물의 무게가 오랜 시간에 걸쳐 골격을 짓누르는 대형 건물이나 교량에서는 이런 현상이 발생한다. 그러나 못은 힘이 작용하는 방식과 그 힘에 반응하는 방식에 따라 다르게 거동한다. 여기서는 오랜 시간을 말하는 것이 아니다. 못을 망치로 내리칠 때 압축력이 엄청 커서 못의 몸체에 충격파가 전달되지만 하중이 지속되는 시간은 몇 분의 1초에 불과하다. 못을 세게 내리치면 못이 휘어질 틈이 없다. 하중에 의한 금속의 변형은 하중이 가해지는 속도에 따라 달라진다. 하중이 빨리 가해질수록 금속은 변형되지 않으면서 더 큰 힘을 견뎌낼 수 있다.

일단 망치로 못을 때리면 마찰력에 의해 못이 그 자리에 고정된다. 마찰력은 두 표면이 서로 미끄러지는 중이거나 또는 미끄러지기 시작할 때 발생하는 힘이다. 만약 못으로 결합된 2개의 나무 블록을 떼어내려고 하면 나무의 섬유질이 못의 몸통을 붙잡는다. 못의 길이 방향을 따라 찢기는 힘이 가해지며 그것을 장력(張力)이라고 한다. 이제 이 시도는 둘 중 한 가지 방식으로 실패한다. 못에 비해 장력이 너무 커서 못이 당겨지다가 반으로 뚝 끊어지거나, 마찰력을 극복하고 못이 헐거워지거나. 못을 두 동강 내는 데 필요한 힘은 표면의 마찰력보다 훨씬 크기 때문에 전자에 대해서는 크게 걱정할 필요가 없다. 걱정해야 할 것은 마찰력이다.

못과 블록 사이 마찰력의 크기는 두 물질이 접촉하는 면적과 표면 거칠기에 따라 달라진다. 목재는 균일하지 않을 수 있다. 나무는

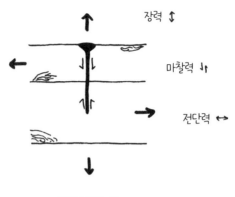

못에 가해지는 힘

점점 커지고 두꺼워지며 나이테가 생기고 잎을 만들거나 떨어뜨리기도 하는 생명체다. 일단 나무를 잘라 목재로 만들면 나무 층의 단단함, 수분 함량, 나뭇결의 방향, 온도, 주변 습도 등이 재료에 영향을 미치며 시간이 지나면서 재료가 변할 수도 있다. 이 모든 요소들이 마찰력에도 영향을 미친다. 앞으로 살펴보겠지만 이는 나사못이 극복해야 할 과제다.

　못에 가해지는 또 다른 힘은 전단력(剪斷力)이다. 만약 못이 관통하고 있는 두 블록 중 아래 블록은 정지해 있지만 위 블록이 옆으로 움직인다면 못의 몸통 전체가 변형될 수 있다. 이것이 전단 효과다. 못이 버틸 수 있는 전단력의 크기는 재료와 단면적에 따라 달라진다. 재료가 강하고 단면적이 클수록 못은 더 큰 전단력에 저항할 수 있다.

　재료로서 강철이 지니는 약간의 유연성이나 연성은, 이런 장력과 전단력을 매우 잘 흡수한다는 것을 의미한다. 강철이 나오기 전의

볼트와 너트

다른 재료들은 한계가 있었다. 연철은 너무 무르고 주철은 부러지기 쉬워서 이런 힘에 노출됐을 때 너무 변형되거나 쉽게 끊어졌다(탄소 함량이 연철은 0.1퍼센트 이하, 강철은 0.1~1.7퍼센트, 선철과 주철은 1.7퍼센트 이상이다 - 옮긴이). 이런 재료로는 못의 크기를 엄청 키워서 망가지지 않을 만큼 튼튼하게 만들었기에 수 세기 동안 쓸 수 있었다. 하지만 얇은 철제 못은 강철이 개발된 뒤에야 만들 수 있었다.

그림을 걸기 위해 벽에 박은 못은 크기가 작긴 해도 엔지니어가 매일 고심하는 것 중 하나인 힘을 보여주는 좋은 사례다. 샌프란시스코의 금문교처럼 커다란 다리 상판에 연결된 케이블에는 상판과 그 위를 달리는 차들의 무게 때문에 팽팽하게 당겨지면서 장력이 가해진다. 그리고 상판을 구성하는 빔(beam)은 자체 무게와 빔이 지지하는 하중 때문에 전단 현상이 생긴다. 구조의 규모가 어떻든 엔지니어링의 핵심에는 동일한 기본 힘들이 존재한다.

○ ◎ ◎

못에 작용하는 힘과 엔지니어들이 그것을 다루려고 고안한 해결책을 보여주는 커다란 구조물로 영국 국왕 헨리 8세가 무척 각별하게 여겼던 600톤급 전함 메리로즈호가 있다. 이 배는 1545년 솔렌트 해전에서 침몰해 수 세기 동안 해저에 가라앉아 있다가 영국 남부 해안 포츠머스에서 발견되어 현재 전시 중이다. 구조물의 상당 부분이 파도에 유실됐고 선체는 이제 썩어가는 늑골의 일부처럼 쩍쩍 벌어진다. 그럼에도 그토록 많은 것들이 남아 있다는 게 정말 놀라운데, 당시 전함이 갑자기 침몰하면서 그야말로 난장판이 됐을 것이고 변화무쌍한 솔렌트 해협의 조수를 수 세기 동안 견뎠을 것이기 때문이다. 전함의 기저에는 한때 바닷속에서 가장 깊은 지점에 있었을, 배의 등뼈에 해당하는 용골이 있다. 용골에서부터 갈비뼈가 위쪽으로 뻗어나와 선체의 구조 골격을 이룬다. 내부에는 빔과 널빤지로 만든 4개의 갑판이 있었고 갑판의 끝은 '니(knee)'(무릎, 해양공학은 그 자체로 생생한 어휘를 갖고 있다)라고 알려진 L자형 블록이 지탱하고 있었다. 그리고 널빤지와 니에서 튀어나온 수많은 선박용 나무못들은 수 세기 동안 배를 지탱해온 고정 장치다.

　나무못은 보통 금속 못보다 훨씬 길고 굵은 원기둥 모양인 나무 막대다. 메리로즈호의 나무못은 최대 50센티미터 길이였다. 나무가 다른 나뭇조각을 뚫을 만큼 강하지 않기 때문에 못을 떠올릴 때 보통 연상하는 특징인 뾰족한 끝부분이 나무못에는 없다. 대신 오거(현대 전기 드릴의 시초)를 사용해 나무판자에 약간 작은 구멍을 먼저 만들었을 것이다. 쉽게 미끄러져 들어가도록 나무못 끝에 동물성 지방을 바른 뒤 긴 자루가 달린 무거운 망치로 때려서 박아 넣었다. 좀 더 단단하게 박기 위해 나무못 끝부분을 약간 갈라 그 속을 코킹이나 타르로 칠한 섬유질로 채워서 못을 정교한 종 모양으로 만들기도 했다.

　배 구조물은 지속적으로 수리와 교체가 필요한데 나무못은 쉽게 톱질할 수 있어서 선박에 매우 적합한 재료였다. 또 나무는 젖으면 팽창하기 때문에 바다에서는 배의 못이 더 튼튼하게 조여졌다. 그러나 큰 힘을 지탱할 만큼 강하지는 않았기 때문에 몇몇 중요한 접합부에는 나무못 외에도 니 같은 쇠막대를 넣어서 내구력을 높였다.

볼트와 너트

33년 동안 바람, 파도, 그리고 프랑스 함대와의 전투를 견뎌내며 바다를 항해하는 동안 나무못은 이 거대한 선박을 견고하게 지탱했다. 이 배의 최후는 여전히 수수께끼다. 메리로즈호가 적함에 접근할 때 갑자기 선체가 뒤로 기울어지면서 물이 쏟아져 들어왔고 이후 급격하게 침몰하면서 거의 모든 선원이 사망했다. 때때로 썰물에 잔해가 떠밀려왔지만 난파선의 정확한 위치는 찾을 수 없었다. 1960년대 중반부터 메리로즈호의 잔해를 찾기 위해 잠수부들이 솔렌트 해협을 체계적으로 수색하기 시작했고, 1971년에 마침내 발견했다. 철은 바다의 짠물에 상당 부분 분해된 지 오래였기 때문에 그때까지 선박을 유지하고 있던 것은 나무못이었다. 선박을 인양했을 때 나무 원형을 보존하기 위해 남은 철은 모두 제거했다. 이제 메리로즈호의 선체가 건조되고 수축하면서 과거 목재 표면과 수평으로 위치해 있던 나무못들이 드러났다. 마치 배를 온전하게 지킨 자신의 역할을 인정받으려는 듯 고개를 내밀면서.

메리로즈호는 최초의 전용 전투함이었다. 220년 뒤 또 다른 함대인 영국의 HMS 빅토리호가 채텀 로열 조선소에 띄워졌다. HMS 빅토리호는 당시 가장 큰 목재 함대로 최소 2000그루의 참나무가 사용됐고 항해를 하려면 37개의 개별 돛이 필요했다. HMS 빅토리호가 건조될 당시엔 기술이 발전해서, 여전히 대형 나무못으로 연결하는 부분이 있긴 했지만 방대한 양의 금속 고정 장치도 함께 사용되었다. 여기서도 색다르고 감각적인 명칭들을 만날 수 있다. 코악스(coax, 유창목으로 만든 짧고 넓적한 못), 클렌치(clench, 주요 구조물들을 묶는 거대한 구리 막대), 데크덤프(deck dump, 구부려서 갑판 구조물을 선체에 결합한 것으로 추정되는 굵고 긴 연철 막대), 랜턴못(lantern nail, 랜턴을 매다는 용도로 쓰인 L자 모양 머리를 가진 철제 못), 포어록볼트(forelock bolt, 끝이 가늘어지는 부분에 구멍이 뚫려 있고 그 구멍으로 철제 쐐기가 통과해 볼트를 고정하는 부품), 문츠 금속못(Muntz, 끝이 뾰족한 황동합금 못으로, 이를 발명한 조지 문츠라는 영국 버밍엄 산업가의 이름을 땄다) 등이다.

이 시점에 엔지니어들은 재료를 더 신중하게 사용했다. 예를 들어 바닷물에 잠기는 부분에는 구리 연결부를 썼다. 철과 달리 구리는 바닷물과 반응해서 목재를 손상시키는 일이 없기 때문이다. 구리와 철이 혼합된 문츠 금속은 순구리보다 값이 저렴하면서도 잘 부식되지 않는다는 장점이 있었다. 철은 선체의 수면 윗부분과 내부에 사용되었다.

1765년 배를 바다에 처음 띄울 당시 HMS 빅토리호는 최신 기술로 건조된 선박이었고 1775~1783년 미국 독립전쟁에서 함대 전체를 이끌었으며 1805년 트라팔가르 해전에서 넬슨 부사령관의 기함으로 쓰이면서 유명해졌다. 하지만 당시는 기술이 끊임없이 혁신되는 시기였고 산업혁명이 가속화되면서 기존 건조 방식은 빠르게 대체되었다. HMS 빅토리호는 영국에서 제작된 마지막 대형 목재 전함 중 하나였고, 그 이후엔 대부분 철제로 건조되어 다른 종류의 고정 장치가 필요하게 되었다. 이 기념비적인 목재 선박은 지금도 포츠머스의 왕립해군국립박물관 건조 독에 보관돼 있다. 방문한다면 선박뿐만 아니라 선체를 연결하는 데 썼던 금속 못이나 볼트 같은 다양한 부품이 잡다하게 전시된 진열장도 꼭 둘러보기 바란다. 엔지니어들이 재료들을 결합해 복잡하면서도 움직일 수 있는 구조로 만드는, 숨겨져 있지만 매우 독창적인 방법들을 확인할 수 있다.

○ ◎ ◎

메리로즈호에 나무못이 사용되었다는 것은 금속 못이 유용하긴 해도 늘 최선의 선택은 아닐 수 있다는 사실을 시사한다. 때로는 그저 필요해서 나무못이 사용된다. 일본에는 철광석이 풍부하지 않기 때문에 사철에서 수고스럽게 추출한 금속 대부분은 전설적인 일본도를 만드는 데 사용되었다. 5세기 이후로 일본은 나뭇조각을 서로 끼운 뒤 복잡하게 맞물리는 연결부를 정확한 순서로 조립하는 방식으로 사원과 탑을 세웠으며, 여기에 금속 연결 장치는 없었다. 이렇게 나무로만 된 연결부는 유연성 덕분에 지진이 잦은 일본에서 피해를 예방하기에 적합했다. 연결부가 덜컹거리며 에너지가 분산되기 때문이다.

하지만 어떤 환경에서 엔지니어는 못의 뛰어난 기술력에도 불구하고 못이 제 역할을 다 하지 못하는 상황에 직면하기도 한다. 못의 단점 중 하나는 견고하게 고정하기 위해 마찰력에 의존한다는 점이다. 이는 못이 상당히 길어야 하며 못의 몸통 전체가 결합하려는 재료와 완전히 포개져야 한다는 것을 의미한다. 그렇지 않으면 못을 꽉 붙들어줄 마찰력이 생기지 않고, 진동과 반복적인 움직임이 마찰력을 이겨내면 못이 빠져버릴 수도 있다. 따라서 흔들림에 계속 노출될 가능성이 높은 엔지니어링 부품에는 못이 가장 좋은 선택이 아닐 수도 있다.

비행기보다 진동이 심한 건 없다. 나는 비행기를 타는 데 서툰 편인데 지상 수천 미터 위에서 아주 얇은 금속 하나만이 바깥 공기와 나를 분리하고 있다고 생각하면 불안해진다. 만약 엔지니어들이 이런 진동을 견딜 수 있는 체결 장치를 고안했다는 사실을 몰랐다면 훨씬 더 불안했을 것이다.

비행에 대한 나의 두려움과 못이 비행기 제작에 적합하지 않다는 사실 때문에 초기 비행기 일부가 실제로 못으로 고정돼 있다는 걸 알았을 땐 좀 놀랐다. 그리고 제46 타만 근위야간폭격 비행연대 같은, 초기 비행기를 탄 비범한 승무원들이 엄청 존경스럽기도 했다. 항공사(navigator, GPS가 없던 시절 태양과 별, 풍향과 풍속 등을 관찰해 비행기의 현 위치와 비행경로 등을 계산하는 임무를 담당했던 운항승무원 – 옮긴이)였던 폴리나 블라디미로브나 겔만은 1930년대 10대 시절부터 글라이더 비행을 배우기 시작했다. 그렇지만 키가 작아서(비행기를 설계할 때 모두를 고려하지 않은 탓이라고 주장할 수 있을 것이다) 첫 글라이더 비행에서 교관이 보여준 기술을 시도하기 위해 비행기 방향타 페달을 조작하려면 좌석에서 미끄러져 내려가야만 했고 그때마다 시야에서 사라졌다. 겔만은 돌아오지 말라는 말을 들었다. 하지만 제2차 세계대전이 발발하고 독일이 소련을 공격했을 때 마리나 라스코바라는 조종사(pilot)가 여성들만의 비행연대를 구성하고 있다는 소식을 들었다. 겔만은 조종사가 되고 싶었지만 여전히 그녀의 몸에는 비행기가 너무 컸기 때문에 결국 항공사로 훈련받게 되었다.

항공사인 겔만과 비행기 조종사는 폴리카르포프 Po-2라는 비행기를 탔다. 밤의 엄호 아래 조종사와 겔만 그리고 나머지 비행대대는 독일의 참호, 보급선, 철도 같은 목표물에 접근할 때 엔진을 끄고 조용히 활공하다가 폭탄을 떨어뜨렸다. 고요히 활공하는 가운데 비행기 날개 구조를 통해 바람이 불었기 때문에, 지상의 병사들은 이들을 빗자루 탄 마녀에 비유해 '나흐트헥센(Nachthexen, 밤의 마녀들)'이라고 조롱했다.

처음에 남성 조종사들은 이들을 과소평가했지만 여성 조종사들은 혹독한 기후 조건에서 종종 잠도 제대로 자지 못한 채 비행 임무를 수행하는 등 자신들의 가치를 증명하는 것 이상의 일을 해냈다. 대부분의 연합군 조종사들이 귀환 전까지 30~50개의 임무를 수행한 데 비해 놀랍게도 겔만은 소속 연대의 선임 중위로서 860개의 임무를 완수했다. 그녀는 유대인 여성으로는 유일하게 소련 시민이나 외국인에게 수여되는 최고 영예인 소련 영웅 훈장을 받았다(유대인이라는 건 그녀가 러시아인으로 여겨지지 않았음을 의미한다). 그 공로로 훗날 금성 훈장을 받았다.

나는 Po-2 비행기를 보러 영국 비글스웨이드에 있는 항공박물관 셔틀워스 컬렉션을 방문했다. 비행기만 보자면 이 모델은 값싸고 조잡하지만 견고하고 신뢰할 수 있다(이 특정 모델은 지금도 비행할 수 있을 정도로 상태가 좋다). 길이가 8미터에 불과하고 위아래로 날개가 2개 있는 복엽기다. 하지만 내가 가장 주목한 특징은 Po-2가 목재로 만들어졌다는 점이다. 즉 못이 비행기의 구조와 구성에 중요한 역할을 했다는 의미다. 비행기 동체는 4개의 길고 단단한 목재 빔(위아래 각 측면에 하나씩)으로 만들어졌으며 수직 목재 빔이 이것들을 고정해 긴 직사각형 프레임을 형성했다. 각각의 수직 빔 사이에는 튜브를 받쳐주는 조각이 대각선으로 놓여 있어서 단단했다. 이 1차

못

구조물은 튼튼한 강판과 볼트로 연결하거나 못과 함께 접착해 보강했다. 기체의 가장 바깥쪽에 있는 도색된 외피는 곡선 형태의 얇은 나무 늑골 보조망에 아마섬유를 붙인 것이었다. 접착제가 마르는 동안 아마섬유를 나무에 고정시켜놓기 위해 못을 사용했고 완성되고 나면 무게를 줄이기 위해 제거하기도 했다.

목재는 제1차 세계대전 당시 비행기 제작에 사용돼왔지만 항공공학은 그 이후에 발전했다. 그래서 널리 알려진 호커 허리케인 같은 제2차 세계대전 초기 전투기의 동체는 이전의 전투기와 구조는 같지만 날개는 한 쌍으로 줄었고 나무 대신 강철이 사용되었다. 비행기의 주요 구조는 강철로 만들고 외피에는 나무와 직물을 사용하기도 한 과도기였다. 이 비행기에서는 직물을 고정하는 데 여전히 못이 쓰였지만 강철판과 빔은 못을 박아 넣을 만한 공간이 거의 없는 얇은 판이었다. 이렇게 얇은 부품을 고정하려면 못이 아닌 다른 고정 장치가 필요했다. 다행히도 고대 세계의 엔지니어들이 이미 이걸 할 수 있는 고정 장치인 리벳을 개발해놓은 터였다.

와이어로 만든 못처럼 리벳도 원통형이지만 못보다는 굵다. 와이어 못과 달리 리벳은 끝이 뾰족하지 않다. 대신에 둥그런 머리가 2개 붙어 있어서 아주 조그마한 아령처럼 보인다. 주변을 둘러보면 산업혁명 시대의 철도 교량과 건물에 독특한 돔 모양의 머리가 일정한 간격으로 배치돼 구조용 빔과 기둥을 서로 연결하고 있음을 알 수 있다. 하지만 오늘날 이런 구조물에서 리벳은 구식 부품이고 볼트가 그 자리를 차지했다. 이에 대해서는 곧 이야기할 것이다. 그러나 항공우주 산업의 엔지니어들은 리벳을 여전히 광범위하게 쓰고 있다. 공간을 많이 차지하고 무거운 볼트보다 리벳이 더 낫기 때문이다. 현재는 목재가 아닌 금속을 다루는 조선업자들도 리벳을 선호한다. 그러나 이런 산업들은 단순히 리벳의 혜택을 받았을 뿐이다. 이런 산업들로 인해 엔지니어가 리벳을 발명한 게 아니다. 이를 알려면 훨씬 더 과거로 거슬러 올라가야 한다.

로리카 하마타와 로리카 세그멘타타(가죽 끈에 묶은 금속 고리로 구성된 갑옷)라는 로마의 쇠사슬 갑옷 두 종류는 철제 리벳을 사용했다. 머치해덤 공장에서 내게 못 만드는 법을 가르쳐준 단조공 리치는 이 기술이 어떻게 탄생했는지 설명해주었다. 목공 기술에 영감을 받은 단조공들은 장붓구멍과 장부 이음새를 사용해 큰 쇳조각들을 서로 연결하려고 했다. 한 조각의 끝에 있는 돌출부, 즉 장부가 다른 조각의 홈인 장붓구멍에 끼워져 맞물리는 이런 접합부는 조심스레 조각할 수 있는 목재와 잘 어울리지만, 철은 본래의 특성과 모양으로 인해 목재처럼 매끄러운 표면을 만들 수 없기 때문에 장부와 장붓구멍 사이에 필요한 마찰력을 내기 위한 충분한 접촉면을 설계하기가 어렵다. 또 마찰만으로 크고 무거운 쇳조각들을 함께 고정시키기는 불충분할 것이다. 그래서 단조공들은 장붓구멍을 뚫고 나오는 더 긴 장부를 만들어 장부의 끝을 가열한 뒤 망치로 내리쳐서 장부의 머리를 만들었다. 바로 이것이 리벳 설계의 기초다.

하지만 실제로 리벳은 이보다 더 오래되었다. 이집트인들이 못을 만들던 시기와 비슷한 기원전 3000년부터 사용했다고 추측된다. 보스턴 미술관은 이집트의 고대 무덤 아비도스에서 발견된, 기원전 1479~1352년의 것으로 추정되는 청동 주전자를 보유하고 있다.

아름다운 디자인의 이 주전자는 둥글둥글한 몸통에 땅딸막한 원통형 목이 달려 있으며, 표면은 짙은 빨간색과 갈색이 섞인 얼룩덜룩한 색감을 띠고 있고 망치로 청동 모양을 가공하면서 생긴 옴폭 들어간 흔적들이 있다. 한쪽에는 연꽃 모양의 손잡이가 있으며 3개의 리벳으로 몸통과 연결돼 있다.

고대부터 현대까지 모든 엔지니어들에게 리벳의 장점은 못과 달리 마찰력에 의존하지 않는다는 점이다. 리벳은 그 형태 자체를 통해 물체를 고정한다. 리벳이 고정하고 있는 2개의 금속판을 떼어내려고 하면 리벳 몸통에 장력이 걸리면서 양쪽 돔의 안쪽 면이 힘에 저항한다. 이런 식으로 힘에 대응하려면 리벳은 설치할 때 모양이 바뀌어야 한다(모양이 그대로 유지되는 못과 다르다). 리벳에는 핫리벳과 콜드리벳 두 종류가 있으며, 둘 다 한쪽 끝에 반구형의 뚜껑이 달린 원통형 축으로 시작한다. 설치하기 전에 연결하려는 2개의 판에 구멍을 뚫어야 한다.

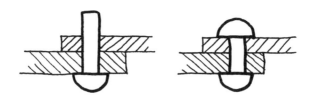

리벳 설치 전후

내가 사랑해 마지않는 19세기 교량들처럼 큰 힘으로 구조물의 대형 조각들을 결합하려면 핫리벳을 써야 한다. 불을 담당하는 리벳공은 뜨겁게 달군 리벳을 재빠르게 다음 기술자에게 던지고, 그 리벳공은 집게로 그걸 잡고 미리 뚫어놓은 구멍에 넣는다(뜨거운 금속 조각들이 건설 현장을 가로질러 날아다니는 것이 이제 과거의 일이라는 게 다행스럽다). 또 다른 리벳공은 돔이 새겨진 무거운 금속 도구인 '리벳 스냅'이 들어 있는 망치로 튀어나온 축을 두드린다. 빠르게 때리고 나면 축의 끝부분이 돔 모양으로 눌리면서 결과적으로 2개의 반구형 머리가 재료를 제자리에 고정한다. 리벳이 식으면 약간 수축하면서 체결력이 더욱 강해진다. 핫리벳은 철이나 강철 같은 단단한 물질로 만들어졌기 때문에 두 번째 머리 부분을 형성하려면 가열해야 한다. 지금은 이 모든 종류의 리벳을 설치하는 과정이 기계화되어 있다.

엔지니어는 핫리벳 대신 콜드리벳을 쓸 수도 있다. 알루미늄 같은 더 부드러운 금속으로 만들어졌기 때문에 가열할 필요가 없고 모양을 더 쉽게 만들 수 있다. 속이 비어 있고 핫리벳에 비해 훨씬 작아서 더 가볍다(강하진 않더라도). 이런 종류의 리벳은 연료 소모량을 줄이기 위해 무게를 최소화하는 것이 핵심인 항공기에 사용된다.

호커 허리케인 같은 비행기에는 속이 빈 리벳 수백 개가 쓰였고, 큰 부하를 지탱해야 하는 프레임 접합부는 나사와 볼트로 함께 고정돼 있었다. 그러나 리벳은 또한 비행기 동체의 근본적인 디자인을 바꿀 수 있게 했다. 호커 허리케인은 각각 강철과 나무로 만들어진 구조 두 세트로 동체가 구성돼 있었다. 하나는 내부의 주요 구조이고, 다른 하나는 외피가 부착된 바깥쪽의 구부러진 프레임이었다. 반면에 독특한 타원형 날개와 거의 시속 600킬로미터에 도달할

못

수 있는 유선형 몸체를 가진, 브리튼 전투의 상징인 스핏파이어 전투기는 이것과 근본적으로 달랐다.

항공박물관 셔틀워스 컬렉션의 Po-2 비행기에서 멀지 않은 곳에 전시된 스핏파이어 안을 들여다봤을 때 내가 가장 먼저 알아차린 것은 내부가 거의 비어 있다는 점이었다. 외피 바로 안쪽에 동체 구조를 형성하고 있는 여러 개의 구부러진 알루미늄 아치들을 볼 수 있었다. 각 빔의 가장자리를 따라 좁은 테두리가 있었고, 외피와 일렬로 늘어서 있었다. 빔의 테두리와 동체의 외피, 이렇게 2개의 층이 수천 개의 리벳으로 고정돼 있었다. 2개의 알루미늄 층 모두 극도로 얇았다. 이렇게 두 층을 결합한 것은 하나처럼 움직여야만 하기 때문이었다. 만약 두 층이 서로 미끄러지면 하나의 강력한 구조물로 작동하지 못할 것이다. 축을 가로지르는 전단력에 대항하는데 효과적인 리벳은 이에 완벽했다. 여기서 핵심은 호커 허리케인이 2개의 프레임(구조와 외피)을 필요로 한 반면 스핏파이어는 하나만으로도 충분했다는 것이다. 이 새로운 형태의 동체는 가벼우면서도 강력한 고성능 항공기의 시대를 열었다.

리벳은 앞서 설명한 2개의 돔형 머리를 가지고 있지만 스핏파이어의 설계자 R. J. 미첼은 비행기 외부로 삐져나온 리벳 머리를 평평하게 만들어 비행기 위로 공기가 원활하게 흐르게 함으로써 비행기가 더 빨리 날 수 있길 바랐다. 하지만 접시머리 리벳이라고도 불리는 평리벳은 제조 비용이 더 많이 들고 설치 시간도 더 오래 걸리기 때문에 평리벳이 실제로 스핏파이어의 속도에 변화를 주는지 여부를 검증하기로 했다. 그들이 이를 실험하기 위해 쓴 방법은 특이했다. 엔지니어들은 비행기의 모든 평리벳 머리에 쪼갠 완두콩 조각을 접착제로 붙이고(어떤 자료에 따르면 '수두 감염'처럼 보였다고 한다) 비행기를 날린 뒤 속도를 기록했다. 그러고는 쪼갠 완두콩을 단계적으로 제거하면서 추가 시험비행을 하고 결과를 기록했다. 미첼의 선택은 옳았다. 데이터에 따르면 돔형 리벳은 전투기의 최고 속도를 시속 35킬로미터까지 줄일 수 있었다.

전후 수십 년 동안 보통의 여객기는 스핏파이어와 비슷한 구조의 알루미늄으로 만들어졌다. 기체와 날개에는 휘어지고 뒤틀리는 큰 힘이 작용하며 갑작스러운 돌풍과 급격한 온도 변화, 강한 진동에도 충격을 받는다. 리벳은 항공기에 절대적으로 필요한 구성 요소다. 보잉737 비행기 한 대를 완성하는 데 60만 개 이상의 리벳과 볼트가 들어간다.

20세기 초 알루미늄 판의 추출 및 제조 방법이 값싸고 빨라지면서 항공우주 산업의 새로운 디자인 세계가 열렸지만 리벳이 없었다면 오늘날의 대형 여객기를 상상할 수 없었을 것이다. 리벳이 없었다면 여전히 Po-2와 호커 허리케인의 외피 안쪽에 끼워진 프레임에 의존해야 하고, 따라서 승객 수용력도 제한됐을 것이다. 스핏파이어의 튜브 구조의 개방형 리벳 덕분에 비행기 내부 공간을 확보할 수 있었고 수백 명의 사람들과 수 톤의 무거운 물건을 운반하는 크고 가벼운 현대식 항공기가 탄생했다.

○ ◎ ◎

스핏파이어 같은 복잡한 기계들은 18세기 말에 시작돼 19세기에 확장된 대량생산과 조립라인 덕분에 만들어질 수 있었다. 욥과 윌리엄 와이엇 형제, 그리고 헨리 모즐리(금속 절단 선반의 발명자)와 조지프 휘트워스 같은 엔지니어들은 제조 방법을 혁신해 미세하고 정확한 측정을 바탕으로 특정한 기준에 맞춰 물건을 대량생산할 수 있게 했다. 그중 하나가 나사였다.

나사는 리벳이나 못과 마찬가지로 사물을 서로 고정할 수 있는 공학적 해결책이다. 몸통이 길고 머리가 있다는 점에서 못과 비슷하지만 못과 달리 몸통이 매끄럽지 않고 나선형의 나사산으로 둘러싸여 있다. 둘 다 끝이 뾰족해서 결합하려는 사물에 구멍을 뚫어야 하는 점도 비슷하다. 하지만 못과 달리 나사는 돌아가면서 나사산이 사물을 파고들어 나사가 파묻히게 된다. 또 못과 달리 나사는 기계적인 힘으로 나사산 사이에 끼인 부분들을 물리적으로 고정한다.

나사에서도 마찰은 여전히 중요하다. 나사산과 재료 사이에 마찰력이 작용하면서 나사가 풀리거나 느슨해지는 것을 방지한다. 함께 고정돼 있는 두 조각을 떼어내려고 할 때 나사에는 축에 가해지는 직접적인 인장력보다는 사물이 나사산을 따라 밀어내는 힘이 작용한다. 설치할 때도 나사에는 못과는 완전히 다른 힘이 가해진다. 쾅 때리는 힘보다는 스크루드라이버로 돌릴 때 일정한 비틀림이나 뒤트는 힘이 작용한다. 나사를 만드는 재료는 비틀어도 변형되지 않을 정도로 튼튼해야 한다.

어쩌면 나사못이 더 좋은 고정 장치라고 생각할 수도 있다. 못의 어른 버전이랄까. 나사는 변형되지 않을 만큼 튼튼해야 하기 때문에 보통 못보다 단단한 재질로 만든다. 나사산 덕분에 사물을 단단히 결합해주며 장력(끌어당기는 힘)에도 잘 견디기 때문에 나사가 풀릴 염려 없이 물건을 걸 수 있다. 나선형 나사산은 아주 작고 축을 짧게 만들 수 있다. 나사로 손목시계 부품이나 얇은 금속판 같은 작은 것을 고정할 수 있다는 뜻이다. 나사는 설치했다가 제거하기도 쉽다. 스크루드라이버를 반대 방향으로 돌리기만 하면 된다.

동시에 나사는 더 단단하기 때문에 전단력에 깨지기 쉬운 반면, 못은 더 연성이거나 유연해서 쉽게 부러지지 않는다. 나사 디자인에 머리 모양(예컨대 스크루드라이버를 끼우는 십자나 마이너스 모양)이 포함되기 전까지는 설치하기가 까다로웠다. 모즐리의 기계가 나오기 전에는 나사를 만드는 데 비용과 노력이 많이 들어갔다. 나사의 나사산을 일일이 손으로 고생스럽게 파내야 했다. 즉 나사는 적어도 15세기 이전 유럽에서는 널리 쓰이지 않았고, 산업혁명 이후에 값싸고 널리 쓰이는 제품이 되었다는 의미다.

그럼에도 나사, 더 구체적으로는 축을 둘러싼 나선형 나사산이라는 개념은 두 물체를 결합하는 것을 훨씬 뛰어넘는 엔지니어링의 오랜 특징이다. 고대 이집트에는 오늘날 아르키메데스의 나선 양수기라고 불리는 관개 도구가 있었다. 속이 텅 빈 나무통이 있고 그 안에 긴 나사산이 달린 원통이 있다고 상상해보자. 한쪽 끝은 강이나 호수에 잠기고 다른 쪽 끝은 육지보다 더 높은 곳에 놓이도록 비탈면에 설치했다. 손잡이로 나사를 돌리면 나사산이 통 안에 물을 가득 담아 땅 위로 끌어올린다. 이런 관개 방식은 나일강을 따라 여전히 사용되고 있으며, 아르키메데스도 이것을 보고 영감을 얻었다는 주장도 있다. 하지만 오늘날엔 네부카드네자르 2세 왕을 섬기던 기술자들이 바빌론의 유명한 공중정원에 물을 대기 위해 이보다 수백 년 전, 그러니까 기원전 6세기에 발명했다는 이야기도 있다. 우리가 아는 한 나선 양수기는 수학적으로 복잡해 만들기 까다로운 나선형이 역사에서 최초로 등장한 사건이었다.

16세기까지 나사는 (지렛대, 바퀴와 축, 도르래, 빗면, 쐐기와 함께) 단순 기계에 포함되었다. 단순 기계는 그리스인이 처음 만들고 르네상스 과학자와 기술자들이 다듬은 개념으로, 움직이는 부품이 거의 또는 아예 없는 도구로서 종종 힘의 방향을 바꿔 힘에 대항해 작동하게끔 해준다.

예를 들어 무거운 물건을 수직으로 들어올리는 것보다 빗면 위로 밀어올리는 것(피라미드를 건설할 때 사용한 기술)이 훨씬 쉽다. 또는 지렛대의 일종인 시소로 어린아이가 자기 아빠를 들어올리는 것을 생각해보라. 아빠가 한쪽의 중심부 가까운 곳에 앉으면 아이는 다른 쪽의 끝부분을 아래로 눌러서 아빠를 들어올릴 수 있다. 분명 아이의 근육이나 체중만으로 해낼 수 있는 일은 아니다. 나사의 경우 나선형의 나사산이 회전운동을 선형운동으로 변환한다. 즉 아르키메데스 나선 양수기에서 축의 회전운동은 물을 직선을 따라 위로 끌어올린다.

마천루는 이런 회전운동을 선형운동으로 변환할 수 없는 지역에서는 존재할 수 없었다. 초기의 고층 건물은 지반이 단단하고, 두꺼운 콘크리트 슬래브만으로도 건물의 엄청난 무게를 아래쪽 암반으로 분산시킬 수 있는 맨해튼 같은 지역에 등장했다. 반면에 런던 같은 도시는 더 부드럽고 가변적인 재료인 점토에 기반하고 있는데,

점토는 물에 운반되고 분쇄된 입자로 만들어진 고운 흙이다. 점토는 젖으면 팽창하고 마르면 수축해서 갈라질 수도 있다. 계절마다, 그리고 매년 이런 현상이 나타나기 때문에 이곳에 고층 건물을 지으면 문제가 발생할 수 있다.

이를 해결하기 위해 엔지니어들은 구조물을 지탱하려고 지반에 말뚝처럼 박은 기초인 파일(pile)을 사용한다. 땅속으로 40미터가량 박힌, 지름 1미터 이상의 거대한 콘크리트 축 위에 건물을 높다랗게 세울 수 있다. 못과는 한참 먼 것처럼 보일 수 있고 크기도 다르지만 비슷한 방식으로 힘이 가해진다. 못과 마찬가지로 마찰 파일(friction pile)도 표면, 즉 가장 바깥 표면과 토양 사이에서 작용하는 힘으로 작동한다.

하지만 파일을 만드는 것은 반죽 상태의 콘크리트를 부어 굳히기 위해 상대적으로 좁지만 매우 깊은 구멍을 파내야 하기 때문에 엔지니어에게는 도전적인 과제다. 여기서 나사의 마법을 활용할 수 있다. 바로 말뚝을 박는 기계다. 이 기계에는 엔진 구동으로 땅속에서 회전하는 엄청나게 긴 수직 나사가 있다. 나사산이 흙을 퍼올리고 나사가 땅 위로 올라올 때 진흙이 함께 딸려 올라오면서 구멍이 깨끗하게 파내진다. 마치 코르크 따개로 와인 병의 마개를 뽑아내는 것처럼 말이다. 이 구멍에 콘크리트 반죽을 붓고 그 안으로 강철망을 내린다. 콘크리트가 굳으며 강철과 결합하면서 건물의 하중을 땅속으로 효과적으로 전달하는, 견고하고 내구성 있는 구조가 만들어진다.

정밀 대량생산의 시대에 내가 특히 좋아하는 또 다른 고정 장치가 탄생했다. 그건 이제 무언가를 작동시키는 근본적인 작은 부분이나 요소를 일컫는 표현이 됐고, 이 책의 제목도 거기에서 따왔다.

너트와 볼트

볼트는 어떻게 보면 나사와 리벳의 결합이다. 긴 원통형 축 위에 육각형 머리가 얹혀 있는 모양으로 렌치를 사용해서 조인다. 전체적으로 (어떤 건 축의 끝부분에만) 나사산이 파져 있고 지금까지는 대부분 땅딸막한 나사와 비슷했다. 볼트를 끼우려면 리벳과 마찬가지로 연결하려는 강철 빔이나 기둥에 미리 구멍을 뚫어놔야 한다. 너트는 육각형 도넛 모양으로 구멍 안쪽에 나사산이 볼트 몸통과 반대 방향으로 새겨져 있다. 모즐리의 선반 같은 기계 덕분에 볼트와 너트의 나사산을 완전히 일치하게 만들 수 있다. 너트를 볼트에 끼워서 돌리면 물체를 고정할 수 있다.

볼트는 나사와 비슷하게 생긴 것 같지만 힘이나 작동 방식에서는 리벳에 더 가깝다. 너트와 볼트를 조이면 고정해야 할 금속 조각이 꽉 물린다. 다리나 고층 건물처럼 두꺼운 철판이나 강판을 접합해야 하는 대형 구조물에서는 금속판에 스크루드라이버로 나사산을 뚫는 것이 거의 불가능하기 때문에 나사를 사용할 수 없다. 핫리벳은 어느 정도 쓸 수 있다. 비교적 부드러운 철로 만들어졌기에 현장에서 두 번째 머리 돔을 망치로 내리쳐 설치할 수 있지만 위험하고 고된 작업이다. 너트를 조이는 과정은 달궈진 금속 조각이 이리저리 날아다니는 것보다는 안전하다. 볼트는 리벳보다 더 단단한 강철로 만들기 때문에 훨씬 더 튼튼하다. 오늘날 건설에 일반적으로 사용되는 지름 20밀리미터의 볼트 하나는 약 11톤의 인장 하중을 견딜 수 있다. 런던의 이층버스 무게와 맞먹는 정도다.

하지만 이게 전부는 아니다. 더 샤드 프로젝트에서 볼트 수천 개에 걸리는 힘을 계산했던 엔지니어이자 자칭 '볼트 너트'인 오마르 샤리프와 다시 만났을 때 그는 이 책의 제목을 '너트와 볼트, 그리고 와셔'라고 붙여야 한다고 했다. 일리가 있었다. 얇고 평평한 강철 고리인 와셔는 볼트를 설치할 때 필수로 들어간다. 연결하려는 강철 부재와 너트 사이에 끼우며 너트가 꽉 무는 힘을 분산하는 역할을 한다. 와셔 없이 너트를 조이면 빔이나 기둥에 미세한 균열이 발생하면서 약해질 수 있다. 오마르에 따르면 와셔는 말하는 다람쥐 캐릭터 앨빈과 다람쥐의 관계만큼이나 볼트에 중요하다. 즉 어느 하나 없이는 다른 쪽이 작동하지 않는다(심사숙고 끝에 책 제목은 바꾸지 않기로 했다. '너트와 볼트, 그리고 와셔'라는 제목이 그다지 와닿지가 않았기 때문이다).

더 샤드의 첨탑 '더스파이어'를 연결하는 데 사용된 볼트는 매우 특별한 기술적 문제를 야기했다. 스파이어에 불어오는 돌풍은 강철 프레임을 통해 주탑의 콘크리트 골조로 전달된다. 프레임은 뼈대와 같아서 건물이 튼튼하게 서 있게 해주며, 가장 중요한 부분은 골조 사이를 연결하는 조인트다. 볼트와 용접으로 이뤄진 복잡한 구조가 빔과 기둥을 결합해 건물을 높이 떠받치고 있다. 스파이어는 비바람에 노출돼 있으면서 그 구조가 전망대 관람객에게 보이기 때문에 볼트는 바람의 힘을 견딜 정도로 튼튼하고 날씨에 의한 마모를 견딜 만큼 내구성도 강해야 하며 공중에 설치하기 쉬울 뿐만 아니라 아름다워야 했다.

이 일에 들인 노력을 감안하면 내가 더 샤드를 방문했을 때 눈앞에 펼쳐진 런던의 아름다운 경치를 보지 않는다는 사실에 놀라지는 않을 것이다. 대신 나는 못에서 영감을 받은, 스파이어를 고정하고 있는 볼트를 사랑스럽게 올려다본다(오마르도 나랑 똑같이 한단다). 이 볼트들은 오랜 역사를 가진 튼튼하고 아름답고 세심하게 설계된 공학적 작품으로, 하나하나가 내 손바닥 안에 쏙 들어갈 정도로 작다.

볼트와 너트

2장

바퀴
Wheel

구를 수 있다는 것은
얼마나 대단한 일인가

알람시계가 울린다. 침대에서 몸을 뒤척여 알람을 끈 뒤 시간을 확인한다. 터벅터벅 화장실로 가서 수도꼭지를 열고 전동 칫솔 버튼을 켜서 양치질을 한다. 씻고 옷을 입은 뒤 주방에 가서 냉장고 문을 열어 우유를 꺼내 냄비에 붓고 오트밀을 휘젓는다. 오늘은 믹서기로 만든 홈메이드 스무디를 먹는 날이기도 하다. 아침식사를 마치고 문손잡이를 돌려 집에서 나와 기차에 오른다.

많은 사람들이 맞이하는 평범한 아침 모습이다. 하지만 다음번에는 매일 아침 마주치는 사물들이 얼마나 많이 회전하는 것들로 채워져 있는지 주목해보자. 이동하는 차량부터 볼펜 끝에 있는 구까지, 크레인으로 짐을 들어올리는 도르래부터 우리의 위치와 시간을 알려주는 인공위성을 안정시키는 자이로스코프까지 종일 계속된다. 사람들에게 역대 가장 뛰어나고, 가장 영향력 있고, 가장 오래 지속된 발명품이 무엇인지 물어보면(여러분도 골라보시라) 대부분 바퀴를 떠올릴 것이라고 생각한다. 더 독창적인 무언가를 떠올리고 싶어도 바퀴가 매우 표준적인 답변이기 때문이다.

바퀴는 너무나 친숙해서 바퀴가 무엇이고 어떤 역할을 하는지 잘 알고 있다는 느낌이 들지만 여전히 몇 가지 놀라운 점이 숨겨져 있다. 우선 바퀴가 최고의 발명품으로 여겨지는 이유는 인류의 이

바퀴

동성에 대한 세상을 바꾼 영향력 때문이지만 사실 바퀴는 사람이 이동할 목적으로 발명되지 않았다. 애초 목적은 완전히 달랐다. 게다가 사람들은 바퀴를 보통 수천 년 동안 변하지 않은 것, 즉 축을 중심으로 회전하는 동그란 무언가로 생각한다. '바퀴를 다시 발명하느라 쓸데없이 시간을 낭비하지 말라(don't reinvent the wheel)'는 상투적인 표현이 생겨났을 정도다(역설적이게도 2001년 오스트레일리아의 한 변호사가 '순환형 교통 편의장치'에 대한 혁신 특허를 받는 데 성공했다. 그는 바퀴를 재발명함으로써 기존 시스템의 결함을 강조하고자 했다). 하지만 나는 이 표현에 동의하지 않는다. 지난 5000년 동안 세상은 급격하게 변했고, 그동안 인류는 계속해서 바퀴를 '재발명'해왔다. 바퀴의 형태를 여러모로 활용했고 바퀴를 만들기 위해 새로운 재료를 사용했을 뿐만 아니라 바퀴가 '어떻게' 사용될 수 있고 또 '무엇'을 할 수 있는지에 대한 개념을 완전히 바꿔놓았다. 이것이 바로 이 책에서 말하는 재발명이다.

인류는 자연에서 영감을 받아 날개 달린 비행기, 벨크로, 수중 음파 탐지기 등 수많은 발명품을 만들었다. 반면 바퀴는 인류의 업적이다. 아르마딜로는 회전초처럼 몸을 공 모양으로 말아서 구르고 쇠똥구리는 똥을 동그랗게 만들어 쉽게 밀지만, 회전하는 물체가 회전하지 않는 물체와 상호작용해서 장치를 만든다는 아이디어는 자연계에 전례가 없다. 이건 진짜… 혁신적이다.

어느 날 내가 스튜디오에서 만든, 형체가 다 허물어진 점토 덩어리는 인류의 업적과는 거리가 멀었다. 내 노력의 결과물이 모든 면에서 너무나 못생겼다고 조롱하는 듯 계속 눈앞에서 빙글빙글 돌왔다. 회전하는 바퀴 위에 점토를 던지고는 손으로 모양을 다듬고 있던 터였다. 단 12초 만에 도예가로서 기술을 더 발달시켜야겠다는 깨달음을 얻었다. 하지만 다른 사람들은 적어도 기원전 29000년부터 점토로 예술품을 만들어왔다. 현대의 높다란 건물을 지을 기초 재료로는 좋은 선택이 아닐 수 있지만, 그 유연성 덕분에 인류 조상들이 뭘 만들기에는 완벽했다. 초기에 인류는 진흙 그릇을 맨 처음부터 손으로 다 만들었다. 그 뒤에는 코일링 기법을 개발했다. 가래떡처럼 길게 뽑은 점토를 나선형으로 둥글게 겹겹이 쌓아올린 뒤 손가락으로 그릇 벽면을 매만져 완성하는 기법이다. 그러나 이 과정은 무척 오래 걸렸고, 인류가 영구적인 정착지를 더 많이 만들고 곡식을 재배하고 저장하고 요리하기 시작하면서 크고 품질이 좋은 그릇을 더 많이 더 빨리 만드는 방법이 필요했다.

바퀴가 처음 발명된 건 도자기 때문이었다. 지금까지 발견된 가장 오래된 바퀴는 기원전 3900년경 메소포타미아에서 나타났다. 도공이 만든 그 바퀴는 구운 점토나 나무로 만든 무겁고 커다란 원반이었다. 위 표면은 평평했지만 아래 표면에는 불룩한 곳이 있었는데, 그 부분을 꼭대기가 구부러진 고정된 나무나 돌 조각 위에 놓았다. 도공들은 손으로 위쪽 원반을 회전시켰을 거고, 원반의 무게를 고려하면 얼마 동안 계속 돌아갔을 것이다.

한동안은 그릇을 계속 코일링 기법으로 만들었지만, 바퀴를 사용하기 시작하면서 훨씬 더 일정한 모양으로 매끄럽고 빠르게 그릇을 만들 수 있었다. 나중에 바퀴를 돌리는 발 페달이 등장하자 도공들은 자유로워진 손으로 점토 모양을 형성하는 데 집중할 수 있게 됐고, 일관된 회전운동 덕분에 내가 했던 것처럼 점토 덩어리를 회전 원반 중앙에 놓고 성형하는 기술이 나왔다. 나와 달리 숙련된 장인들은 표면이 매끄러운 항아리를 무척 빠르게 만들 수 있었고, 점점 늘어나는 정착민의 수요를 충족할 수 있었다.

메소포타미아의 도공들은 최초로 한 점을 고정해놓고 회전하는 운동을 이용했다. 사람들은 바퀴를 다른 모든 것보다 앞선 발명품으로 여기곤 하지만(고인돌 가족 애니메이션의 주인공인 프레드 플린스톤과 그의 석기시대 자동차 때문이라고 생각한다), 인류는 바퀴를 떠올리기 훨씬 전부터 보석, 와인, 배, 악기를 만들고 있었다(전부 꽤 훌륭한 공학적 업적이다).

원형운동을 이용해 앞을 향해 직선으로 나아간다는 개념은 비약적인 상상력이었다. 누군가는 정말로 바퀴를 재발명해야 했다. 최소한 바퀴를 활용하는 방식만큼은 말이다. 그리고 이 과정은 단번에 이루어진 도약이었던 것으로 보인다. 발명품은 대부분 시간이 지나면서 진화한다. 예를 들어 인류는 자연적으로 날카로운 바위조각에서 영감을 받아 도구로 바위를 깎기 시작했고, 점차 돌 조각을 손잡이나 기다란 막대나 화살대 등에 부착하기 시작했다. 하지만 바퀴와 축을 사용하는 기본 형태에 도달하는 데는 이런 진화 과정이 없었다. 작동했거나 안 했거나 둘 중 하나였다. 이걸 발명한 사람들은 분명 원반을 조각하기 위해 굵은 나무 기둥 한가운데 구멍을 뚫을 수 있는 고급 목공 기술과, 비교적 평평한 육지를 가로질러 무거운 짐을 운반하고자 하는 필요를 느꼈을 것이다(물론 어떤 발명품은 필요에 앞서 먼저 나오기도 한다). 손재주, 지형, 기술이라는 이상적인 조합을 제외하고도 정말 혁신적인 생각이 필요했다. 바퀴를 실용적인 물건으로 만들어주는 회전축은 그 자체로 복잡한 엔지니어링 부품이기 때문이다.

가장 기본적으로 축은 바퀴를 통과하는 막대다. 두 가지 방식으로 결합할 수 있다. 축을 차에 고정하고 바퀴가 그 주위를 돌게 하거나, 축과 바퀴를 함께 고정하고 둘 다 회전시키는 것이다. 축은 차 무게를 지탱할 만큼 충분히 튼튼해야 한다. 또 시스템이 회전할 수 있을 만큼 느슨하면서도 동시에 덜컹거리지 않을 만큼 꼭 맞게 장착돼야 한다. 축이 너무 굵으면 마찰이 증가해 시스템의 속도가 느려지고 마모로 인해 수명이 짧아진다. 또한 바퀴와 축이 접촉하는 표면은 매끄럽고 거의 완벽한 곡면이어야 하는데, 끌 같은 금속 도구가 일반화될 때까지 정밀한 목공 작업에 어려움이 있었다. 이런 모든 이유로 엔지니어로서 전문가적 의견을 말하자면, 앞서 이야기한 프레드 플린스톤의 차축은 절대 작동하지 않았을 것이다.

이 발명은 무척 복잡하기 때문에 일부 역사가들은 이 시스템이 여러 번 독립적으로 발명됐을 가능성은 낮다고 본다. 그리고 바퀴와 축이 일단 발명된 뒤 유라시아 대륙을 매우 빠르게 가로질러 전파됐을 거라고 주장한다. 어쨌든 장점은 명확했다. 수 세기 동안 사람들은 물건을 운반할 때 동물과 썰매에 의존했다. 하지만 동물은 금세 지치기 때문에 먹이와 보살핌이 필요했고, 썰매는 땅이 평평하고 얼음이 얼어서 미끄러지는 곳에서는 쓸 만하지만 그렇지 않은 곳에서는 썰매 다리와 지면 사이에 생기는 마찰력을 극복해야

해서 번거로웠다. 썰매가 도처에 널려 있었지만, 바퀴가 확실히 우위에 있었다.

바퀴가 빠르게 퍼졌기 때문에 기원을 정확히 파악하기는 어렵다. 고고학자들은 기원전 제4천년기 중반 메소포타미아 우루크에서 바퀴 달린 수레가 그려진 점토판을 발견했는데, 이는 오늘날 폴란드의 브로노치체에서 발견된 바퀴 달린 운송수단이 묘사된 도자기 항아리의 연대와 거의 같은 시기다. 도나우강과 북캅카스 주변 지역에서는 수레 모양 점토가 발굴되었다. 바퀴 달린 장난감은 아메리카 대륙이 식민지화되기 이전에 등장했는데, 이는 바퀴가 그곳에서 독립적으로 발명됐을 가능성을 암시한다. 하지만 실제 크기의 바퀴 달린 운송수단의 증거는 없다. 아마도 주요 문명이 산(아스텍 발상지)과 가파른 산맥(잉카)으로 둘러싸인 호숫가에 위치해 물자를 수송하는 데 동물이 더 유용했기 때문일 것이다.

바퀴 달린 운송수단의 물리적인 고고학적 증거를 찾으려면 러시아의 북캅카스 지역에 있는 스타브로폴 동쪽으로 가야 한다. 이곳에서 고고학자들은 수만 개의 의식용 무덤이 있는 유적지를 발견했다. 기원전 제5천년기에 지역 주민들이 무덤을 만들었고, 기원전 제4천년기 얌나야 공동체가 다시 사용하면서 무덤을 더 만들었다. 무덤 중 하나에 흥미로운 것이 묻혀 있었다. 고고학자들은 좁고 깊은 지하묘지 형태의 수직통로 바닥에서 사륜수레에 앉은 자세로 묻힌 남자의 해골을 발굴했다. 비록 수레는 심하게 손상되었지만 기원전 3356~3033년의 것으로, 현존하는 가장 초기 형태의 운송

수단으로 추정되었다.

바퀴는 견고했고, 각 바퀴는 참나무 판자 3개를 목재 핀이나 말뚝(앞서 말한 나무못과 마찬가지로 못이 엔지니어링에서 얼마나 기초적인 역할을 하는지 보여주는 또 다른 예다)으로 연결해 만들었다. 단순히 나무 줄기를 동그란 조각으로 잘라 쓸 수 없는 것은 나무에 자연적인 결이 있어서 어떤 방향으로는 더 강하고 어떤 방향으로는 쉽게 쪼개지기 때문이다. 반복해서 쓰면 약한 방향이 더 영향을 받아 바퀴가 변형될 수 있다. 또 얌나야족은 동물을 길들인 최초의 민족으로 추정되며, 아마도 동물들이 수레를 끌었을 것이다. 즉 동물 사육 또한 이 발명품에 영향을 미쳤다. 동물이 없었다면 수레는 그다지 유용하지 않았을 테니 말이다.

바퀴와 축, 그리고 그걸로 굴러가는 수레는 식량 생산에 변화를 가져왔다. 인류 조상들이 농사를 짓기 시작했을 때 수많은 사람들이 밭을 터벅터벅 오가며 땅을 경작했다. 이동할 땐 동물이나 자신의 두 발에 의존했다. 그러나 이제는 황소나 말, 수레의 도움으로 한 가족이 같은 땅에서 농작물을 대량 수확하고, 상하기 전에 먼 거리로 운반할 수 있게 되었다. 바퀴는 또 다른 방식으로도 자유를 주었다. 이전에 얌나야족은 물가 주변에 작은 마을을 이루어 살았다. 이제 그들은 탐험가가 되었다. 이 낯선 탈것에 올라탄 얌나야족은 그들이 마주친 기존 정착민들보다 군사적으로 우위에 있었고, 자신들의 영역을 광활한 초원과 그 너머로 확장했다.

얌나야족이 바퀴 달린 수레를 타고 나가면서 문화도 퍼져 나갔다. 전 세계의 거의 절반이 얌나야족이 썼던 것으로 추정되는 인도 유럽조어에서 유래한 언어를 사용하는데, 산스크리트어, 그리스어, 라틴어, 파슈토어, 불가리아어, 영어, 독일어 등이 해당한다. 또 그들은 만나는 사람들에게 동물 가축화와 야금 기술을 전달했다. 심지어 의도하지는 않았지만 그들이 유럽에 흑사병을 몰고 왔을 수도 있다. 유전학자들이 얌나야족이 살았던 지역의 사람 치아에서 원인 박테리아를 발견했기 때문이다. 얌나야족이 수레를 만들지 않았다면 오늘날 유럽과 아시아는 과연 어떤 모습일까.

○ ◎ ◎

도공의 바퀴를 옆으로 세워 그릇을 만드는 용도에서 목적지를 향해 이동하는 용도로 바꾼 것은 첫 번째 재발명에 불과하다. 시야를 넓혀주고 유라시아 사람들의 생활방식을 바꾸게 해준 초기 바퀴들은 견고했지만, 새로운 혁신을 통해 더 가볍고 빠른 것으로 변모했다.

나는 산스크리트어에서 파생된 언어인 힌디어를 할 줄 아는데, 그 기원이 얌나야족으로 거슬러 올라가기 때문에 바퀴의 여정은 내 모국어의 역사와 얽혀 있다. 내가 자란 인도에서 바퀴는 다양한 상징으로 등장했다. 영국 식민지로부터 독립하기 위해 만든 초기 국기의 중심에는 물레인 차르카가 그려져 있었다. 마하트마 간디, 아우로빈도 고시, 라빈드라나트 타고르, 랄라 라즈파트 라이 등 스와데시 운동 지도자들이 가졌던 야망 중 하나는 영국에 대한 경제적 의존에서 벗어나 인도 사람들에게 자율권을 주는 것이었다. 간디는 자기 옷을 직접 만드는 것으로 유명했고, 평화적인 시민불복

볼트와 너트

종 행동으로 이를 권했다. 당시 현지에서 옷을 만드는 것은 영국령 인도 제국의 규율에 어긋나는 일이었기 때문이다.

간디와 함께 여행하며 자유 투쟁의 역사적인 사진에도 등장했던 물레바퀴는 인도 독립의 상징이 되었다. 현재 인도 국기에는 짙은 주황색과 녹색 줄 사이에 낀 중앙의 흰색 줄 위에 감색 바퀴 차르카 가 그려져 있다. 고대 인도의 도상학, 예술, 건축에서 두드러진 특징 을 이루는 이 물레바퀴는 기원전 268~232년 인도아대륙의 넓은 지역을 통치하고 아시아 전역에 불교를 전파한 마우리아 왕조의 황제, 아소카 시대로 거슬러 올라간다.

유라시아 초원에서 발견된 수레바퀴와는 달리 차르카(물레)와 차 크라에는 둘 다 바퀴살(스포크)이 있다. 바퀴를 변형한 통찰력 있는 디자인이다. 기원전 제3천년기 말 유라시아 대초원 북부의 신타슈 타족과 인도-이란족도 이와 같은 바퀴를 사용했을 것으로 추정된 다. 기원전 제2천년기 스포크 바퀴는 이집트의 투탕카멘 무덤과 미 탄니(오늘날의 시리아와 튀르키예) 기록에서 발견된다. 이 바퀴들은 나 무로 만들어졌으며, 중앙에 허브가 있고 여러 개의 바퀴살이 원형 테두리를 향해 뻗어 있다(아소카 차르카에는 각각 하루 시간대를 의미하는 24개의 바퀴살이 있어서 좋은 삶을 살기 위한 원칙을 상징한다).

힌두교의 어떤 신들은 자신의 '바하나' 수레를 타고 있는 것으로 묘사되며, 태양의 신 수리아가 타는 건 보통 말 일곱 마리가 끄는 스포크 바퀴가 달린 전차다. 신들조차 스포크 바퀴를 더 좋아했을 거라고 여긴 건 놀랄 일이 아니다. 속이 꽉 차 있는 이전의 견고한 바퀴에 비해 어쨌든 훨씬 가볍기 때문이다. 비록 만들기는 더 복잡

바퀴

했지만, 스포크 바퀴를 단 마차는 덜컹거리는 단단한 바퀴를 단 마차보다 훨씬 더 빨리 달릴 수 있었다. 로마인들은 스포크 바퀴가 달린 전차로 경주를 했고 그리스인들은 그걸 전쟁에 사용했다.

바퀴살은 분명 개선됐지만, 또 다른 엔지니어링 혁신을 통해 해결해야 할 단점이 있었다. 바퀴살을 여러 개의 나뭇조각으로 만들었기 때문에 한동안 이리저리 거칠게 부딪친 뒤엔 쉽게 부서졌다. 그러나 유럽에서는 철기시대(기원전 1200~600년)에 금속 가공 기술이 보급되기 시작하면서 바퀴 테두리 바깥쪽에 납작한 금속 테를 더해 내구성을 높였다. 영리하게도 철제 '타이어' 치수를 금속이 아직 뜨거운 상태에서 바퀴 둘레의 길이와 일치하도록 측정했다. 그리고 나서 철제 타이어가 식으면 금속이 수축했기 때문이다. 바퀴 테두리가 안쪽으로 약간 찌그러지면서 나무로 만든 바퀴살이 중심부로 단단하게 밀려들어갔고, 바퀴를 더 튼튼하게 오래 쓸 수 있었다.

자, 이제 바퀴를 더 강하고 빠르게 만드는 방법을 알아냈다. 다음 발전은 무엇일까? 또 다른 급진적인 생각의 전환이 일어나기까지는 1000년이 더 걸렸다.

○ ◎ ◎

1800년대 초 항공공학자 조지 케일리는 비행기를 만드는 일을 하고 있었다. 착륙할 때 생기는 큰 반동력을 흡수할 강한 바퀴가 필요했다. 그러면서도 가벼워야 했다. 그렇지 않으면 비행기를 공중으로 띄우는 첫 단계부터 고군분투해야 할 것이었다. 원래는 무거운 운송수단의 압축력을 견딜 수 있을 정도로 튼튼한 나무를 사용해 바퀴살과 테두리를 만들었다. 하지만 케일리는 금속을 갖고 실험하기 시작했고, 힘이 전달되는 방식을 바꿨다. 구부러지거나 부러지지 않을 만큼 튼튼한 소재로 만든 바퀴살은 외려 쉽게 망가지곤 했는데, 케일리는 바퀴 중심부와 테두리 사이에 얇은 금속 와이어를 넣어서 힘이 가해지면 늘어나게 한 것이다. 이 와이어에 당기는 힘, 즉 인장력이 걸리면서 시스템이 고정되었다. 그가 1808년에 개발한 이 디자인은 이전 바퀴보다 훨씬 가벼웠고, 그를 비롯해 수많은 사람들이 만들고자 했던 경량 항공기는 진정 이때부터 폭발적으로 개발되기 시작했다.

나무 바퀴와 와이어 바퀴의 또 다른 차이점은 옆모습이다. 이에 따라 힘이 가해질 때 재료가 다르게 반응한다. 이를 이해하기 위해 두껍고 뻣뻣한 종이로 오려낸 동그라미를 수직으로 세워 고정했다고 상상해보자. 중심부를 손가락으로 콕 누르면 일단은 모양이 잘 유지되겠지만, 힘을 더 세게 가하면 안으로 휘어진다. 만약 훨씬 얇은 종이로 오려낸 동그라미로 똑같이 한다면 훨씬 더 쉽게 구겨질 것이다. 하지만 이 종이 동그라미에서 부채꼴을 잘라낸 뒤 가장자리를 테이프로 이어 붙여 얕은 원뿔 모양을 만들면 구조가 훨씬 더 안정되며 변형되기 어려울 것이다. 수많은 나무 바퀴가 위에서 언급한, 두껍고 뻣뻣한 종이로 오려낸 동그라미 예시처럼 평평하게 만들어졌지만, 영국의 차체 제작자들은 울퉁불퉁한 도로 위를 갈 때나 말이 엉덩이를 이리저리 흔들 때 바퀴가 더 안정적으로 굴러갈 수 있도록 바퀴의 한쪽 면을 '접시 모양'으로 살짝 옴폭하게 만들곤 했다. 이렇게 한쪽 면을 접시 모양으로 만든 바퀴는 나무처럼 압축력에 강한 재료로 만든 경우, 그리고 축 하나에 바퀴 두 개를 달아 움직임이 서로 상쇄되는 경우에만 효과적이었다.

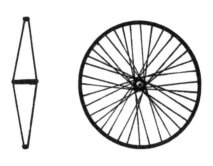

이중 접시 형태로 만들어진 와이어 바퀴의 옆모습과 앞모습

이 정도면 기발했지만, 와이어 바퀴에 적용하기에는 문제가 있었다. 예를 들어 끈 6개를 나란히 모아 한쪽 끝을 매듭지어서 중앙 허브를 만든 다음, 끈의 다른 쪽 끝을 하나씩 당겨 뻣뻣한 고리 테두리에 차례로 연결해 와이어 바퀴 모델(동그란 쿠키 커터 같은 모양)을 만들었다고 가정해보자. 바퀴 중앙을 꾹 누르면 끈이 늘어나면서 허브가 옆으로 이동하게 되는데, 이는 바퀴에서 원하는 바가 아니다. 그리고 한쪽 면만 접시 모양이라면, 접시 안쪽을 누르는 경우엔 끈이 인장력에 강하기 때문에 바퀴가 변형되기 어렵지만 접시 바깥쪽을 누르면 허브가 또 쉽게 움직여버린다는 문제가 생긴다. 그래서 철제 바퀴가 제대로 굴러가게 하기 위해 이중 접시 모양이 고안되었다. 현대의 자전거 바퀴를 자세히 살펴보면 허브로부터 두

세트의 와이어가 뻗어 나와 테두리에 연결된 것을 알 수 있다.

장력이 유지되는 이중 접시 모양의 와이어 바퀴는 바퀴의 진화에서 무척 중요한 단계였다. 강하고 유연하고(거칠게 떠밀려도 쉽게 손상되지 않았다) 가벼웠다. 그러나 그때까지도 바퀴는 쌍으로 나란히 옆에 놓여 있었다. 놀랍게도 와이어 바퀴가 발명되고 거의 10년이 지나서야 아마도 바퀴살 이후 가장 중요한 혁신, 즉 한쪽 바퀴를 다른 쪽 바퀴 앞에 놓는 디자인을 누군가가 떠올렸다.

라우프머신(Laufmaschine, 독일어로 '달리는 기계'라는 뜻 – 옮긴이)을 타는 건 분명 짜증나고 피곤한 경험이었을 거다. 1817년 독일에서 카를 폰 드라이스 남작이 발명했는데, 나무 바퀴와 프레임만 있고 페달이 없어서 석기시대 차를 탄 프레드 플린스톤이 그랬듯이 자기 다리를 사용해서 달려야 했다. 그럼에도 라우프머신은 사람들이 상당한 거리를 이동할 때 더 이상 동물에 의존하지 않게 해준 첫 운송수단이었고, 이는 교통수단의 큰 진전이었다. 수많은 발명가들과 마찬가지로 드라이스 남작은 시대를 너무 앞서갔다. 언론은 그의 디자인을 어린이용 장난감 말과 비교하면서 조롱했고, 도로 사정도 열악해서 라우프머신을 타는 건 썩 유쾌한 경험이 아니었다. 도로 위로 뛰어드는 라우프머신 때문에 보행자들은 불만이 많았고, 라우프머신이 성가신 존재로 여겨지면서 밀라노, 런던, 뉴욕, 콜카타 같은 복잡한 도시들에서는 라우프머신의 사용이 금지되었다.

시간이 흐르면서 사람들의 태도가 변했다. 영국의 차체 제작자인 데니스 존슨은 드라이스의 디자인을 보고 재빠르게 영국에서 특허를 냈다. 그는 자기 기계를 벨로시페드라고 불렀고, 안쪽을 철제로 보강한 더 크고 안정적인 목재 바퀴를 다는 등 몇 가지 사항을 개선했다. 그는 또한 여성을 위해 프레임 높이를 낮출 수 있는 모델도 고안했다. 이후 수십 년 동안 페달과 브레이크가 추가됐고, 마침내 와이어 바퀴가 표준이 되었다. 1888년 수의학자 존 보이드 던롭은 아들의 세발자전거 바퀴에 부드러운 튜브를 감아 아들이 자전거를 좀 더 편안하게 탈 수 있게 만들었고, 이것이 공기 주입 타이어로 이어지면서 자전거는 더 안전하고 운전하기 쉽고 편안한 수단이 되었다.

자전거는 사람들의 일상을 크게 바꿨다. 말이 끄는 마차나 초기 자동차를 살 여유가 없었던 대다수의 사람들이 처음으로 장거리 이동을 위한 개인 이동 수단을 가질 수 있게 된 시대였다. 간호사와 성직자들은 시골을 방문해 더 많은 사람들에게 봉사하기 시작했고, 우체부는 19세기 말까지 모든 가정에 매일 우편물을 배달했다. 자전거에 걸터앉은 여성들은 심한 비난과 조롱을 받았다. 1896년《자전거 타는 여성을 위한 핸드북(Handbook for Lady Cyclists)》을 쓴 릴리언 캠벨 데이비드슨은 "자전거를 탄 여성은 성적 불능이라는 말이 공공연히 돌았다"고 회상했다. 그런 편견에도 불구하고 자전거는 자유로운 기술이었다. 이 시기 여성 사이클링의 대표적인 옹호자였던 N. G. 베이컨은 "자전거를 통해 우리는 완벽하게 여성적인 (…) 방식으로 스스로를 자유롭게 할 수 있었다"고 표현했다. 그리고 이는 베이컨이 상상한 것보다 더 많은 측면에서 사실인 것 같다. 생물학자 스티브 존스는 자전거의 발명을 최근 인류 진화에서 가장 중요한 사건으로 꼽는다. 자전거를 소유할 경우 이동 가능한 지리적 영역이 극적으로 넓어지고, 결과적으로 잠재적인 결혼 상대자 수가 증가해 유전자풀 확대로 이어지기 때문이다.

○ ◎ ◎

다행히 지금은 자전거를 타는 여성을 흔히 볼 수 있지만, 사회 규범상 엔지니어가 되는 것은 여전히 여성들에게 도전적인 일일 수 있다. 내가 느끼기에 엔지니어를 타깃으로 하는 패션 대부분은 정장 차림의 남성을 염두에 두고 디자인되었다(포켓 행커치프와 넥타이… 그것도 엄청 많다). 그래서 언젠가 아주 괴짜 같은 귀걸이를 발견하고는 엄청 흥분한 적이 있었다. 음, 내가 가장 좋아하는 그 귀걸이는 레이저를 이용해 아주 얇은 겹겹의 합판을 다양한 크기의 바퀴 4개로 잘라내어 만든 것이다. 그중 가장 큰 바퀴는 비췻색이고, 검은색과 흰색 바퀴와 겹쳐져 있다. 하지만 이 바퀴들에는 뭔가 다른 점이 있다. 지금까지 보아온 부드러운 테두리 대신 가장자리가 톱니 모양이다.

이 톱니 모양들은 서로 완벽하게 맞물린다. 손으로 바퀴 하나를 돌리면 나머지 바퀴들도 회전한다. 나는 이 귀걸이를 정말 좋아한다. 엔지니어링에 대한 내 열정을 사람들에게 시각적으로 상기시켜 줄 뿐만 아니라 그런 바퀴 배열, 그러니까 기어라고 부르는 바퀴의 화신이 어떻게 움직임과 힘을 전달하는지 아름답게 보여주기 때문이다. 시계부터 자동차, 깡통따개, 크레인에 이르기까지 대부분의 기계 안에는 이런 작은 경이로움이 숨겨져 있다. 기어가 없는 현대식 기계를 상상하기란 불가능하다.

기어는 이빨(톱니)을 가진 바퀴를 뜻한다. 종종 기어를 톱니바퀴나 톱니라고 부르는 경우도 있는데, 다소 혼란스럽겠지만 사실 이건 이빨 자체를 부르는 이름이다. 기어가 이토록 유용한 건 바퀴 2개(또는 그 이상)를 나란히 놓아 톱니가 맞물리게 하면 다음과 같은 세 가지 일을 할 수 있기 때문이다. 회전 방향의 변경, 회전 속력의 변경, 기어 가장자리에 작용하는 힘의 변경 등이다.

깡통따개는 아주 흥미로운 작은 도구다. 따개에는 2개의 분리된 암(arm)이 있어서, 깡통을 꽉 물었다가 나중엔 서로 떨어지면서 깡통을 놔준다. 칼날은 테두리를 따라 돌아야 한다. 여기서 톱니바퀴는 다음 목표를 달성하게 해준다. 깡통따개의 두 암에는 각각 기어가 하나씩 달려 있고, 이 두 기어의 톱니바퀴가 서로 맞물려 있어서 손잡이로 기어 하나를 구동하면 다른 하나가 따라 돌아가면서 전체 메커니즘이 하나로 작동한다.

자세히 보면 손잡이를 시계 방향으로 돌리면 반대쪽 암의 칼날이 반시계 방향으로 회전하는 것을 알 수 있다. 두 기어는 크기가 같기 때문에 같은 빠르기로 회전하여 동시에 한 바퀴를 돈다. 이제 깡통따개를 분해해 기어를 나란히 놓았는데, 이번엔 오른쪽 기어가 왼쪽 기어보다 더 크고 둘레 길이가 두 배, 톱니 수가 두 배 더 많다고 가정해보자. 두 기어의 바깥쪽 가장자리가 맞물려 있어서 같은 거리를 이동해야 하기 때문에, 큰 기어가 한 바퀴를 돌 때마다 작은 기어는 두 바퀴를 돈다. 이는 또한 기어에 작용하는 힘의 크기를 변화시킨다. 작은 기어는 큰 기어보다 테두리에 작용하는 힘이 더 크다. 이는 잘 알려진 몇몇 기계를 설계할 때 적용되는 원리다.

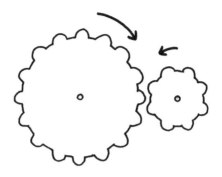

서로 맞물려 돌아가는 다른 크기의 기어

　사람들은 대부분 자전거를 탈 때 처음으로 기어를 제어하는 경험을 하게 된다. 나는 사이클 선수는 아니지만, 능숙하게 기어를 바꾸고 속력을 조절하면서 구부러진 길과 비탈길을 내달리는 프로 선수들을 항상 경외가 담긴 눈으로 지켜봐왔다. 자전거 페달은 체인링이라고 부르는 기어에 부착돼 있으며, 이 기어는 체인을 통해 뒷바퀴에 있는 다양한 크기의 기어 세트와 연결된다. 현대식 자전거는 보통 앞쪽에 최대 3개의 기어가 있고 뒤쪽에 8~11개의 기어가 있는데, 일단은 간단하게 톱니 48개를 가진 기어가 앞쪽에 딱 하나만 있다고 상상해보자. 평평한 지표면에서 자전거를 타는 건 쉬워서, 뒤에 있는 기어 중 작은 걸 사용해도 된다. 예컨대 톱니가 12개 있는 기어라고 해보자. 페달을 한번 돌릴 때마다 앞쪽의 큰 기어가 뒤쪽의 작은 기어(그리고 뒷바퀴)를 네 배(48을 12로 나눈 값) 회전시키므로, 페달을 한번 돌릴 때마다 자전거는 가장 먼 거리를 이동한다. 반면 중력 반대 방향으로 무게를 들어올리면서 가파른 언덕

바퀴

을 오를 때는 뒤쪽의 작은 기어를 돌리는 데 필요한 힘을 사람 다리로만 감당하기는 무리다. 뒤쪽 기어를 더 큰 것으로 바꿔야 한다(톱니가 48개 있는 기어라고 하자). 힘이 줄면서 페달을 돌리기는 쉬워지지만, 이동 거리는 더 짧아진다. 이제 페달을 한번 돌릴 때마다 뒷바퀴는 딱 한 바퀴만 회전한다.

기어를 사용하면 힘의 방향과 크기를 바꿀 수 있다. 시간이 흐르면서 엔지니어들은 이를 활용해 다양한 기술을 개발했다. 증기기관차는 기어 시스템을 통해 엔진에서 연료를 태워 객차 바퀴를 돌릴 수 있다. 시계에서는 전부 동일한 에너지원으로 구동하는 서로 다른 크기의 기어가 눈금판의 초침, 분침, 시침을 각기 다른 빠르기로 돌아가게 해주기 때문에 시간을 더 정확히 알려준다. 차의 기어를 바꿔 가파른 경사면을 오르고 휘발유를 덜 쓰면서 더 빠른 속력으로 달릴 수 있으며 통제력을 잃고 언덕 아래로 굴러 떨어지는 것을 방지할 수 있다. 공장에는 기어를 이용해 온갖 종류의 물건을 만드는 건물만큼 커다란 제조 라인이 있다. 크고 복잡한 물건 또는 불가능해 보일 정도로 작고 복잡한 물건을 기어가 작동시킨다는 사실에 감탄하기 쉽지만, 내가 가장 좋아하는 기어의 예시는 믹서기, 세탁기, 식기세척기 등 일상적인 가전제품에 들어 있는 것들이다. 롤렉스 시계나 경주용 자전거에 비해 덜 화려해 보일 수는 있지만, 이것들이 사회 전반, 특히 여성들의 삶을 변화시켰기 때문에 내게는 전혀 그렇게 보이지 않는다.

1893년 시카고 산업박람회에서 새로운 발명품 하나가 사람들의 관심을 끌었다. 수많은 크랭크, 회전 기어, 그리고 한쪽에 바퀴가 달린 커다란 직사각형의 나무 상자였는데, 그 안에 들어찬 더러운 접시들이 사라졌다가 몇 분 뒤에 손으로 설거지를 한 것처럼 깨끗해져서 다시 나타났다. 박람회 심사위원들은 '최고의 기계적 구조, 내구성, 그리고 해당 작업에 대한 적합성'을 인정해 최고상을 수여했다. 전시물 중 여성이 설계한 유일한 기계였다.

조지핀 코크런은 1839년 오하이오주 애슈터뷸라 카운티의 엔지니어 집안에서 태어났다. 외할아버지 존 피치는 미국 최초로 특허를 받은 증기선을 발명했고, 아버지 존 개리스는 오하이오강을 따라 수많은 제분소를 지은 토목 기사였다. 조지핀이 아니라 조지프로 태어났더라면 아마도 가족의 발자취를 따라 공학을 공부할 기회가 있었겠지만, 이때는 여성에게 선택권이 제한돼 있었다. 열아홉 살이 됐을 때 윌리엄 코크런과 결혼해 일리노이주 셸비빌에 있는 저택으로 이사했고, 그곳에서 사교계 명사이자 두 아이의 엄마가 되었다.

코크런 가족은 성대한 저녁 파티를 여는 걸 즐겼고, 조지핀은 1600년대 산으로 추정되는 소중한 가보 그릇들을 종종 선보였다. 일하는 사람들이 설거지를 하다가 그릇을 깨면 조지핀은 무척 속상해했다. 그릇을 안전하게 지키기 위해 직접 설거지를 하기도 했지만, 분명 더 나은 방법이 있을 거라고 생각했다. 공학자인 가족들을 관찰하던 어린 시절의 경험 덕분인지 그녀는 더 크게 생각할 수 있었고, '아무도 설거지 기계를 발명하지 않는다면, 내가 직접 해내겠다'고 마음먹고 설거지 기계를 설계하기 시작했다.

바퀴

1883년, 이 일을 한창 진행하던 중에 남편이 사망하면서 조지핀은 상당한 빚을 떠안았고, 가진 돈은 아주 적었다. 생계를 위해서라도 자신의 아이디어와 스케치를 실제 사업으로 빠르게 전환해야만 했다. 복잡한 기계공학에 대해 전문 기술자들에게 도움을 청했지만, 훗날 "남자들이 자기들 방식으로 시도하고 실패하기 전까지는 내가 원하는 일을 내 방식대로 하도록 만들 수가 없었다"라며 그들의 도움에 좌절감을 느꼈다고 털어놨다. 조지핀은 1885년에 첫 번째 특허를 출원했고, 집 뒤에 있는 헛간에서 식기세척기의 첫 번째 시제품을 만들기 위해 조지 버터스라는 젊은 정비공을 고용했다.

남자들, 그러니까 그 시대에는 설거지와 별로 관련이 없었을 것 같은 사람들이 조지핀 이전에도 식기세척기를 만들려고 시도했지만 그들의 디자인은 결국 파손으로 이어졌다. 수세미로 그릇을 닦고, 사람이 직접 끓는 물을 끼얹어줘야 했다. 반면 조지핀은 그릇을 어떻게 닦고 보호해야 하는지 알고 있었고, 또 진짜 실용적이려면 기계 조작을 최대한 단순화해야 한다는 것도 이해하고 있었다. 그녀는 모델 내부에서부터 시작해 그릇의 치수를 재고 다양한 종류의 그릇을 안전하게 고정해줄 특정 구획이 있는 철망을 설계했다. 기어 배열이 이 철망을 천천히 회전시켜 모든 그릇이 세제와 물줄기에 노출되도록 했는데, 수세미 대신 펌프로 퍼올린 물을 사용해 세척하는 최초의 기계였다. 각 펌프(물과 세제용)는 레버로 작동했고, 레버는 다양한 기어와 맞물려 작동했다(그녀의 '기어'는 원형이 아닌 톱니 모양의 원호였고, 두 쌍이 있었다). 초기 설정에서 사용자가 레버를 앞뒤로 조작하면, 첫 번째 탱크에서 세제 거품이 그릇 위로 쏟아졌다.

그런 다음 레버를 두 번째 위치로 조정하면 뜨거운 물을 가압하는 펌프가 작동해 접시들을 깨끗하게 헹궜다. 이 모든 과정은 몇 분밖에 걸리지 않았다. 1886년 12월 28일, 조지핀 코크런은 식기세척기에 대한 특허를 받았다.

처음에는 기계의 가격과 크기, 사용 시 필요한 온수의 양 때문에 판매하는 데 어려움을 겪었다. 그래서 레스토랑과 호텔에 집중했고, 친구 소개로 시카고의 유명 호텔인 파머하우스로부터 첫 주문을 받았다. 그 뒤 다른 대형 호텔에도 영업을 하고 싶었는데, 당시에는 그만한 사회적 지위를 가진 여성이 남성의 동행 없이 외출하는 일이 드물었지만 조지핀은 도와줄 사람이 없어서 혼자 가야만 했다. 아버지나 남편 없이는 어디에도 가본 적이 없던 그녀는 이렇게 말했다. 호텔 로비가 1마일은 되는 것처럼 보였지만 로비를 가로질러 가서 담당자를 만났고, 800달러의 주문을 받고 떠났다고.

조지핀은 이제 사업가였지만, 여성에게 투자하려는 사람은 거의 없었기 때문에 자본을 모으느라 고군분투해야 했다. 그럼에도 계속 나아가기로 결심했고, 1893년 시카고에서 열린 산업 박람회에서 드디어 돌파구를 마련했다. 박람회에 전시한 개리스-코크런 식기세척기 회사 광고 포스터는 다음과 같이 선언했다. "모든 진취적이고 진보적인 호텔 직원들은 이 기계를 살펴봐야 합니다. 간단하고 쉽게 작동시킬 수 있습니다. 한 시간 안에 사용법을 배울 수 있습니다." 일리노이주와 미국의 인근 주들뿐만 아니라 멀리 떨어진 멕시코에서도 주문이 들어왔다. 더 큰 모델은 단 2분 만에 240개의 그릇을 씻어 말릴 수 있었고, 고객층은 병원과 대학까지 확장되었다.

J. G. COCHRAN.
DISH WASHING MACHINE.

No. 355,139.

Patented Dec. 28, 1886.

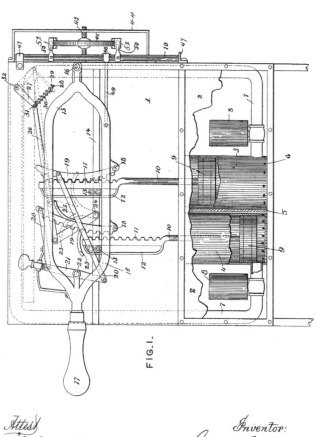

FIG. I.

Attest:
Geo. P. Smallwood.
H. A. Hopkins.

Inventor:
Josephine G. Cochran.
By Knight Bros.
Attys

개선된 기어를 반영한 코크런 식기세척기

볼트와 너트

조지핀은 디자인을 계속 발전시켰고, 물이 기계적으로 펌핑되며 선반이 앞뒤로 움직이는 전동식 모델을 만들었다. 이후 모델에서는 바퀴에서 영감을 받은 회전식 선반이 장착됐고, 호스를 통해 싱크대로 물을 빼내는 기능도 추가되었다. 일흔세 살이 되던 1912년에, 한때는 호텔 로비를 혼자 걸어가는 것조차 두려워했던 그녀는 뉴욕으로 건너가 일류 호텔과 쇼핑센터에 여러 대의 기계를 판매했다. 안타깝게도 그녀는 이듬해에 세상을 떠났고, 사업체는 호바트 제조회사에 인수되어 현재는 월풀 그룹 내 키친에이드 사업부에 합병되었다. 키친에이드는 1940년대에 최초로 가정용 식기세척기를 성공적으로 출시해 마침내 조지핀이 의도했던 고객들에게 기계를 판매했다.

오늘날의 식기세척기는 선구적인 개리스-코크런 기계와 마찬가지로 여전히 펌프로 퍼올린 뜨거운 물을 사용해 그릇을 세척한다. 여기서 또 한 번 바퀴가 등장하는데, 회전하는 기계 암이 잔디밭의 스프링클러 시스템처럼 그릇 위에 뜨거운 물을 뿌려준다. 천재적인 공학자였던 조지핀이 이미 예견했던 혁신으로, 그녀는 세상을 뜨기 직전에 이와 유사한 디자인을 고안해냈다.

2006년 조지핀 코크런은 사후에 미국국립발명가 명예의 전당에 오름으로써 마침내 자신의 발명품을 인정받았다. 식기세척기, 청소기, 믹서기, 세탁기와 같은 발명품들은 수백만 명의 삶을 바꾸어놓았다. 그것들은 모두 기어, 바퀴, 도르래와 같은 회전하는 부품들을 기반으로 하며, 집 안에 들어갈 정도로 작게 만들어진다. 이런 장치들이 널리 사용되기 전에 여성들은 하루에 몇 시간씩 허드렛일을

바퀴

해야 했다. 기계가 그런 일을 대신해주게 되면서 여성들은 시간이라는 엄청나게 소중한 것을 얻게 되었다. 2009년에 발표된 몬트리올대학교의 연구에 따르면 1900년에 여성들이 집안일을 하는 데 소비한 시간은 주당 평균 58시간이었으나, 1975년에는 18시간으로 줄었다. 물론 가전제품은 임금 인상, 전쟁, 사회에서 여성의 역할에 대한 광범위한 논의 같은 더 큰 발전의 일부분일 뿐이지만, 그럼에도 가전제품은 여성들이 직장에서 자기 자리를 잡는 데 중요한 역할을 했다.

○ ◎ ◎

카트, 자동차, 자전거, 기차에 사용되는 다양한 형태의 바퀴는 육상 운송의 풍경, 그리고 그것들을 중심으로 도시를 설계하는 방법을 완전히 바꿔놓았다. 바퀴의 가장자리를 조금씩 잘라내자 완전히 새로운 기계가 탄생했다. 바퀴를 도자기 제작용 물레와 같은 방향으로 되돌려 눕힌 뒤 날개를 달아 헬리콥터를 만들었고, 항공기 엔진은 경이로운 회전 바퀴 없이는 존재할 수 없었으며, 사람들에게 하늘을 열어주고 세상을 훨씬 접근하기 쉽고 역동적인 곳으로 만들었다. 그러나 이 모든 진보는 바퀴 자체에 대한 재조명이 있었기에 가능한 결과였다. 항법 분야에서 가장 획기적인 발전을 이루기 위해 엔지니어들은 다른 방향으로 관심을 돌려야 했다.

바퀴뿐만 아니라 축도 회전하게 만들면 놀라운 일이 일어난다. 이렇게 하면 극한 환경에서 내 위치를 찾을 수 있고 아주 먼 곳까지 탐험할 수도 있다. 이 기적의 기계가 바로 자이로스코프다. 자이로스코프의 중심에는 회전하는 바퀴(원판)가 있는데, 이 바퀴는 여러 개의 회전하는 원형의 고리가 있는 프레임 안에 매달려 있어서 바퀴가 원하는 방향으로 회전할 수 있다. 이 시스템이 안정성을 만드는 데 유용한 이유는 움직이는 물체의 특수한 움직임을 이용하기 때문이다.

뉴턴의 세 가지 운동 법칙에 따르면, 어떤 물체가 균일하게 움직이고 있다면 어떤 외부의 힘이 가해져 변화시키지 않는 한 물체는 계속 그렇게 움직인다. 뉴턴이 묘사한 움직이는 물체에는 물체의 질량, 속력, 이동 방향의 측정치인 운동량이 있다. 즉 테이블을 가로질러 굴러가는 당구공은 가장자리에 닿을 때까지 계속 그렇게 갈 것이다.

이 운동량은 '보존'되는데, 이는 시스템의 총 운동량이 항상 동일하게 유지돼야 한다는 것을 의미한다. 정확히 같은 속력으로 서로를 향해 똑바로 굴러가는 2개의 당구공을 상상해보자. 질량과 속력은 같지만 서로 반대 방향으로 움직이기 때문에 이들의 총 운동량은 0이다. 완전 충돌 이후 당구공은 동일한 속력으로 서로 멀어지기 시작하며, 이때도 총 운동량은 여전히 0이다. 당구공은 일직선으로 움직이는 물체의 운동량인 선형 운동량의 한 예이지만, 이 보존 원리는 각운동량이라고 부르는 회전하는 물체의 운동량에도 적용된다.

뉴턴은 또한 모든 작용에는 크기는 같고 방향은 반대인 반작용이 있다고 했다. 만약 내가 벽을 밀면 벽도 나를 밀어낸다. 회전력에도 똑같이 적용되며 이를 '토크(torque)'라고 한다. 이 모든 과학을 종합하면 회전하는 물체에는 운동량이 있으며, 만약 힘을 가함으로써 회전하는 물체의 방향을 바꾸려고 시도하면 물체도 반대로 밀어내며, 시스템의 총 각운동량은 항상 똑같이 유지된다는 것을 알 수 있다.

자이로스코프의 기본 개념은 플라이휠이라고 부르는 회전자를 특정 방향으로 회전하도록 만드는 것이다. 각운동량이 보존돼야 하기 때문에 자이로스코프의 프레임이 주위를 회전하더라도 회전자는 원래 회전 방향을 유지한다. 주변 프레임이 움직여도 회전축은 짐벌로 만들어졌기 때문에 움직이지 않는다. 여객기에는 음료 전용인 작은 홀더가 있는데(이코노미석 한정이다. 다른 좌석은 어떠한지 모르겠다), 앞좌석 등받이에 테이블이 원래대로 접혀 있는 상태에서 이 홀더를 내릴 수 있다. 홀더 안에는 링이 있으며, 두 점에 고정돼 있어서 회전이 가능하다. 그래서 홀더의 각도에 관계없이 컵을 그 안에 놓고 지면과 수직이 되도록 조절할 수 있는데, 이것이 바로 짐벌이다. 자이로스코프의 프레임은 2개의 짐벌로 구성된다. 회전축은 제1짐벌의 양쪽 끝에 부착돼 있고, 이 짐벌은 다시 제2짐벌에도 양 끝점에 부착돼 있지만 회전축과 90도 각도를 이루고 있다.

자이로스코프는 여행과 탐험에 엄청난 영향을 미쳤다. 19세기에 자이로스코프가 발명되기 전까지 항해사들은 지구 자기장으로 작동하는 자기 나침반에 의존했다. 하지만 지구의 자기장은 고정돼 있지 않고 움직이기 때문에 자기 나침반은 절대 안전과는 거리가 멀었다. 즉 자기장의 '북쪽'이 지구 자전으로 측정할 수 있는 북쪽과 항상 일치하지 않을 수도 있었다. 게다가 선원들이 처음으로 쇠

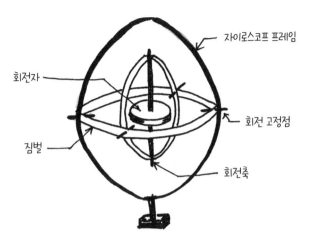

회전자

자이로스코프 프레임

회전 고정점

짐벌

회전축

자이로스코프 예시

로 만든 배를 타고 바다로 나갔을 때 깨달았듯, 금속이 나침반을 방해하기도 했다. 자이로스코프 나침반은 이런 문제를 방지한다. 짐벌이 회전하는 동안에도 회전자는 축의 방향을 유지한다. 프레임에 대한 축의 위치를 비교하면, 어느 방향을 가리키고 있는지 신뢰할 만한 정보를 얻을 수 있다. 비행기를 고속으로 복잡하게 급선회하는 전투기 조종사도 자이로스코프 덕분에 비행기 방향을 확인할 수 있다.

자이로스코프를 반대로 쓸 수도 있다. 회전자를 신나게 회전시키는 대신, 회전자의 축 방향을 억지로 바꿀 수 있다. 아이들의 장난감 팽이를 보자. 회전하는 팽이의 각운동량은 축을 통해 위쪽을 향한다. 만약 나란히 같은 속력으로 회전하는 2개의 동일한 팽이가 있다면, 각운동량은 합쳐서 두 배다(2개의 당구공이 같은 속력, 같은 방

바퀴

향으로 평행선상에서 구르는 것과 비슷하다). 만약 우주라서 팽이가 떠 있는데 하나는 똑바로 서 있고 다른 하나는 상대적으로 거꾸로 서 있다면, 시스템의 총 각운동량은 0이다(이건 2개의 당구공이 서로를 향해 똑바로 굴러가는 것에 해당한다).

놀이방에서 벗어나 더 넓은 세상으로 가보자. 동일한 회전자 4개가 짐벌에 장착돼 있는, 즉 4개의 자이로스코프가 있는 구조를 상상해보자. 하지만 이번에는 짐벌이 회전자 주위를 자유롭게 도는 대신 짐벌을 제어해서 회전자의 축이 가리키는 방향을 제어할 수 있다. 각 회전자의 무게는 98킬로그램이고, 지름은 약 1미터이며, 분당 6600번 회전한다. 즉 상대적으로 크고 매우 빠르다. 이 회전자들은 훨씬 더 큰 구조물 안에 위치해 있다. 보통 회전자는 총 각운동량이 0이 되도록 방향이 정해지기 때문에 외부 구조물에 영향을 주지 않는다. 그러나 필요한 경우 짐벌을 조정하고 회전자를 움직여 총 운동량 값이 증가하도록 만들 수 있으며, 전부 같은 방향을 가리킬 때 총 운동량이 최댓값이 된다. 각운동량 보존 원리에 따르면, 처음에는 운동량이 0에서 시작했지만 이제 자이로스코프에서 억지로 순 운동량을 얻었기 때문에 자이로스코프는 뒤로 밀려나게 되고, 결국 자이로스코프가 속해 있는 외부의 더 큰 구조물이 회전해 이 운동량을 0으로 상쇄하게 된다. 이 큰 구조물이 바로 국제우주정거장(ISS)이다.

우주정거장은 인류가 협력해 만들어낸 결과물 중 분명 가장 인상적인 예시일 것이다. 유럽, 일본, 캐나다, 러시아, 미국의 여러 팀들이 수십 년 동안 함께 이 우주정거장을 만들기 위해 노력해왔고,

이로써 전 세계의 과학자와 기술자들이 중력 없는 공간에서 실험을 할 수 있게 되었다. 지표로부터 408킬로미터 상공에서 모듈을 점진적으로 접합해 만든 이 정거장은 무게가 41만 9700킬로그램이고 길이 109미터, 너비 73미터로 미식축구 경기장보다 약간 크다. 우주정거장은 '자세'라고 불리는 매우 구체적인 위치를 유지해야 한다. 궤도는 적도를 기준으로 51도 기울어져 있고, 자세 제어를 완료하는 데 90분이 걸린다. 이 궤도에 지구 인구 90퍼센트 이상이 포함되며, 덕분에 우주정거장은 지구 표면을 관측하는 데 유리한 독특한 전망대가 된다. 또 우주정거장은 항상 지구를 향해 같은 면을 보이도록 설정돼 있다. 만약 우주정거장의 같은 면이 항상 태양을 향한다면 극단적인 온도로 가열되고 동시에 반대쪽 면은 극단적인 온도로 냉각되면서 주재료에 영향을 미칠 수 있기 때문이다. 또 우주정거장이 지구와 교신하기 위해 사용하는 통신위성들이 높은 궤도에 있기 때문에 통신을 항상 유지하려면 안테나가 지구로부터 먼 곳을 향해야 하기 때문이기도 하다.

영화와 SF 프로그램에서 볼 수 있듯 우주에서 일단 물체를 회전하게 하면 외부 힘이 가해지지 않는 한 물체는 계속 회전한다. 원칙적으로 우주정거장이 궤도에 오르면 영원히 돌 수 있다는 뜻이지만, 우주정거장에 작용하는 작은 힘들이 정거장의 자세에 영향을 미친다. 지구에서 그렇게 멀리 떨어져 있지만 약간의 대기가 있기 때문에 정거장의 움직임에 작은 저항이 생긴다. 주요 동력원인 커다란 조절식 날개에 장착된 태양 전지판은 태양을 향하도록 이리저리 움직이며, 특정 위치에 있으면 작은 공기 저항이 증가한다. 중력 기울기의 미세한 효과도 있다. 지구에서 멀수록 중력의 당기는 힘이 작아지기 때문에 우주정거장 중에서도 지구에 가장 가까운 부분에는 다른 부분보다 약간 더 강한 끌어당김이 가해지므로, 미세하게 힘의 불균형이 생긴다.

그러므로 우주정거장에는 자세를 조정할 수 있는 방법이 필요하며, 자이로스코프가 그 역할을 한다. SF에서 보면 부스터나 추진기를 사용해 방향을 조정한다. 우주정거장에는 예컨대 도킹하는 우주선을 맞이하기 위해 자세를 크게 바꿔야 할 때와 같이 큰 움직임을 위한 추진기가 있지만, 그게 항상 최선의 선택은 아니다. 우선 그런 장치들은 귀한 연료를 필요로 하고 그걸 지구에서 운반해야 하는데, 비용이 무척 많이 드는 일이다. 게다가 추진기의 힘이 너무 크기 때문에 미묘한 변화가 필요한 경우엔 제어하기가 복잡해진다. 그리고 이런 힘이 가해지면 우주비행사들이 우주선의 미소중력 환경에서 수행하고 있는 극도로 섬세한 실험에도 영향을 미칠 수 있다. 예를 들어 우주정거장에 전력을 공급하는 태양 전지판은 부서지기 쉽기 때문에 보통 추진기를 가동하려면 태양 전지판을 접어서 잠가야 하는데, 이는 우주정거장 운영에 상당한 지장을 초래한다. 따라서 구조물을 조금씩 부드럽게 이동시켜 조종하기 위해 엔지니어들은 제어 모멘트 자이로(Control Moment Gyros, CMG)라고 불리는 4개의 자이로스코프를 사용한다.

정상적인 상황에서 우주정거장은 어느 정도 스스로 비행한다. 즉 컴퓨터와 센서로 구성된 시스템이 우주정거장의 자세를 측정하고 기록하며, CMG를 제어하는 컴퓨터에 정보를 보내 이동이 필요한

지, 얼마나 이동해야 하는지를 알려준다. 이 시스템은 매우 민감해서, 대원들이 언제 일어나 정거장 사방을 돌아다니며 그 결과로 시스템 전체의 각운동량에 미세한 변화가 일어나는지 알아차릴 수 있다. 지상에서 우주정거장을 조종하는 팀은 시나리오 시뮬레이션을 실행해 뭔가가 잘못됐을 때 어떻게 대처해야 하는지 숙지하고, 모듈 도킹과 같은 흔치 않은 활동을 계획하는 데 많은 시간을 할애한다. 그들은 우주비행사들이 바쁜 일정을 소화할 수 있도록 우주정거장의 자세를 통제하는 주요 책임을 맡고 있다. 하지만 예를 들어 볼트, 스프링, 자석이 가득한 케이스 내에서 진동이 발생하는 등 CMG가 오작동을 일으키면 휴스턴에 있는 팀이 수동으로 제어할 수 있다.

그리고 바퀴는 사소한 것부터 거대한 것까지 모든 기술에 영감을 주고 제어한다. 우주비행사들이 박테리아나 곰팡이 같은 미생물이 우주의 광물을 채굴할 수 있는지를 탐구하고, 장시간 우주비행 중에 인간이 어떻게 시간을 인지하는지 조사하고, 줄기세포로 작은 3D 장기를 개발해 인공장기를 만들고, 새로운 물질을 시험하거나 식재료를 재배하는 등 지구상의 기술을 향상시킬 뿐만 아니라 인간이 외계 행성에서 살 수 있는 가능성을 상상하는 실험실이 지구 상공 408킬로미터에 있다는 사실은 무척 당황스럽고도 숨이 멎을 듯 놀라운 일이다. 그리고 이 모든 일이 가능한 것은 사람이 지구의 책상 앞에 앉아 달과 지구 중간에 있는 위성과 통신하면서 실험실을 안정적으로 유지해주는 바퀴 4개를 제어하기 때문이다.

바퀴와 차축이 발명된 이래로 이것들을 이용해 인류의 이주, 언

바퀴

어, 그리고 세계화에 영향을 미친 기계를 만들 수 있었다. 이제는 지구라는 한정된 공간 너머의 미래를 상상하고 있다. 인류의 진보, 그리고 바퀴와 축의 재창조는 서로 복잡하게 얽혀 있다. 그것이 바로 우리가 바퀴를 계속해서 재발명해야 하는 이유다.

3장

스프링
spring

우리가 생각보다
조용한 도시에서 살 수 있는 이유

시간을 거슬러 12세기 칭기즈칸(당시에는 테무친이라 불렸다)의 어린 시절로 돌아간다면, 사람들은 그가 훗날 몽골의 여러 부족을 통합하고 역사상 가장 거대한 연속 제국을 세울 가능성을 의심할 것이다. 아버지가 경쟁 씨족에게 살해된 뒤 테무친은 어머니 호엘룬, 형제들과 함께 버려졌다. 그들 일족은 겨울 초입 어느 날 밤 가족 소유의 동물들을 데리고 사라졌는데, 그곳은 겨울 기온이 영하 40도까지 떨어지는 곳이었다. 아무도 이들의 생존을 기대하지도 바라지도 않았다. 이들이 살아남을 수 있었던 건 호엘룬이 식량을 채집하는 법, 동물 가죽을 꿰매 따뜻한 옷을 만드는 법, 활과 화살로 사냥하는 법 등 생존에 필요한 기술을 가르친 덕분이었다. 그리고 마지막 기술 하나가 테무친이 칭기즈칸이 됐을 때 생존과 패권을 가르는 결정적인 역할을 했다. 칭기즈칸 군사 전술의 핵심은 유달리 가볍고 강력한 활이었다.

활은 일종의 스프링이다. 기본적으로 스프링은 힘이 가해져 모양이 변할 때 에너지를 저장하는 장치다. 힘이 제거되면 원래 모양으로 되돌아가면서 에너지를 방출하고, 이 에너지가 유용한 일을 하도록 만들어진다. 스프링은 반(半)유연성 재료로 만들어져 비교적 변형하기 쉽고, 탄성이 있어서 힘이 사라진 뒤에는 고무줄을 당겼

스프링

다 놓을 때처럼 원래 모양으로 되돌아간다. 반면 가소성 재료는 힘을 가하면 영구적으로 변형된다. 예컨대 모형 만들기용 점토를 손가락으로 찌르면 자국이 남는다.

스프링을 변형시키려면 에너지가 필요하다. 궁수는 한쪽 팔로 곡선 모양의 활을 앞에 들고 다른 쪽 손으로 활 양끝에 묶인 줄을 뒤로 당겨 활의 모양을 바꾼다. 구부러진 활에 이 에너지가 저장돼 있다가 궁수가 손가락을 놓는 순간 에너지가 화살로 빠르게 전달되면서 화살이 멀리 날아간다. 스프링과 마찬가지로 활을 많이 구부릴수록 에너지가 더 많이 저장되고 발사되는 힘이 더 강력해진다. 맨손으로 화살을 던지는 것과는 비교할 수 없다. 스프링은 에너지를 '저장'하고 '원할 때' 방출함으로써 자신의 능력을 증폭시킬 수 있었던 인류 최초의 도구다.

나는 스프링의 형태가 엄청 다양하다는 점에서 특히 흥미를 느낀다. 발명 이후 기본적인 형태가 거의 변하지 않은 못이나 바퀴와 달리 스프링은 무수히 다양한 모양으로 존재한다. 무기처럼 활 모양일 수도 있고, 운송수단의 서스펜션 시스템을 구성하는 약간 구부러진 목재나 금속을 여러 겹 쌓아서 만든 스프링도 있다. 1763년에야 특허를 받은 우리에게 익숙한 코일형 금속 스프링 같은 원통나선형도 있지만 와선형, 원뿔형, 구형도 있다. 심지어 여러 겹의 고무로 만든 정육면체나 직육면체 모양의 블록처럼 단순한 형태도 있는데, 내가 다루는 구조물에서는 이런 모양이 더 친숙하다.

힘을 가하고 변형시키는 방법도 다양하다. 넣었다 뺐다 할 수 있는 볼펜의 펜촉 안쪽에는 길고 가느다란 스프링이 달려 있는데, 필기하는 동안 이 스프링이 아래쪽으로 눌려 고정되면서 에너지를 저장하도록 설계되었다. 다 쓰고 나서 버튼을 딸깍 누르면 스프링이 원래 길이로 늘어나면서 펜이 몸통 안으로 쏙 사라진다. 스프링을 반대로 쓸 수도 있다. 트램펄린 테두리를 따라 연결된 스프링이 늘어날 때 장력을 저장하는 경우처럼 말이다. 트램펄린 그물망에 체중을 싣고 위아래로 뛰면 가장자리의 스프링이 늘어나면서 에너지가 저장되었다가, 원래 길이로 줄어들 때 방출된 에너지가 그물망과 사람에게 전달되어 그냥 바닥에서 뛸 때보다 훨씬 높이까지 튀어 오를 수 있다. 옷핀의 작은 스프링처럼 비틀어 사용하는 방식도 있다. 또 운송수단의 서스펜션 스프링이나 활에서 알 수 있듯, 형태를 더 많이 구부릴수록 더 많은 에너지를 저장할 수 있다.

이런 유연함(실제로나 비유적으로나) 때문에 스프링은 아마도 내가 선택한 모든 발명품 중에서 가장 광범위하고 가장 다양한 규모로 사용됐을 것이다. 스프링은 활 같은 무기뿐만 아니라 투석기와 화기에서도 발견된다. 손목시계, 펜, 핀셋, 키보드 등 버튼을 누르는 모든 물건의 일부분을 구성한다. 자물쇠, 매트리스, 신축성 있는 운동기구, 탄력적인 댄스 플로어, 트램펄린 등에서도 볼 수 있다. 유아차, 수레, 자동차 서스펜션 시스템, 주사의 접이식 안전바늘, 현미경과 망원경의 튼튼한 받침대에도 쓰인다. 심지어 일부 고층 건물 토대에는 지진 진동에 대비해 건물을 안정화시키는 거대한 스프링이 있다. 내가 보기에 스프링은 다재다능한 엔지니어링의 완벽한 본보기다.

스프링을 언제 어디서 누가 발명했는지 확실히 말하기는 어렵다. 그러나 활과 화살이 인류 최초의 복잡하고 실용적인 스프링이었을 가능성은 높다. 활을 만들어 줄을 매고 화살을 조준해 발사한다는 건 인간의 능력이 향상되었다는 증거였다. 하지만 활은 썩기 쉬운 유기 물질인 나무로 만들어졌기 때문에, 수만 년 전부터 썼을 것으로 추정되긴 하지만 그 세월을 견디지는 못했다. 지금까지 발굴된 가장 오래된 활은 불과 1만 년 전으로 거슬러 올라간다. 다섯 조각으로 부서진 이 짙은 갈색의 느릅나무 활은 제2차 세계대전 중 덴마크의 이탄 습지에서 발견됐고, 이 지역의 이름을 따 홀메고르 활로 불린다. 백년전쟁에서 프랑스군을 상대로 활약한 것으로 유명한 중세 잉글랜드의 장궁과 마찬가지로, 홀메고르 활도 나무라는 단일 재료로 만들어졌다.

중세 몽골 활이 놀라운 건 당시 가장 진보한 복합 설계, 즉 다양한 재료로 만들어졌기 때문이다. 활 설계자들은 활을 당길 때 안쪽 면(궁수와 가장 가까운 면)은 찌그러지거나 압축되는 반면 바깥 면은

몽골 활의 곡률을 간략화한 다이어그램

볼트와 너트

늘어나거나 장력이 걸린다는 사실을 이해했고, 활을 제작할 때 종류별 힘에 가장 잘 견딜 수 있는 재료를 사용했다.

활의 중심부는 가벼우면서도 단단한 재료인 대나무나 목재로 구성했으며, 조심스럽게 말려서 튼튼하고 유연하게 만들었다. 그런 다음 사슴, 소, 말, 무스 등의 뒷다리 힘줄을 말리고 두드려서 느슨한 섬유질로 만들었다. 이를 물고기 부레로 만든 접착제에 담갔다 꺼내 활 바깥 면에 겹겹이 붙였는데, 엄청 고된 과정이었다. 섬유질을 너무 많이 붙이면 활이 너무 뻣뻣해 구부리기가 어려워지면서 화살에 저장할 수 있는 에너지가 줄어들었고, 섬유질을 너무 적게 붙이면 활이 약해 뚝 부러지기가 쉬웠다. 동물의 힘줄은 늘어나는 힘에 대해 유연하고 강하게 반응하기 때문에 활 재료로서 완벽하다. 이는 콜라겐 때문이다. 흔히들 주름 개선 크림 광고나 어떤 유명인이 콜라겐 주사를 맞았다는 언론의 추측 기사를 통해 콜라겐을 알고 있지만, 사실 콜라겐은 힘줄 같은 연결 조직에 힘을 부여하는 단백질 분자다.

6개월 동안 건조한 뒤, 야생 염소나 가축의 뿔을 삶아 부드럽게 만든 다음 활 안쪽 면에 붙여서 압축력에 견디도록 만들었다. 6개월 정도 더 말리고 난 뒤 부드러운 나무껍질을 겹겹이 덧대 활을 습기로부터 보호했다. 그 결과 비바람에 강하고 튼튼하고 가볍고 작고 탄력적이면서 매우 강력한 무기가 탄생했다. 비슷한 시대의 잉글랜드 장궁이 더 크고 위험해 보일 수는 있지만, 몽골 활은 그 유연성 덕분에 궁수가 힘을 적게 들이고도 에너지를 더 많이 저장하고 방출해서 화살을 더 빠르게 멀리 보낼 수 있었다. 1226년의 것

스프링

으로 추정되는 비석(직립 석판)에는 투르키스탄 동부의 사르타울 정복을 기념하는 행사에서 명궁수 에숭게가 335알드(약 536미터)에서 목표물을 쐈다는 기록이 고대 몽골 전통 문자로 남아 있다. 이 기록이 정확하다면 잉글랜드 장궁의 평균 사거리가 약 300미터로 추정된 데 비해 놀라운 성능이다.

칭기즈칸 휘하의 몽골군은 강하고 작고 민첩한 말을 능숙하게 통제하면서 활을 쐈기 때문에 대단히 능률적이었다. 그들은 세 살 때부터 말을 탔고, 다섯 살 때부터는 두 다리만으로 말을 타면서 활 쏘는 법을 배웠다. 그 덕에 두 팔을 자유롭게 사용하면서 적군으로부터 멀찍이 떨어진 안전한 거리에서 적들을 정확하게 쏠 수 있었다.

칭기즈칸은 영토를 확장하는 동안 중국에도 눈을 돌렸다. 그가 도착한 수도 옌징(지금의 베이징)은 1000개에 가까운 경비 탑이 있는 두껍고 높은 성벽으로 둘러싸인 난공불락이었고, 각 경비 탑은 거대한 석궁으로 방어하고 있었다. 또 중국인들은 스프링의 물리학을 이용해 끓는 휘발유를 가득 채운 항아리를 발사하는 무기인 투석기도 갖고 있었다. 그래서 몽골군은 직접 공격하는 대신 말을 타고 다니며 주변 시골을 황폐화시켰고, 굶주리던 옌징 주민들은 1215년에 항복했다.

칭기즈칸은 중국을 떠날 때, 스프링이 달린 덩치 큰 중국 무기들을 함께 가지고 갔다. 석궁은 활과 화살이 더 정교하게 발달한 형태로, 자물쇠와 스톡(나중에 연기 나는 총구 몇 가지를 설명하겠다)으로 구성돼 있다. 석궁에는 보통 나무로 만든 단단한 조각인 스톡이 있어

볼트와 너트

서, 활 가운데를 사람 팔로 잡는 대신 이걸 쓴다. 줄을 손으로 당겨 자물쇠로 고정하며, 그 앞에 화살을 놓는다. 자물쇠의 방아쇠를 작동시키면 줄이 풀리고 화살이 발사된다.

석궁은 장궁과 동일한 장력과 압축력을 이용하는 스프링이었지만 장궁과는 여러모로 달랐다. 나는 전통 활쏘기를 해본 적이 있다. 당시 건네받은 활이 무척 가벼웠기 때문에 단순히 활시위를 당겨 제자리에 고정하는 데도 팔은 물론이고 가슴, 코어, 다리의 근육까지 써야 한다는 점에 깜짝 놀랐다. 그렇게 모든 근육이 팽팽하게 긴장한 상태에서는 화살을 겨눠 쏘는 건 고사하고 자세를 가만히 유지하는 것조차 어려웠다(과녁 근처엔 못 갔지만 널빤지를 맞추는 데 성공했으니, 그 정도면 충분한 승리였다고 본다). 반면 석궁을 쏘는 데는 고된 훈련이나 발달한 근육이 그리 필요하지 않았기 때문에 소작농들을 신속하게 모집해 군대를 보충하고 전문 군인들에 맞서 스스로 방어하게 만들 수 있었다. 어떤 석궁은 훨씬 더 강력해서, 발사된 화살이 더 큰 힘으로 금속 방패와 갑옷도 뚫을 수 있었다. 그리고 활시위를 자물쇠로 고정했기 때문에 궁수는 조준에만 집중해 더 정확하게 쏠 수 있었다.

중국인들은 수년에 걸쳐 한 손으로 독화살을 쏠 수 있는 소형 석궁, 화살을 여러 개 발사하는 석궁, 이동식 받침대에 장착해서 쓰는 무거운 석궁 등 다양하게 변형된 석궁을 설계했다. 점점 더 많은 석궁이 기술이나 훈련(그리고 생각) 없이도 사용할 수 있었고, 먼 거리에서도 살상하고 파괴할 수 있었다. 칭기즈칸이 도착하기 전에 중국군은 석궁을 만들고 배치하는 기술을 통해 침략군을 어느 정도

스프링

97

물리칠 수 있었다. 하지만 이런 무기에도 불구하고 칭기즈칸에게 패했다. 치명적이고 휴대성이 뛰어난 몽골 활을 들고 장거리를 빠르게 횡단하는, 숙련되고 자급자족하는 칭기즈칸 군대의 능력과 민첩성 때문이었다.

이 때문에 칸은 야만적인 살인자로 명성이 자자하다. 사실 그가 남긴 유산은 훨씬 다양하다. 칸은 신하들에게 종교의 자유를 허용했고(당시엔 극히 드문 일이었다), 패배한 지역의 출신이라도 재능이 있는 사람은 등용했다. 유라시아에서 13세기와 14세기는 상대적으로 평화와 번영의 시대였다. 몽골은 단일한 무역 및 관세 시스템을 구축하고, 중국 동부에서 시리아까지 연결되는 우편 서비스인 '잠(jam)'을 만들었다. 여행이 안전해지면서(항복을 전제로 한 것이다) 실크로드를 따라 교역이 증가했고, 문화 간 기술과 상품 교류가 촉진되면서 특히 비단과 제지 기술이 중세 유럽에 전해졌다.

나는 물론 공학이 세상을 발전시키고 선하게 만드는 원동력이라고 묘사하고 싶지만, 이는 부분적인 관점일 뿐이다. 교역로를 통해 유럽에 활과 화살, 석궁, 투석기도 전해졌는데, 스프링의 과학 덕분에 이전에 개발된 무기보다 더 치명적이었다.

스프링은 여전히 무기에서 핵심적인 역할을 하고 있다(이제 앞서 약속한 대로 연기 나는 총구에 대해 설명하겠다). 현대의 기관총은 재장전 없이 여러 발의 탄환을 연속적으로 발사할 수 있는데, 이는 총열을 관통해 총알 벨트를 구동하는 스프링 배열 덕분이다. 반자동 권총에도 여러 개의 스프링이 있다. 이런 권총 손잡이 안에는 탄약통이 든 탄창이라는 탈착식 장치가 있다. 총알을 장전하면 탄창 바닥에

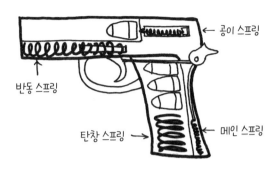

반자동 권총 속 스프링

있는 큰 스프링이 압축된다. 탄창을 다시 손잡이 안으로 넣고, 슬라이더라고 부르는 총의 윗부분을 뒤로 당긴다. 슬라이더에는 반동 (리코일) 스프링이 있어서 압축된다. 슬라이더를 움직이면 탄창 위에 빈 공간이 생기고 바닥에 있는 스프링이 탄창을 위로 밀어올린다. 슬라이더에서 손을 떼면 반동 스프링이 슬라이더를 다시 제자리로 밀고, 총이 장전돼 발사 준비가 완료된다. 방아쇠를 당기면 또 다른 스프링이 풀리면서 거기에 연결된 길고 날카로운 금속 막대인 '공이'가 탄약통을 날카롭게 때린다. 이로 인해 탄약통에 작은 폭발이 발생하면서 총알이 발사된다. 이 과정을 설명하는 데 한 단락을 할애했지만, 스프링 덕분에 이 모든 일이 1초가 채 안 되는 아주 짧은 순간에 일어난다. 하지만 스프링의 일은 아직 끝나지 않았다. 뉴턴의 작용-반작용 법칙에 의해 총알이 발사될 때의 폭발력으로 반동 스프링이 압축되면서 총의 슬라이더가 뒤로 밀리고, 다음 탄창이 올라오면서 다시 발사 준비가 완료된다.

현대 총의 이야기는 활, 화살과 관련이 있다. 중국인들은 9세기에 석탄, 질산칼륨, 황을 섞은 화약을 발명해 속이 빈 대나무나 금속관으로 적을 향해 화염과 파편을 발사하는 데 사용했다. 화약은 몽골이 실크로드를 통해 교역하던(내 추측에 실크로드는 적어도 부분적으로는 활 덕분에 안정된 것 같다) 13세기에 유럽인 손에 넘어갔다. 16세기에 이르러 유럽인들은 이전에 동양인들이 만든 것보다 훨씬 더 발전된 화기를 만들어냈다. 이후 위협과 정복은 화력을 중심으로 이뤄졌고, 전쟁의 양상은 다시 한번 진화했다. 전투군 사이의 거리는 점점 멀어졌고, 부상의 유형이 달라지면서 의학의 발전을 자극했다. 한 나라의 영토 대부분을 초토화할 수 있는 파괴적인 원자폭탄이 등장하기 전까지 전쟁터를 지배한 것은 화기였다.

총의 위력은 날 두렵게 한다. 스프링의 과학이 매우 효과적으로 활용됐기 때문에 손가락 하나를 이용한 최소한의 힘만으로 누군가를 죽일 수 있다. 보건계량평가연구소가 2018년에 발간한 보고서의 주 저자 모센 나하비 박사에 따르면 총기 폭력은 우리 시대의 가장 큰 공중보건 위기다. 2020년과 2021년에 미국에서는 한 해에 4만 5000명 이상이 사망했다. 르완다 대학살이 일어난 1994년을 제외하면, 1990년 이후 매년 전 세계 총기 관련 사망자는 국제 분쟁 및 테러 사망자보다 많았다. 이런 통계를 보면 특히 엔지니어인 나는 참담하다. 의도하지 않았더라도, 인류의 발명품과 혁신이 인간의 삶을 파괴하는 데 사용될 수 있음을 기억하는 것이 중요하다.

○ ◎ ◎

스프링은 그 안에 숨겨진 과학이 제대로 연구되기 전 오랜 시간에 걸쳐 다양한 형태로 사용돼온 흥미로운 공학적 사례다. 스프링 제작자들은 시행착오를 겪으며 어떤 재료와 모양이 용도에 가장 적합한지 경험을 통해 알아냈다. 이는 어떤 물건의 작동 원리에 대한 세부적인 이해 없이도 얼마나 많은 진전을 이룰 수 있는지를 보여주는 증거다. 그럼에도 17세기에 과학이 연구되기 시작하자 스프링의 활용은 훨씬 더 정교해졌다.

이해와 응용의 이런 도약은 로버트 훅의 공이 크다. 훅은 1635년 잉글랜드의 와이트섬에서 태어났다. 4남매 중 막내로 태어난 그는 어릴 때부터 기계와 그림에 관심이 많았고 옥스퍼드대학교에서 공부를 계속하며 진정한 박식가로 이름을 날렸다. 망원경을 만들어 화성과 목성의 움직임을 관찰하고, 성경을 문자 그대로 해석하던 당시에 화석과 지구의 나이에 대한 가설을 세우고, 1666년 런던 대화재로 피해를 입은 건물의 절반가량을 조사하기도 했다. 그의 수많은 관심사 중 하나가 재료의 탄성에 관한 것이었고, 결국 그는 스프링을 연구하게 되었다.

스프링이 예측 가능한 방식으로 작동하는 원리를 수학적, 물리적으로 설명해 메커니즘에 활용할 수 있도록 하기 위해 그는 오늘날 훅의 법칙으로 알려진 논문을 발표했다. 이상하게도 그는 이 법칙을 1660년에 애너그램 암호로 발표했고, 18년 뒤 '길이가 늘어날수록 힘도 커진다'라는 뜻의 라틴어 *Ut tensio, sic vis,*란 제목으로 해법을 제시했다. 훅은 스프링이 늘어난 길이는 스프링이 지탱하는 무게에 비례하며, 스프링이 더 많이 늘어날수록 스프링을 변형시키는 데 필요한 힘이 커지고 에너지를 더 많이 저장할 수 있다고 설명

스프링

했다. 즉 무게 1킬로그램으로 스프링이 1센티미터 늘어나면 2킬로그램으로는 2센티미터 늘어나게 되며, 후자의 경우 스프링은 더 많은 에너지를 저장한다(이 법칙은 몽골 활이 효과적이었던 이유를 정량적으로 설명해준다). 힘과 변형 정도가 충분히 작아서 재료가 탄성을 유지하는 한(즉 원래 모양으로 되돌아갈 수 있는 한), 훅의 법칙은 유효하다.

이 법칙은 광범위하게 적용되었다. 훅의 법칙을 통해 엔지니어들은 스프링 외에도 탄성계가 특정 힘에 의해 얼마나 팽창 또는 수축하거나 움직일지를 예측할 수 있게 되었다. 공이 얼마나 높이 튀어오르는지, 재료가 어떻게 소리를 흡수하는지, 심지어 바람과 지진의 힘에 의해 탑이 얼마나 흔들리는지도 예측할 수 있었다. 훅의 연구는 실용적으로도 많이 응용되었다. 자동차 서스펜션에 들어가는 코일 스프링이 우리 몸의 수축된 혈관을 확장하는 데 사용되는 스프링과 다르다는 것은 분명하다. 어떤 힘이 필요한지, 움직임이나 유연성이 얼마나 많이 필요한지 등 용도를 이해하고 나면 스프링을 설계할 수 있다. 코일이라고 가정하면 전체 시스템의 지름, 와이어의 지름, 길이, 코일 개수를 계산해 완벽한 균형을 맞출 수 있다. 이런 원리를 이용해 엔지니어들은 스프링 저울(내 딸이 태어난 다음 날 체중을 정확하게 측정하기 위해 이런 저울에 매달았다), 압력계(팔에 압력을 가했다 풀면 바늘이 다이얼 주위를 회전하는 구식 혈압계와 같은 장치), 따기 어려운 복잡한 자물쇠(작은 스프링들이 열쇠의 이랑 위에 위치해 떨어지고, 그 조합이 올바른 경우 자물쇠가 열린다) 같은 장치를 설계했다. 이 중 아무거나 골라 스프링의 역할을 살펴볼 수 있겠지만 나는 특히 스프링 덕분에 엄청나게 비약적인 발전을 이루고, 우리의 생활방식과 일하는 방식을 영원히 뒤바꿔놓은 메커니즘을 선택했다.

영국 중부 버밍엄의 보석상 구역에 있는 조지 왕조풍의 높다란 붉은 벽돌 건물 중 한 곳에서 시계 제작자이자 시계학자인 리베카 스트러서스 박사를 만났다. 언제였건 흥미롭고 유익한 경험이었겠지만, 2020년 팬데믹으로 인한 봉쇄 조치로 몇 달 동안 집에 갇혀 지냈던 터라 그녀의 작업실을 방문하게 된 것이 무척이나 즐거웠다.

넓고 탁 트인 공간에 높다란 하얀 테이블이 있는 공간은 깔끔했다. 내가 도착하자 옆방에서 흥분해서 짖어대는 그녀의 개 아치를 제외하면 작업실은 조용했다. 방 주변에는 선반, 밀링머신, 토핑 공구 등 오래된 도구들이 보물창고처럼 쌓여 있었는데, 리베카는 각 도구마다 이름이 있으며 가족의 일부라고 말했다. 그곳에서 그녀는 남편 크레이그와 함께 아름다운 맞춤형 시계를 만드는 일이나 역사적인 시계를 복원하는 일을 전문으로 하는 스트러서스 워치메이커스사를 운영하고 있다. 스위스의 고급 시계 회사인 유니버설 제네바의 새 베즐을 처음부터 직접 제작하는 일부터 빈티지 자동차의 대시보드 시계를 정밀하게 청소하는 일까지 다양한 작업을 하고 있다. 빈티지 시계에 관심이 많은 리베카가 손목에 금색 디지털 카시오 시계를 차고 있는 걸 보고 깜짝 놀랐다. 하지만 그녀는 작업할 때 소중한 기계들 사이를 지나다니는 동안 흔들려도 망가지지 않는 '작업장 호환용' 시계가 필요하다고 설명했다.

일에 놀라운 재능을 가졌다는 점 외에도 리베카는 업계에서 독보적인 존재다. 1980년대에 직장에 다니는 어머니와 전업주부인

아버지 밑에서 자란 그녀는 고정관념을 깨는 힘을 배웠고, 상류층 백인 남성이 지배하는 업계에서 문신을 한 젊은 노동계층 여성(우리가 마스크를 착용한 채 수다를 떠는 동안 그녀는 자기 자신을 이렇게 묘사했다)으로서 시계 제작자가 된 것도 바로 그런 이유에서였다. 2017년에는 영국 역사상 최초로 시계학 박사학위를 취득한 시계 제작자가 되었다. 리베카는 스프링 달린 시계가 개발되기 전 사람들이 시간을 알고자 할 때 직면했던 몇몇 도전과제에 대해 설명했다.

시간을 과학적으로 어느 정도 정확하게 측정하기 위해서는 주기적이고 정기적으로 일어나는 일을 헤아리는 것이 핵심이다. 약 5000년 전 이집트와 바빌론의 고대인들은 태양의 하루 주기, 달의 한 달 주기, 계절의 연간 변화라는 세 가지 자연 현상을 바탕으로 체계적인 시간 기록법을 만들었다. 고대 이집트인들에게 숫자 12는 중요한 의미를 지니는데, 매년 나일강이 범람할 때면 12개의 특별한 별자리를 볼 수 있었기에 한 해를 30일씩 열두 달로 나눴다(1년이 되려면 여기에 5일이 더 필요하다). 빛과 어둠의 간격을 각각 동일하게 12개로 나눈 것을 한 시간(temporal hour)으로 정했다(낮과 밤의 길이가 변함에 따라 한 시간의 길이도 달라져서 여름엔 낮의 한 시간이 밤의 한 시간보다 더 길었다).

이는 시간을 측정하는 꽤 좋은 방법이었다. 하지만 늘 활용할 수 없는 햇빛에 의존한다는 점, 지구가 공전 궤도를 이동함에 따라 낮의 길이가 달라진다는 점, 태양이 뜨고 지는 주기가 그리 빈번하지 않다는 점 등이 한계였다.

조상들은 시간의 흐름을 물리적으로 보기 위해 막대기 그림자를 관찰해 하루가 얼마나 지났는지 파악했다. 훗날 물시계가 발명돼 밤낮으로 시간을 측정할 수 있게 되었다. 가장 단순한 물시계는 작은 구멍으로 물방울이 떨어지는 대야 모양이었는데, 물의 수위를 보고 시간이 얼마나 흘렀는지 알 수 있었다. 그냥 막대기였던 것이 정교한 해시계로 진화한 것처럼, 물시계도 수백 년 동안 복잡한 기어 배열이 추가되면서 엄청나게 정교해졌다. 이런 발전은 중세 아랍과 중국의 과학자들이 주도했다. 해시계와 물시계 시스템은 따뜻한 기후에서는 잘 작동했지만, 낮에는 흐리고 밤에는 기온이 영하로 떨어지는 북유럽 기후에서는 그다지 유용하지 않았기 때문에 유럽인들은 다른 방법을 찾아야 했다.

전기가 발명되기 전 유럽의 시계는 기계식 시스템을 이용해 동력을 공급했다. 이런 기계식 시계를 처음 도입한 곳은 13세기 이탈리아의 가톨릭교회였는데, 혁신적인 엔지니어링의 등장을 예상하기에는 뜻밖의 장소일 수도 있다. 그러나 성직자들은 하루 최소 일곱 번 그리고 자정에 한 번씩 기도를 해야 했고, 사제로서는 성직자들이 임무를 수행하게끔 기도 시간을 알려줄 수단이 필요했다.

교회 탑 꼭대기에 자리 잡은 이런 시계의 내부에는 중력으로 천천히 내려오는 무거운 추가 달려 있었다. 일련의 메커니즘이 추가 얼마나 빨리 움직이고 에너지를 흡수해서 기어 체인을 구동시키는가를 제어했다. 이 체인 일부분에 달린 레버가 매 시간마다 풀리면서 종을 쳤다.

일정한 중력으로 움직이는 만큼 시계의 동력원은 안정적이었지만, 밑으로 떨어지는 추를 손목에 거는 건 결코 실용적인 방법이 아니었다. 추가 이리저리 흔들리면 시계의 정확성에 영향을 줄 수 있기 때문이었다. 커다란 추가 끝까지 다 내려오면 다시 감아 올려 하강하게 해야 했고, 이 작업을 하루에 여러 번 반복하지 않으려면 시계추가 낙하할 거리를 확보해야 했기 때문에 시계는 아주 높은 곳에 설치되곤 했다. 그래서 시계의 메인스프링(태엽)이 발명되기 전까지 시계는 움직이지 못하는 거대한 존재였다.

리베카는 내가 살펴볼 수 있도록 작업대 위에 다양한 스프링을 올려놓았다. 내 손가락 끝과 잘 맞는 물음표 모양의 작은 스프링과 가느다란 원통형 와이어로 만든 약간 큰 V자 모양의 스프링이 있었다. 납작하고 폭이 넓은 금속 리본으로 만든 나선형의 메인스프링도 있었다. 하나는 작업대 위에 느슨하게 놓여 있었는데, 중심부는 단단히 감겨 있었지만 이내 피보나치 곡선처럼 펼쳐지면서 끝부분이 내 손바닥 너비만큼 벌어지는 자연스러운 형태를 취했다. 그 옆에는 끝이 반대 방향으로 감겨 있는 비슷한 스프링이 있었는데, 해마 꼬리를 연상시키는 모양이었다. 다른 하나는 단단히 감겨서 동그란 태엽통 안에 들어 있었다. 이 납작한 나선형 스프링은 소형 기계식 시계와 각종 시간 측정 도구의 동력원으로, 시간을 측정하는 기어 체인을 구동하는 데 필요하다. 이 스프링이 커다란 추를 대체함으로써 시간 측정 기술이 비약적으로 발전했다. 메인스프링이 없었다면, 손목에 차고 다닐 만큼 조그만 시계는 발명되지 못했을 것이다.

메인스프링은 15세기 말 독일에서 발명된 것으로 추정된다. 나선형으로 만들어진 납작한 금속 리본이 축에 감겨 있었다. 안쪽 끝

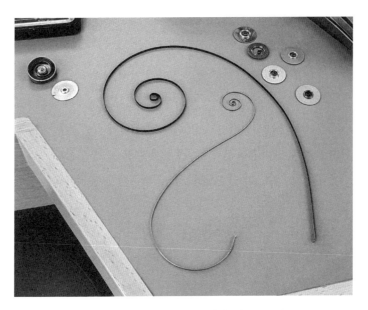

감겨 있거나 자연스레 풀려 있는 다양한 형태의 메인스프링.
스트러서스 워치메이커스에서 촬영한 이미지

부분은 축에 부착되었다. 스프링을 둥글게 감으면 스프링이 조여져 에너지가 저장되었다. 스프링이 너무 빠르게 풀리는 것을 막기 위해 래칫이라는 장치가 사용되었다. 레버가 부착된 특수한 모양의 톱니가 있는 기어다. 레버를 한쪽 방향으로 돌리면 기어가 움직이지만, 반대쪽 방향으로 돌리면 레버에 톱니가 걸리면서 기어가 멈춘다(장난감 태엽이나 오르골 손잡이를 돌릴 때 딸깍 소리가 나는 것도 바로 이 때문이다).

태엽을 다 감으면 축이 돌기 시작하고, 스프링이 천천히 풀리면서 에너지가 기어 트레인으로 전달돼 시계가 구동된다. 보통 메인스프링은 한 번 감으면 40시간 동안 사용할 수 있는 길이로 제작되

스프링

었다. 하루 한 번씩 감아주는 게 가장 이상적이지만, 혹여나 잊어버리릴 경우를 대비해 여유분을 넣은 것이다.

　무거운 추를 메인스프링으로 바꾸면서 시계는 더 작아지고 머잖아 휴대도 가능해졌으며, 이로써 사상 최초로 회중시계가 만들어졌다고 리베카는 설명했다. 하지만 1600년대 중반 훅이 스프링의 과학적 원리를 밝혀내기 전까지 스프링을 다루는 건 성공과 실패가 반복되는 일이었고, 메인스프링을 처음 적용했을 땐 시계의 정확도가 떨어졌다. 메인스프링을 최대로 감았을 때 가장 많은 에너지가 저장되고, 메인스프링이 풀릴수록 저장된 에너지가 줄어들기 때문이었다. 이를 보완하기 위한 다양한 메커니즘('스택프리드stackfreed', '퓨지fusee'와 같이 생생한 느낌을 떠올리게 하는 이름들)이 시스템에 추가됐고, 이로써 메인스프링과 함께 새롭고 일관되며 크기가 작은 에너지 공급원이 만들어졌다(스택프리드는 독일어 starke와 feder가 결합된 단어로 각각 '강한', '스프링'을 뜻한다. 퓨지는 프랑스어 fusée와 후기 라틴어 fusata에서 유래한 것으로 '실이 가득 감긴 원통'을 뜻한다–옮긴이).

　오늘날에는 스택프리드와 퓨지가 필요하지 않다. 끝부분이 가장 뻣뻣하고 시작 부분이 가장 덜 뻣뻣하게 설계된 해마처럼 꼬리가 달린 스프링 덕분이다. 한쪽이 더 뻣뻣하다는 건 훅의 법칙에 따르면 스프링이 풀려 에너지가 줄어들더라도 강성(stiffness)이 보정된다는 것을 의미한다. 이렇게 하면 시계에 일정한 양의 에너지가 공급되고 시계는 느려지지 않는다.

　리베카의 작업대 위에는 다양한 스프링 외에도 19세기의 화려한 시계가 놓여 있었다. 나는 리베카가 시계를 조심스럽게 분해해 두

볼트와 너트

번째로 중요한 스프링인 헤어스프링을 보여주는 과정을 흥미롭게 관찰했다. 메인스프링만으로도 시계를 더 작고 휴대하기 편하게 만들 수 있었지만, 메인스프링과 헤어스프링을 '함께' 사용하면 이전에 볼 수 없었던 수준의 정확성과 휴대성을 '모두' 갖춘 시계를 최초로 만들 수 있었다.

리베카는 아주 작은 나사 몇 개를 풀어 뚜껑을 분리한 뒤 내가 만져볼 수 있게 했다. 떨어뜨릴까 봐 겁이 났던 나는 시계를 손바닥에 조심스럽게 올려놓은 뒤 눈을 가늘게 뜨고 그 모든 작은 메커니즘이 째깍거리며 움직이는 모습을 들여다봤다. 부품들은 금박을 입힌 황동으로 돼 있었다. 복잡하게 겹겹이 쌓인 다양한 크기의 기어에서 은은한 금빛 광택이 났다. 시계 화면에서 어느 바늘을 구동하는 기어인지에 따라 회전 속도가 다른 것을 볼 수 있었는데, 1분마다 1회전하는 초침의 기어는 조급해 보일 정도로 빠른 반면 12시간이 지나야 겨우 한 바퀴를 도는 시침의 기어는 느릿느릿 움직였다.

익숙한 기어들 사이에서 시계 방향으로 빠르게 돌다가 돌연 시계 반대 방향으로 돌아가는 등 앞뒤로 왔다 갔다 하는 특이한 바퀴 하나가 있었는데, 이를 밸런스 휠이라고 불렀다. 이 바퀴를 빠르고 일정하게 움직이게 하는 것이 바로 아주 가느다란 나선형 스프링, 그러니까 엄청나게 중요한 역할을 하는 헤어스프링이다.

이집트인들은 24시간 주기로 몹시 느리게 움직이는 태양에 의존했기 때문에 시간 측정의 정확성이라는 장벽에 부딪혔다. 시간을 정확하게 측정하려면 큰 오차나 부정확성이 누적되지 않도록 일관되게 자주 발생하는 진동, 순환, 또는 앞뒤로 왔다 갔다 하는 운동이 필요하다. 헤어스프링이 발명되기 전 13세기 대형 중세 시계탑에는 탈진기라는 독창적인 엔지니어링 기술이 사용되었다. 탈진기의 형태는 다양했지만, 모두 시간의 흐름을 정확히 측정하기 위해 시계를 조정할 용도로 시계 메커니즘을 규칙적으로 회전시키는 원리였다. 태양의 주기가 24시간이었던 반면, 탈진기의 주기는 단 몇 초에 불과했다.

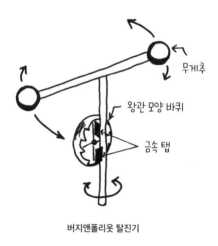

무게추

왕관 모양 바퀴

금속 탭

버지앤폴리옷 탈진기

초기 탈진기의 한 예로 중세 성당 시계탑에서 흔히 볼 수 있었던 버지앤폴리옷(verge and foliot)을 들 수 있다. 수직으로 세워져 회전하는 축에 2개의 작은 금속 탭이 부착돼 있었다. 축 꼭대기에는 양옆으로 금속 암이 뻗어 있었다. 각 암에는 진동 주파수를 조절하기 위해 움직일 수 있는 금속 덩어리가 달려 있었다. 암이 어느 한 방향으로 회전할 때마다 금속 탭이 축과 함께 빙글빙글 돌면서 왕관 모양 바퀴의 톱니가 하나씩 풀렸다. 그 뒤 금속 탭에 의해 축은 강제로 반대 방향으로 회전하고 바퀴의 톱니 하나가 또 풀렸다. 왕관 모양의 바퀴는 앞서 언급한 천천히 내려가는 무게추와 연결돼 있기 때문에 바퀴가 조금씩 돌아갈 때마다 무게추가 조금씩 내려갔다. 이렇게 암이 왔다 갔다 흔들리면서 바퀴가 조금씩 회전하고, 이로써 무게추가 조금씩 내려가는 사이클이 만들어졌다. 추가 다 내려가면 레버를 구동하는 기어로 에너지가 전달되고, 레버가 시계 종을 쳐서 시간을 알렸다('시계'라는 단어는 종을 뜻하는 라틴어 'clocca'에서 유래한 것으로, 당시에는 시간을 알려주는 시계 문자판이나 바늘이 없었다).

탈진기는 무게추가 시스템으로 방출하는 에너지의 양을 제어하는 데 매우 중요했지만, 초기 형태는 몹시 민감하고 부정확했다. 진동 메커니즘이 일관되지 않았기 때문이다. 예를 들어 버지앤폴리옷의 경우 움직이는 부품 사이의 마찰, 온도 변화, 금속 덩어리 위치의 미세한 변화 등이 진동 속도에 영향을 미쳤다. 진동 빈도가 바뀌면 추가 내려가는 정도에 영향을 미치고, 종소리가 울리는 시간에도 영향을 미쳐 매주 최대 몇 시간씩 오차가 날 수 있었다. 17세기 신문 〈아테네 머큐리〉에 접수된 항의 서한에서 알 수 있듯이 이러한 부정확성은 골치 아픈 문제였다.

내가 코번트가든에 있을 때 시계가 2시를 알렸고, 서머싯하우스에 갔을 때는 1시 45분, 세인트클레먼츠에 갔을 때는 2시 30분, 세인트던스턴 교회에 갔을 때는 1시 45분, 플릿스트리트에 있는 미스터 닙스다일을 지날 때는 정확히 2시, 러드게이트에 갔을 때는 1시 반, 보우교회에 갔을 때는 1시 45분, 증권거래소 근처의 다일을 지날 때는

스프링

2시 15분, 왕립증권거래소에 도착했을 때는 1시 45분이었습니다.

시계만 보고 다니는 이 투덜이가 1656년 시계 디자인에 진자를 도입한 네덜란드의 수학자 크리스티안 하위헌스가 당시에 이미 탈진기를 크게 개선했다는 사실을 알았다면 무척 기뻐했을 것이다. 길고 가느다란 막대 끝에 부착된 무게추가 일관되게 왔다 갔다 흔들리는 방식이었다. 매 주기마다 진자 상단에 있는 닻 모양의 탈진기가 좌우로 흔들리며 기어의 톱니바퀴가 하나씩 풀렸고, 시계가 구동되었다. 시간과 달리 기술의 진화는 선형적인 경우가 거의 없으며, 오래된 할아버지 시계에서 볼 수 있듯 수많은 진자시계가 여전히 하강하는 무게추로 구동되는 반면, 다른 시계에서는 메인스프링이 그 역할을 하고 있다.

이 방식은 시계의 정확도를 크게 향상시켰지만 조작하기 불편했고, 무엇보다 조금만 움직여도 진자와 탈진기가 흐트러져 시간 측정에 오차가 발생했기 때문에 여전히 휴대할 수 있는 시계는 아니었다. 따라서 현지 내에서든, 대양을 횡단하는 배 안에서든, 주변 세상을 탐험하는 사람들에게는 아무 소용이 없었다. 헤어스프링이 발명되면서 이런 상황이 뒤바뀌었다.

헤어스프링은 밸런스 휠과 함께 고주파로 진동하는 시스템을 형성하며(정확하고 정밀해진다) 주머니에 넣거나 손목에 차거나 배에서 흔들려도 영향을 받지 않는다. 리베카가 내 손바닥에 올려놓은 시계를 바라보면서 나는 밸런스 휠이 비틀리는 모습에 반했다. 너무 빨라서 보기 어려웠지만, 방향이 바뀔 때마다 팔레트 포크라는 작

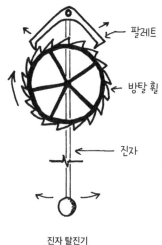

팔레트

방탈 휠

진자

진자 탈진기

은 메커니즘이 충돌하면서 좌우로 밀려났다. 포크에는 2개의 갈래가 있었는데, 이 갈래가 진동할 때마다 방탈 휠이라고 불리는 특수한 모양의 기어의 톱니가 하나씩 풀렸다(기계식 시계에서 들리는 똑딱거리는 소리 일부가 바로 이 앞뒤로 두드리는 동작에서 나오는 것이다).

관련 메커니즘과 함께 헤어스프링은 기계식 시계의 일관된 심장 박동을 만든다(헤어스프링이라는 이름은 원래 수퇘지 털로 만든 스프링이라는 점에서 유래했다. 특별히 신뢰할 수 있는 소재가 아니었기 때문에 결국 금속으로 대체됐지만, 이름은 그대로 남았다). 헤어스프링은 아주 섬세한 부품으로, 길이를 조금만 바꿔도 시계가 느려지거나 빨라질 수 있으며, 훌륭한 시계 제작자만이 완벽한 균형을 만들 수 있었다. 시계는 진동 속도에 따라 정확도가 달라지는데, 초당 진동수가 많을수록 시계를 갖고 움직이더라도 오차가 줄어들어 시간을 더 정확하게

스프링

측정할 수 있다. 버지앤폴리옷은 몇 초에 한 번 진동하는 데 비해, 진자는 1초에 한두 번 진동하고 밸런스 휠과 헤어스프링은 1초에 여러 번 진동할 수 있다. 일반적인 메커니즘은 초당 6회 진동하지만, 초당 100회 이상 진동하는 디자인도 있다.

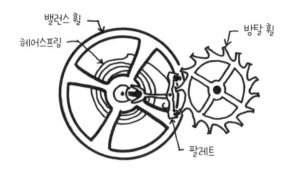

밸런스 휠과 헤어스프링 탈진기

휴대가 간편한 정밀한 공학기기가 등장하면서 생활방식을 바꾸었다. 손목시계가 처음 등장했을 때 사람들은 이 최신 유행의 새로운 시계를 목에 펜던트 형태로 착용하거나 허리띠에 걸거나 주머니에 넣고 다녔으며, 손목시계는 한동안 여성용 장신구로 여겨졌다. 이게 좋은 것이었는지 나쁜 것이었는지는 논쟁의 여지가 있다. 사람들은 이제 끝없이 반복되는 다음 작업까지 남은 시간을 헤아리는 데에 완전히 매몰돼 있는 것처럼 보이기 때문이다. 하지만 스프링이 들어간 시계는 과학, 선박, 사회에 분명하고 심오한 영향을 미쳤다.

과학자들은 이제 태양, 달, 별과 같은 천체를 관측하고, 특정 시간에 천체의 위치를 정확하게 기록한 뒤 몇 날 몇 년에 걸쳐 천체의 움직임을 추적해 태양계와 그 너머의 우주를 더 잘 이해할 수 있게 되었다. 좀 더 좁은 범위로 보면 철도가 생기기 전까진 각 도시에서 태양을 관측해 현지 시간을 정했다. 그러나 19세기 천문학자들은 전보를 통해 전국에 정확한 시각을 전송해 전체 도시망에서 시각을 동일하게 맞추도록 했으며, 특히 열차를 정시에 정확한 위치에 도착하게 해서 열차 간 충돌사고를 방지했다. 또한 시간 관리는 산업혁명 기간 동안 무역을 규제하고 공장 노동자의 하루 노동 시간을 조절하는 데 영향을 미쳤다.

정확한 시간 측정은 항해사의 안전을 위해서도 무척 중요했다. 1707년 영국 실리제도에서 해군 항해사들이 함대의 위치를 잘못 계산하는 바람에 약 1400명이 목숨을 잃은 참사가 일어났다. 이 일을 계기로 영국 의회는 장거리 해상 여행의 안전 문제를 개선할 수 있는 사람에게 포상금을 주겠다고 약속했다. 문제는 육지에 접근할 때 방향을 잡는 중요한 수단인 지구 경도를 표시하는 데 있었다(폴리네시아 항해사들은 오랫동안 자연 관측을 통해 경도를 계산해왔고 바다에서 자신들의 위치를 잘 알고 있었지만, 서양에서는 이러한 기술을 사용하지 않았다). 적어도 이론적으로는 간단한 해결책이 있었다. 그리니치 경도 0도에서의 정확한 시각에 시계를 동기화한 다음 장거리 항해에 나선다면, 항해자들은 태양과 별을 이용해 현지 위치의 시각을 계산하고 이를 그리니치 표준시와 비교할 수 있었다. 시간차를 통해 동쪽 또는 서쪽으로 몇 도를 이동했는지 알 수 있었다. 하지만 이것이 가능하려면 정확한 시계가 있어야 했다. 항해 중에 예기치 못하게 시계에 오차가 발생하면 계산이 완전히 틀릴 수도 있었다.

목수이자 독학으로 시계를 만들던 존 해리슨은 18세기에 수십 년 동안 시계 설계에 몰두했다. 그는 이미 육지에서 가장 정확한 시계를 만들었지만, 바다에서 사용하는 시계는 해결해야 할 과제가 많았다. 온도, 습도, 압력의 변화에도 안정적으로 유지되어야 하고, 소금기 많은 공기 중에서 부식되지 않아야 하며, 아주 오랜 시간 동안 정확성을 유지해야 하고, 배의 지속적인 흔들림에 끄떡 없어야 했다. 이 모든 기능을 갖춘 시계는 없었다.

해리슨은 진정한 헌신을 보여주기 위해 40년 동안 H1부터 H5까지 이름 붙인 5개의 시계를 설계하고 제작했다. 이 중 첫 3개는 세워두고 보는 시계였지만, 1759년에 완성한 H4는 커다란 회중시계처럼 생겼다. 흰색 법랑질 문자판 가장 안쪽 고리에는 정시를 표시하는 검은색 로마 숫자들이 적혀 있고, 이를 둘러싼 고리에 5 간격으로 60까지 적힌 아라비아 숫자가 있다. 가장 바깥쪽에는 15분 지점마다 섬세한 곡선 형태의 꽃무늬가 장식되어 있으며, 시침의 끝부분은 마치 식물이 땅에서 솟아나는 듯한 정교한 디자인으로 되어 있다. 아름다운 작품이지만, 적어도 내 생각에 이 시계는 뚜껑을 열어 내부를 들여다볼 때 진정한 아름다움과 복잡성이 빛을 발하는 듯하다. 모든 것이 밝게 빛나는 금색이며, 시계 문자판과 유사한 양각 무늬의 동그라미가 정교한 메커니즘을 감싸 보호하고 있다. 기계적인 걸작이라기보다는 정교한 보석처럼 보인다.

H4에는 동력을 유지하기 위한 메인스프링과 퓨지가 있었다. 스프링이 하루 동안 계속 동력을 전달하고 나면 열쇠로 되감아줘야

했다. 해리슨 디자인의 특징 중 하나는 기어와 탈진기를 감는 동안에도 톱니바퀴가 계속 동력을 공급받아 돌아간다는 점인데, 매일 반복되는 이러한 작업에서 시간 손실을 최소화하기 위한 영리한 방법이었다. 그는 스프링 레몽투아르라는 장치도 발명했다. 메인스프링에서 나오는 동력이 조금씩 달라질 수 있기 때문에(퓨지를 쓰면 차이를 줄일 수 있었지만 해리슨은 세계에서 가장 정밀한 시계를 만드는 게 목표였다), 레몽투아르는 탈진기에 최대한 균일한 힘을 가하는 별도의 스프링이다. 레몽투아르의 스프링은 메인스프링에 의해 7.5초마다 자동으로 되감아졌다. 예를 들어 스프링을 완전히 감은 상태에서는 시계가 조금 더 빠르게 작동하고 스프링을 느슨하게 감은 상태에서는 조금 더 느리게 작동하는 경우라면, 레몽투아르는 이 사이클을 매우 빠르고 자주 반복되도록 해서 장기적으로 시계가 정확성을 유지하도록 했다. H4의 또 다른 특징은 밸런스 휠과 헤어스프링이 일반 시계보다 커서 물리적 충격에 덜 민감하고 초당 5회 진동한다는 점이었다. 영국에서 자메이카로 가는 항해에서 매일 일관되게 나타나는 예상 1일 오차 2.66초를 조정하면서 H4를 테스트한 결과, 전체 항해 147일 동안 단 1분 54.5초의 오차만 발생한 것으로 확인되었다.

해리슨의 해상 크로노미터(정밀 시계)는 매우 고가였기 때문에 한 세기 뒤에야 널리 사용될 수 있었고, 그전까지는 부유한 선주나 선장만 사용했다. 하지만 시간이 흐르면서 크로노미터 덕분에 지도의 정확도가 크게 향상됐고, 그 결과 경도를 잘못 계산해 배가 조난되는 사고가 감소했다. 세계 지도 발전으로 서구의 해운업이 번영하

스프링

면서 무역도 늘어났지만, 많은 엔지니어링 혁신이 그렇듯 그 결과가 반드시 긍정적인 것만은 아니었다. 항해술이 발달하면서 새로운 땅으로의 침략, 대영제국의 확장, 아프리카인을 대상으로 한 대서양 노예무역이 촉진됐으며, 그 영향은 오늘날에도 전 세계적으로 나타나고 있다.

수 세기 동안 스프링이 장착된 시계와 손목시계는 최고의 시간 측정 도구였다. 하지만 모두가 알다시피 시간은 멈추지 않고, 엔지니어링도 마찬가지다. 20세기에 쿼츠 수정 진동자가 개발됐고, 뒤이어 원자시계가 등장했다. 보통 1초에 여섯 번 진동하는 스프링 구동식 탈진기에 비해 원자시계의 원자는 1초에 90억 번 이상 진동해 놀랍도록 정확하고 표준화된 시간을 표시한다. 현재 인터넷, 주식 시장, 전력망, 철도, 신호등, 내비게이션 시스템, 휴대폰, 라디오 등 전 세계 모든 곳에서 이 시계에 의존하고 있다. 원자시계는 약 1억 년에 1초의 오차가 발생할 것으로 예상된다.

그렇다고 스프링의 시대가 막을 내린 건 아니다. 지금도 대부분의 기계식 손목시계는 스프링으로 구동되고 있으며, 이를 재창조하고 개조하는 전통은 계속되고 있다. 헤어스프링은 또 한 번의 변신을 앞두고 있을지도 모른다. 나는 실리콘 헤어스프링을 개발 중인 미국의 엔지니어 키란 셰카르와 이야기를 나눴다. 그는 금속은 온도와 자기장의 영향을 받아 헤어스프링에 변화가 생기고 이는 시계의 부정확성을 유발하지만, 금속 대신 특수 설계된 실리콘 화합물을 사용하면 이런 문제가 크게 줄어든다고 설명했다. 아직 개발 초기 단계이지만, 키란은 이 신소재를 기존 기술에 적용함으로써 차세대 시계의 크기와 정확성을 향상시킬 수 있으리란 가능성에 큰 기대를 걸고 있다.

아이러니하게도 엘리트들만 시계를 사용하다가 스프링 시계가 나오면서 대중에게도 보급됐지만, 오늘날 나를 포함한 대중은 전기로 구동되는 보다 경제적인 시계를 착용하는 반면 스프링이 장착된 시계는 고급 시계에 속한다(가격도 엄청 고가다). 기계식 시계를 가능케 한 역사와 공예, 그리고 과학의 표면을 이제야 살짝 훑어본 나는 기계식 시계가 얼마나 대단한 기술인지 완전히 감탄했다. 키란은 내게 "기계식 시계는 24시간 손목에 차고 다닐 수 있는 뛰어난 공학적 산물이라고 생각한다. 그렇게 말할 만한 물건이 몇 개나 있겠는가?"라고 말했다. 그의 말이 맞는다. 결국 내가 만든 건물이나 다리를 들고 다닐 수는 없으니까 말이다. 이제 기계식 시계를 하나 장만할 때가 된 것 같다(물론 돈을 좀 아껴야겠지만).

○ ◎ ◉

스트러서스 박사가 작업실에서 끝이 뾰족한 핀셋을 들고 광대뼈 위에 루페 렌즈를 댄 채 시계를 섬세하게 분해하는 모습을 보면서 내가 구조물을 만들 때 사용했던 스프링과 시계 제작자가 사용하는 스프링이 얼마나 다른지 생각하게 되었다. 기계식 시계의 스프링은 아주 작지만(몇 분의 1밀리미터 차이로도 시계 성능에 심각한 영향을 미칠 수 있다), 구조공학자로서 내가 접하는 스프링은 내 허벅지를 감쌀 수 있을 정도로 엄청나게 크다. 내가 그 위에서 아무리 힘차게 점프해도 체중계 위에 올라간 파리나 마찬가지다(사고실험이었으므로 어떤 엔지니어도 다치지 않았다). 시계에서 스프링의 역할 중 하나는 조절하는 것이며, 스프링은 계속해서 늘어나고 수축한다. 그러나 구조물에서 스프링은 방해하기 위한 존재다. 스프링은 필요해지기 전까지는 숨겨진 휴면 상태로 가만히 있다.

건물과 다리는 진동의 영향을 받는다. 사무실 건물 옆을 대형 트럭이 지나갈 때나, 아파트 이웃집에서 진공청소기로 카펫을 청소할 때 진동을 느낀 적이 있을 것이다. 약간 성가시기는 하지만, 이런 진동이 자주 발생하지는 않는다. 하지만 진동과 소음이 빈번하고 규칙적이며 방해가 될 정도로 발생하는 경우, 스트레스를 유발하거나 구조물을 손상시킬 수 있다. 바로 이때 스프링이 등장한다. 스프링은 진동을 차단하고, 가능한 한 많은 에너지를 흡수하며, 주요 구조물로 전달되는 진동을 최소화해 쾌적하고 조용한 환경을 조성하는 데 사용된다.

그때는 미처 몰랐지만, 10대 시절에 스프링을 사용해 진동을 줄이는 실험을 해본 적이 있었다. 대학 기숙사에서 산다는 건 다른 방에서 틀어놓은 음악을 들을 수 있을 뿐만 아니라 몸으로도 느낄 수 있음을 의미했다. 앰프에서 울려 퍼지는 둥둥거리는 저음이 내가 있는 직육면체 구역의 콘크리트 바닥과 기둥을 뚫고 울려 퍼지면서 내 책상이 진동했다. 그때마다 혼미해진 나의 뇌는 눈앞에 놓인 물리학 문제를 풀어보려고 애를 썼다. 음악, 즉 모든 소리는 주로 이리저리 튀면서 에너지를 전달하는 공기 분자를 통해, 다시 말해 파동을 만들면서 우리 귀에 도달해 고막을 진동시키는 방식으로 전달된다. 소리는 액체와 고체도 진동하게 만들고, 이런 연유로 대학 때 나는 책상에서 손으로 머리를 붙잡고 있어야 했다. 사실 물질의 원자 구조가 촘촘할수록 에너지 또는 진동이 더 효율적으로 전달된다. 일반적으로 이는 진동이 고체를 통해 더 멀리, 더 빠르게 이동한다는 것을 의미한다. 그러나 밀도가 다른 재료들을 겹쳐서 소리가 전달되는 직접적인 경로를 방해하면 진동이 에너지를 잃기 시작하고 심지어 사라질 수도 있다(그래서 책상다리 밑에 술집에서 가져온 두꺼운 컵 받침을 놓았고, 완벽하진 않지만 어느 정도 효과를 보았다). 진동을 분산시키기 위해 딱딱한 것 안에 부드러운 것을 겹겹이 쌓는다는 이 아이디어는 결국 엔지니어들이 구조물을 보호하기 위해 스프링을 사용하는 계기가 되었다.

구조물의 진동 범위에서도 스프링은 다양한 역할을 한다. 가장 극단적인 예로, 거대한 코일형 강철 스프링은 지진 발생 시 고층 건물이 받는 파괴적인 흔들림의 대부분을 흡수한다. 더 작은 스프링도 바람이 휩쓸 때나 트럭이 지나갈 때 위험하게 흔들거리는 다리를 멈추게 하고, 덜컹거리는 철로 근처의 건물에서 소음을 줄여준다(내 프로젝트 중 2개에 각기 다른 이유로 진동 차단 베어링을 설치했다. 첫번째 프로젝트였던 영국 뉴캐슬 노섬브리아대학교의 인도교에는 흔들림을 방지하기 위해 메인데크 아래에 대형 스프링을 설치해 보행자의 에너지를 흡수하게 했다. 경력 후반부에 작업한 런던의 한 아파트는 지하철 시스템 바로 위에 위치했다. 열차의 진동을 흡수해 아파트로 전달되는 것을 막기 위해 건물 구조의 주 기둥 아래에 대형 고무 베어링을 설치했다).

건물의 혈관에 해당하는 공조장치 및 물 펌프와 같은 대형 기계의 삐걱거리고 쿵쿵거리는 움직임 아래서 작동하는 가장 작은 스프링(그래도 시계 용수철보다는 훨씬 커서 주먹만 하다)은 주변 건물 분위기를 최대한 평온하게 만들어준다. 세계에서 가장 유명한 콘서트홀에 스프링이 큰 영향을 미치는 것은, 바로 이 사소해 보이는 역할 때문이다.

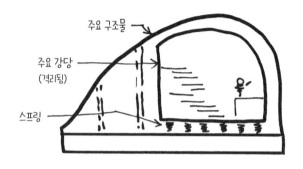

스프링을 사용해 주요 구조물과 격리한 강당

덴마크 올보르에 위치한 '음악의 집'은 거대한 디스토피아적 생명체처럼 생겼다. 한쪽 면이 투명한 유리로 된 거대한 콘크리트 직육면체 머리가 구부러진 콘크리트 이음 고리 위에 높이 자리 잡고 있다. 커다란 U자형 콘크리트 상자로 된 몸체가 육면체 머리 주위를 감싸고 있으며, 그로부터 금방이라도 걸을 것 같은 가느다란 원형 기둥이 뻗어 있다. 2014년에 개관한 이후 스프링을 이용한 웅장한 음향을 경험하기 위해 전 세계의 음악가와 관객, 학생들이 이 공연장을 찾곤 한다.

이 공연장의 음향 디자이너는 공연장에 고요함을 달성하고 싶었다고, 다소 시적으로 설명했다. 고요는 현대에 누리기 어려운 사치

중 하나다. 모든 음악은 고요로부터 나오며, 고요함 속에 드라마가 있다. 이로써 관객은 가장 미약한 피아노 음과 무대 뒤쪽에서 울리는 트라이앵글 소리를 들을 수 있다. 온라인에서 무궁무진한 콘텐츠를 이용할 수 있는 오늘날에는 다른 어떤 곳에서도 볼 수 없는 특별한 경험을 만드는 것이 더욱 중요해지고 있다. 하지만 자동차, 기차, 도시의 번잡함 등 외부 소음과 대형 에어컨, 펌프, 관람객의 웅성거림 같은 내부 소음 등 온갖 소리가 들려오는 콘서트홀에 이런 경험을 만들기란 쉽지 않은 일이다. 그리고 무엇보다 리허설 실이나 공연장의 음악 소리가 옆 공간으로 흘러 들어가 방해가 되지 않도록 해야 한다. '음악의 집'에는 공연장이 여럿 있기 때문에 이 문제가 특히 중요하다. '생명체'의 머리 부분에는 각진 외관과 대조를 이루는 부드러운 곡선형 발코니로 유명한 메인 콘서트홀이 있는데, 이곳에서 대규모 오케스트라가 연주한다. U자형 몸체 안에는 수업을 할 수 있는 작은 리허설 실이 60개가 넘게 있다. 지하에는 각각 록, 재즈, 클래식을 위한 공연장 3개와 시끄러운 기계들이 들어찬 설비실이 있다. 이런 환경에 고요함을 창조하기 위해 건물 설계자는 6000개가 넘는 스프링을 설치했다.

바흐 연주를 감상 중인 사람들에게 옆 공연장에서 밴드가 퀸을 노래하는 소리가 들리지 않게 하기 위해 '박스 인 박스' 시스템이 고안되었다. 콘크리트로 만든 첫 번째 박스가 주요 구조물이다. 그리고 완벽한 음향을 만들기 위해 주요 구조물 내부에 공기층을 사이에 두고 두 번째 박스가 제작되었다. 이런 구조에서는 기타리스트가 연주하는 악기 소리가 일단 모든 표면에 가닿지만, 공기층에서 콘크리트와 공기의 밀도 변화로 인해 가로막힌다. 박스 인 박스 시스템의 까다로운 점은 벽과 천장, 슬래브를 제자리에 고정하기 위해 일종의 고정 장치를 공기층에 관통시켜야 한다는 것이다. 만약 이 고정 장치가 딱딱하면 진동을 전달하기 때문에 전체 시스템이 무의미해질 수 있다. 이때 필요한 것이 스프링이다. 안쪽 박스의 천장 널빤지는 코일형 또는 곡선형 금속 스프링에 매달려 있다. 벽을 이루는 널빤지는 직사각형의 말랑한 고무 패드(거대한 지우개를 생각하면 된다)로 외벽과 연결돼 있다. 그리고 바닥은 '뜬 바닥 구조'(floating floor)로 되어 있다. 콘크리트로 만들어지며, 주요 구조에 해당하는 슬래브 위에 떠 있는 형태다.

음악의 집에서 뜬 바닥을 지탱하는 스프링은 독창적인 기술이다. 기존 콘크리트 슬래브 위에 공기층을 두고 두 번째 콘크리트 슬래브를 만드는 건 쉬운 일이 아니다(스펀지케이크 층 위에 묽은 반죽을 부으면서 그 사이에 공기층을 만든다고 생각해보라. 설사 케이크 맞춤 못 같은 게 있다 한들, 어려운 일일 것이다). 그래서 먼저 완성한 슬래브 위에 얇은 플라스틱판을 놓을 때 잭업 베어링이라는 작고 정교한 장치를 이용했다.

이 베어링은 원통형의 두꺼운 검은색 고무 조각으로 구성돼 있으며 내구성을 보장할 수 있는 크기, 즉 지름 150밀리미터, 두께 50밀리미터로 치수가 정해져 있다. 고무 위에는 금속 나사가 위쪽 방향으로 튀어나와 있다. 주둥이에 나사산이 있는 거꾸로 된 깔때기처럼 생긴 금속 컵이 나사 위에서 회전한다. 이 베어링을 약 1.3미터 간격의 규칙적인 격자 모양으로 슬래브 위에 배치한다. 그런 다음 그 위에 콘크리트 반죽을 부어 두 번째 슬래브를 형성한다. 두 번째 콘크리트 층이 굳으면 커다란 육각렌치 비슷한 도구를 사용해 잭업 베어링의 나사를 돌린다. 나사가 회전하면서 금속 컵 안쪽에 맞물려 있는 나사산이 컵을 들어올리면서 콘크리트 슬래브를 끌어당긴다. 스프링처럼 거동하는 공기층과 유연한 고무 조각이 있는 평평한 뜬 바닥을 만드는 데 필요한 정확한 높이로 모든 잭업 베어링을 조심스럽게 조금씩 조정해서 몰입형 사운드를 위한 완벽한 환경을 만들었다.

매우 현대적인 엔지니어링처럼 보일 수 있지만, 사실 음악의 집에 사용된 잭업 베어링은 1960년대 TV 녹음 스튜디오를 위해 개발한 디자인을 발전시킨 것이다. 당시 미국의 대형 방송 스튜디오였던 CBS는 촬영 중 음질을 개선하기 위해 뉴욕시 스튜디오에 빠르게 설치할 수 있는 뜬 바닥 구조가 필요했다(코끼리들이 스튜디오를 가로지르는 장면을 촬영해야 했는데 바닥이 코끼리들을 받쳐줘야 했다). 1962년 6월 27일, 한 청년이 스프링이 달린 잭업 베어링이라는 해결책을 보내왔다. 내가 처음 원본 도면을 봤을 때 너무 정밀해서 컴퓨터로 그린 게 아닌가 생각했는데, 약간 기울어진 필기체로 쓰인 'NM'이라는 이니셜을 보니 아니었다. 무척 재능 있는 엔지니어가 만든 전형적으로 꼼꼼한 도면이었다.

'NM'은 노먼 메이슨이다. 1925년 브롱크스에서 태어난 그는 뉴욕의 기술학교에 진학했지만, 입학한 지 2년 만에 부모님한테 전쟁 중인 해군에서 복무하고 싶다고 했다. 그는 상선의 기관실에서 증기 또는 디젤 엔진이 정상적으로 작동하는지 확인하는 훈련을 받

스프링

았고, 손으로 직접 엔진을 수리하는 데 열중했다. 제대 후 가느다랗게 콧수염을 기르고 해군 제복을 자랑스럽게 입은 늠름한 청년으로 돌아와 기계공학 학위를 마쳤다.

1948년은 일자리를 구하기 어려워 엔지니어들에게 끔찍한 해였다고 노먼은 회상한다. 월급은 많지만 임시직이었던 항구의 야간 엔지니어 자리를 운 좋게 얻을 수 있었고 그러는 동안에도 정규직 일자리를 찾아 헤맸다. 그의 말마따나 '잠을 내주고 주당 85달러를 버는 와중에 26달러짜리 일자리를 찾는' 형국이었는데, 이는 당시 엔지니어 초봉에 해당했다. 아버지는 대행사에 의존하거나 구인 광고에 지원하지 말고 구직란에 광고를 내보라고 했다. 고집 센 젊은

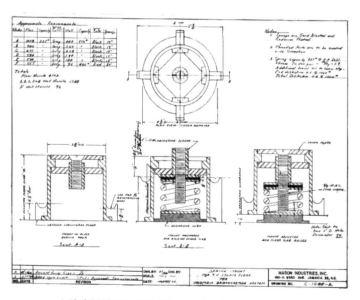

노먼 메이슨이 그린 스프링 받침대, 메이슨인더스트리 주식회사 제공

볼트와 너트

노먼은 이 제안을 받아들이지 않았지만 아버지는 어쨌든 광고를 냈고, 노먼의 미래가 여기에서 결정되었다.

훅이 스프링의 작동 원리를 확립하기 전에도 그랬던 것처럼 엔지니어들은 구조물을 주변과 에너지를 교환하지 못하는 고립 상태로 만들어야 할 때 과학보다는 시행착오에 의존했다. 주로 기계류의 밑부분을 고립시켜야 했다. 건물이 높아지고 주변 공기와 물을 펌프로 끌어올리기 위해 더 큰 장비가 필요해지면서 사람들이 소음에 불평하기 시작했다. 그래서 기계 밑에 코르크나 고무 패드를 추가로 넣어서 주변 공간으로 전달되는 소음을 최소화했다(내 책상 다리 밑의 컵 받침처럼 말이다). 문제의 건물주들은 해결해야 할 과제가 있었지만 검증되지 않은 기술에는 돈을 쓰지 않으려 했기 때문에 코펀드(Korfund, '코르크 재단'이라는 뜻의 독일어 약어)사는 다른 방법을 찾아야 했다. 단순히 자사 제품을 판매하는 대신 문제가 되는 기계를 연구하고, 해결책을 실행하는 데 필요한 견적을 제시하고, 문제가 해결되지 않으면 대금을 받지 않겠다고 보증했다.

아버지가 광고를 낸 뒤 노먼은 20개의 일자리 제안을 받았는데, 그중 하나가 코펀드사에서 온 것이었다. 이번에도 고집스러운 젊은 청춘이 또 이길 뻔했다. 면접은 형편없었고 노먼은 거의 자리를 박차고 나올 뻔했는데, 면접관 중 한 명이 남아달라고 설득했다. 노먼은 그 일이 책상에 앉아 설계만 하는 게 아니라 기계를 직접 다루는 일이라는 걸 알고는 제안을 수락했다. 경험을 쌓으면서 최고의 제품을 설계하고 제조할 수 있는 독립을 꿈꿨고, 입사 10년 만인 1958년에 회사를 나와 커다란 뷰익 트렁크에 황동 핀으로 고정한

6쪽 분량의 브로슈어를 들고 다니며 자기가 설계한 제품을 판매하기 시작했다. 현재 전 세계 50여 개국에 진출해 있는 그의 사업체 메이슨인더스트리의 출발은 이렇듯 소박하지만 단호했다.

노먼은 제2차 세계대전 이후 수십 년간 마치 진동 제어 엔지니어들을 곤란하게 하려는 거대한 음모가 있었던 것 같다고 묘사했다. 전후 사람들은 더 나은 숙박 시설을 필요로 하고 원했다. 건물 전체에 에어컨이 설치되기 시작했다. 처음에는 기계를 보통 지하실에 뒀지만, 지하실이 현금을 벌어들일 수 있는 주차장으로 사용되면서 장비를 다른 곳에 배치해야 했다. 그 후 컴퓨터가 등장하면서 엔지니어들은 수작업으로 수행하기 어려웠던 계산을 빠르게 완료할 수 있었고, 더 가볍고 기하학적으로 난해한 타워를 만들 수 있게 되었다. 인구 증가와 도시 집중 추세로 인해 필연적으로 인프라를 더 가깝게 건설하게 되면서 도시 경관은 더욱 조밀해졌다. 때로 기존 건물 밑에 새로운 전철과 터널이 생기기도 했다. 노먼은 코르크나 고무 패드를 사용하는 비과학적인(그의 표현에 따르면 중세적인) 방진 개념이 시장에 도입되는 데에는 성공했지만, 수십 년 동안 성공을 거둔 진동 제어 산업이 이제 실패하고 있다는 사실을 인정했다. 과학적인 접근이 필요한 시점이었다.

기계의 진동을 잘 흡수하려면 기계가 딛고 선 바닥면에 비해 더 유연한 패드나 지지대가 필요했다. 코르크와 얇은 고무 패드의 문제점은 딱히 탄력적이지 않다는 것, 즉 눌렀을 때 그다지 압축되지 않는다는 점이었다. 이 얇은 패드를 튼튼한 슬래브 위에 놓는 지하 공간에서는 별문제가 되지 않았다. 그리 유연하지 않아도 충분했다. 하지만 건축물이 높아지고, 건물 전체에 물과 공기를 공급하기 위해 더 많은 기계시설이 필요해지면서 더 높은 층에도 기계시설을 설치해야 했다. 그리고 높은 층들의 바닥은 이제 강철로 만들어졌기 때문에 더 가볍고 유연하고 진동에 더 취약했다. 즉 기계 무게로 인해 바닥이 패드보다 '더 많이' 움직여서 모든 진동을 흡수한다는 뜻이었다.

노먼은 단순히 기계에 적합한 지지대를 택하는 것만으론 부족하고, 지지대가 그 밑의 구조물과도 호환되는지 확인해야 한다는 걸 깨달았다. 그는 시스템을 지지대 자체와 슬래브 2개의 스프링으로 치환한 뒤, '더 탄력 있는' 스프링이 달린 시스템을 설계할 수 있는 방정식을 개발했다. 1960년대와 1970년대에는 건물의 취약한 부위에 코르크 패드보다 훨씬 유연한 코일형 금속 스프링을 적용하는 것이 표준이 되었다. 이때까지 노먼은 여러 프로젝트를 성공적으로 완료했고, 실제 데이터를 통해 이론을 강화했다.

노먼이 소리의 과학을 발전시키려고 노력하면서 업계 전체도 발전했다. 그 후 수십 년 동안 소리와 진동이 구조물과 상호작용하는 방식을 더 깊게 이해하기 위한 연구가 활발하게 진행되었다. 오늘날 음악의 집 및 기타 구조물을 설계하는 엔지니어는 정교한 도구들을 여럿 사용해 시뮬레이션을 실행해서 공간에서 어떤 소리가 날지, 어떤 개입이 필요한지 예측한다. 주변 환경의 진동을 실시간으로 측정하고 내부 진동을 예측함으로써 초창기 노먼이 만들었던 사후 대응이 아닌 사전 예방적인 차음 설계가 가능해졌다. 따라서 필요한 경우 모든 형태의 스프링이 처음부터 설계에 포함된다.

스프링

이러한 모든 발전에도 불구하고 1962년에 출시된 노먼의 잭업 베어링은 지금도 여전히 사용되고 있다. 뛰어난 엔지니어의 흔적이 고스란히 녹아 있는 영속적인 디자인의 완벽한 예다.

구조물의 소음을 완화하기 위해 스프링을 사용하면서 도시를 설계하고 계획하는 방식이 바뀌었다. 스프링이 없다면 두 가지 시나리오가 가능하다. 먼저 우리가 아는 오늘날의 도시처럼 높다란 타워와 아파트 구역이 전철과 가깝지만 소음과 진동이 심한 도시, 에코가 울려 퍼지고 뒷배경에 미약한 웅성거림이 있는 콘서트홀, 외과의사와 연구원들이 집중하기 힘든 병원, 스트레스와 수면 부족에 시달리는 사람들 등. 아니면 이럴 수도 있다. 인프라 시설에서 멀리 떨어져 있어 출퇴근 시간이 길고, 기계설비와 생활 공간을 분리해야 하는 탓에 값비싼 펌프와 공간 부족을 감당해야 하고, 건축물의 높이와 깊이를 제한해야 하는 타협의 도시. 하지만 스프링 덕분에 우리는 고요함을 만들 수 있다. 고밀도 도시를 건설해 도시 확장을 줄일 수 있다. 이미 있는 것들에 큰 영향을 주지 않고 지하에 새로운 것을 지을 수 있다. 눈에 잘 띄지 않지만, 스프링은 우리가 매일 사용하는 수많은 작은 물건들과 대형 기계 및 공장뿐만 아니라 도시 경관의 형태에도 지속적인 영향을 미쳤다.

4장

자석
Magnet

전화에서 인터넷까지,
우리를 하나로 연결시켜 준 물건

그날 아침 우체국에 전보 한 통이 도착했다. 당시 우리 할아버지 브리즈 키쇼어는 할머니 찬드라칸타, 그리고 네 자녀와 함께 인도 봄베이(지금의 뭄바이)의 해변가 집에 살고 있었다. 그때 우체부가 집으로 다가오는 모습을 본 할머니는 할아버지의 소매를 잡아당기며 '타아르 아야 하이(Taar aaya hai)'라고 말했다. 그 말에 할아버지는 목이 죄어오는 것을 느꼈다. 1960년대 봄베이에서 타아르(전보)는 보통 나쁜 소식을 의미했기 때문이다. 전화가 있는 집이 거의 없었기에 멀리 떨어져 사는 가족들은 느려터진 일반 우편을 통해 자녀 소식이나 요리법, 크리켓 경기 점수 등을 보내곤 했다. 절박하고 긴급한 사안이 있을 때만 전보로 소식을 전했다.

바부지(모두가 할아버지를 이렇게 불렀다)는 봉투를 찢고 연한 파란색 종이 한 장을 꺼냈다. 그 위에 세 단어가 적힌 흰 종이가 붙어 있었다. "진짜 돌아가고 싶어요." 그는 아내를 바라보며 눈을 굴리면서 걱정할 것 없다고 안심시켰다.

바부지의 아들 셰카르는 대학을 졸업한 후 일자리를 찾으려고 이탈리아로 떠났다. 분명 그곳이 마음에 들지 않아 돌아오고 싶었지만, 바부지는 단호히 셰카르가 한번 도전해봐야 한다고 생각했다. 그래서 차팔(인도의 가죽 샌들)을 꿰어 신고는 우체국으로 가서 전보를 쳤는데, 요금이 비싼 데다 문장 길이에 따라 추가 요금이 부과됐기 때문에 가능한 한 짧게 써서 보냈다. 이후 몇 주 동안 제발 봄베이로 돌아가는 표를 보내달라는 전보가 이탈리아로부터 수도 없이 도착했다. 그때마다 무시하던 바부지는 결국 포기했다. 그의 아들이자 내 삼촌인 셰카르는 봄베이로 돌아와 여생을 보냈다.

그로부터 60년이 채 지나지 않은 지금, 딸아이는 "나나랑 당장 얘기하고 싶어!"라며 꽥 소리친다. 팬데믹으로 인해 18개월 동안 조부모를 직접 만날 수 없었기 때문에 할머니와 대화하고 싶다는 딸의 요구를 나는 순순히 들어주었다. 손가락으로 터치스크린을 톡 치면 지구 반대편으로 전화가 걸렸고, 우리 엄마가 응답했다. 엄마는 휴대폰 화면을 통해 실시간 컬러 화면으로 손녀가 처음으로 기는 모습과 첫 단어를 말하는 모습을 보았다. 그 어려운 시기 동안 얼마나 쉽게 연락을 주고받았는지 생각해보면, 새삼 인류가 이만큼 발전했다는 사실에 놀라움과 무한한 감사함이 느껴진다.

우리 가족은 불과 3세대에 걸쳐 급격한 기술 변화를 겪어왔고, 그 단계마다 사회 전체가 변화한 것처럼 인류의 삶도 극적으로 변했다. 사랑하는 사람들과 소통할 수 있게 됐고, 실시간 뉴스의 세계를 창조했으며, 일하는 방식이나 오락과 여가를 즐기는 방식도 바꾸었다. 영상통화는 전보와 거리가 멀어 보일 수 있지만, 모든 형태의 현대적 커뮤니케이션은 한 지점에서 다른 지점으로 거의 즉각 신호를 전송하는 과학에 기반을 두고 있다. 그리고 그 중심에 자석이 있다.

볼트와 너트

나는 자석이 마법 같다고 생각한다. 자석에서 나오는 자기장은 눈에 보이지 않지만, 먼 거리에 걸쳐 상당하고 지대한 영향력을 발휘할 수 있다. 자기장의 과학은 복잡하며 수천 년 동안 원리가 밝혀지지 않아서 실제로 많은 물리학자들이 자성, 특히 전자기학은 아직 완전히 이해하지 못했다고 말할 정도다. 하지만 자성을 어느 정도 이해한 뒤로는 실용적인 메커니즘을 만들 수 있었다. 인류는 자석의 마법을 활용해 다른 기계와 상호작용하거나 다른 기계에 힘을 가할 수 있는 기계를 만들어냈으며, 둘 사이의 거리는 과거에 가능하리라 여겼던 거리보다 훨씬 더 멀어졌다.

지금까지 살펴본 발명품들과 달리 자석 또는 자력을 내는 물체는 우주에 원래 존재했다. 여러분과 나는 자석이다(아주 약한 자석이라 갑자기 냉장고에 달라붙을 위험은 없으니 안심해도 된다). 물질의 아주 작은 구성 요소인 원자는 자성을 띠고 있다. 우리가 살고 있는 지구는 거대한 자석이다. 바퀴, 못, 스프링과 달리 자석은 인간이 발명했다기보다는 발견한 것이다. 그럼에도 이 책에서 자석을 다루려는 건 대자연이 준 것보다 더 유용한 형태로 만드는 방법을 바로 인간이 알아냈기 때문이다. 불과 수천 년 전만 해도 주변에서 자연적으로 발견되는 자석은 너무 약하고 구하기도 어려웠다. 자석은 철과 산소, 기타 불순물이 섞여 있는 지구의 천연 광물인 자철석으로 만들어졌다. 내부에 특정 불순물의 조합이 있고 외부적으로 특정한 열 및 자기장 조건에 노출돼야 자성체가 되기 때문에, 자연에 존재하는 자철석 중 극히 일부만 자성을 띠고 있다.

이 천연 자석에 대한 최초의 언급은 기원전 6세기 고대 그리스에서 나타났다. 그로부터 약 200년 뒤 중국인들은 자연석이 철을 끌어당기는 현상을 기록했고, 400년이 더 흐른 뒤에는 이 물질을 풍수지리(점술의 한 형태)에 쓰기 시작했다. 1000년 뒤 중세에는 나침반 형태로 항해에 사용했다. 중국 송나라 항해사들은 자철석을 물고기 모양으로 만든 뒤 물에 띄워서 남쪽을 가리키도록 했다. 이는 곧 유럽과 중동으로 퍼져나갔다. 당시에도 이미 1000년 전부터 자연 자석에 대해 알고 있었지만 이를 복제할 수 없었고, 그 용도는 항해에 국한되어 있었다.

자석은 영구자석과 전자석, 두 가지로 나뉜다. 영구자석은 학교 과학 실험에서 보았던 말굽자석이나 막대자석, 냉장고에 붙이는 자석 등을 말한다. 자석에는 남과 북, 두 가지 극이 있는데, 두 자석의 같은 극을 갖다 대면 서로 밀어내거나 반발하는 힘이 생기고 남극과 북극을 대면 서로 달라붙는다.

자력을 이해하려면 원자물리학과 재료과학에 대한 고도의 이해가 함께 필요하기 때문에 이를 알아내는 데 수천 년이 걸렸다. 자석이 되려면 매우 특정한 방식으로 작동하는 다양한 크기의 수많은 입자가 필요하다. 원자핵 주위를 도는 전자부터 시작해보자. 전자는 음전하를 띠기도 하지만 물리학자들이 자기적 특성을 정의하는 스핀이라는 성질도 지니고 있다. 스핀이 서로 다른 방향을 '가리킴'으로써 어떤 원자에서는 전자의 자력이 완전히 상쇄돼 자성이 없는 상태가 된다. 하지만 어떤 원자에서는 모든 전자가 아닌 일부 전자만 스핀이 상쇄되게끔 배열돼 있어서 순 자기력이 남아 자성 원자가 된다.

이제 전자로부터 조금 더 뒤로 물러나서 원자 규모로 보면, 원소의 원자는 자연적으로 무작위로 배열되어 개별 원자의 자력이 서로 상쇄된다. 하지만 어떤 물질에서는 도메인이라고 부르는 작은 주머니에 원자가 모두 같은 방향으로 배열되어 있어 도메인이 순자성을 띠게 된다. 하지만 보통 도메인 자체도 무작위로 배열되기 때문에 아직 자석은 아니다.

물질이 순자성을 띠게 하려면 대부분의 도메인에 있는 원자들을 강력한 외부 자기장 또는 특정 온도에서 특정 순서로 가해지는 많은 양의 열에 노출시켜 강제로 자기 정렬되도록 만들어야 한다. 즉 '도메인'이 같은 방향을 가리키게 되면 물질은 최종적으로 자석이 된다.

지금도 자철석이 처음에 어떻게 자화(磁化)되는지에 대한 논쟁이 있기 때문에 이를 인공적으로 모방하는 것은 무척 어려운 과제였다. 철, 코발트, 니켈과 같은 특정 물질은 원자가 자성을 띠는 데 유리하게 배열된 전자를 가지고 있으며, 이 전자는 잘 정의된 도메인에 차례차례 위치한다. 우리 조상들은 이런 금속을 혼합해 다양한 배합으로 가열하고 냉각하면서 영구자석을 만드는 가장 좋은 방법을 알아내려고 노력했다. 그 결과 자력이 오래 유지되지 않는 다소 약한 자석을 만드는 데에는 어느 정도 성공했다.

과학적인 방법으로 영구자석을 개발하기 시작한 것은 17세기에 윌리엄 길버트 박사가 자성 물질을 갖고 직접 실험한 내용을 기록한 《자석(De Magnete)》을 출판하면서부터다. 18세기와 19세기에는 순철과 강철을 만드는 더 정교한 방법이 개발됐고, 특정 배합으로

자석

훨씬 더 강하거나 오래 지속되는, 때론 둘 다 충족하는 자석을 만들 수 있다는 사실을 알게 되었다. 하지만 여전히 그 이유는 제대로 몰랐다. 19세기에 전자기학을 이해하기 시작했는데, 이 이야기는 나중에 다시 하겠지만 20세기가 되어 양자물리학이 정립된 뒤에야 원자와 전자를 제대로 정의하고 이해함으로써 강하고 오래 지속되는 영구자석을 만들 수 있게 되었다.

영구자석을 만드는 데는 금속, 세라믹, 희토류 광물 등 세 가지 재료가 사용되었다. 첫 번째 주요 발전으로 '알니코' 자석을 만들 수 있는 알루미늄-니켈-코발트 금속 혼합물이 개발됐지만, 만드는 게 복잡하고 비용이 많이 들었다. 그러다가 1940년대에는 바륨이나 스트론튬으로 만든 자그마한 구슬을 철과 함께 압축해 세라믹 자석을 만들었다. 훨씬 저렴했고, 무게 기준으로 오늘날 생산되는 영구자석의 대부분을 차지한다. 세 번째 재료군은 사마륨, 세륨, 이트륨, 프라세오디뮴 같은 원소를 기반으로 하는 희토류 자석이다.

지난 세기 동안 이 세 종류의 영구자석은 전보다 자기장이 200배 더 강해졌다. 이렇게 효율성이 향상되면서 영구자석은 현대 생활의 수많은 부분에서 중요한 역할을 담당하게 되었다. 예를 들어 자동차에는 자석을 응용한 부품이 30개 이상 들어가며, 여기에는 개별 자석이 100개 넘게 쓰인다. 온도 조절기, 문 잠금장치, 스피커, 모터, 브레이크, 발전기, 차체 스캐너, 전기 회로, 전기 부품 등 아무거나 분해하면 영구자석을 찾을 수 있다.

하지만 앞에서 살펴본 것처럼 영구자석과 전자석의 역사는 서로 얽혀 있으며, 약 200년 전 전자석이 발견된 이래로 인류가 이들 자석의 작동 원리와 용도를 더 자세히 알게 되면서 두 자석의 인기가 오르락내리락했다. 지난 수십 년 동안 영구자석이 널리 보급된 건 자성이 세지고 크기가 작아진 이유도 있지만 전자석과 달리 전원이 필요하지 않기 때문이기도 하다. 그러나 19세기 이후 오늘날까지 엄청난 면적이 필요한 상황에서는 전자석이 지배적이다. 전자석은 필요에 따라 자기장을 끄거나 늘리는 등 세기를 조절할 수 있다.

이 분야에 전자석이 등장하기까지 오랜 시간이 걸린 것은 재료, 전기, 빛의 과학과 전자기력이라는 신비한 힘에 대한 이해가 필요했기 때문이다. 물질 안의 전자를 움직일 수 있게 됐을 때에야 비로소 이 힘을 만들어내고 바꾸는 방법을 이해하고 기술에 적용할 수 있었다.

중력과 마찬가지로 전자기력은 자연의 근본 힘 중 하나다. 전자기력은 전하를 띠는 전자 같은 입자 사이에서 일어나는 물리적 상호작용이다. 18세기 말과 19세기 초에 앙드레마리 앙페르, 마이클 패러데이를 비롯한 여러 과학자들이 전기장과 자기장에 관한 수많은 이론을 발표했으며, 수학자 제임스 클러크 맥스웰이 이 이론들을 통합해 현재 '맥스웰 방정식'이라 알려진 형태로 정리했다. 이 방정식을 통해 전기 모터를 발명하는 데 중요한 정보를 알 수 있었고 전력망, 라디오, 전화기, 프린터, 에어컨, 하드 드라이브, 데이터 저장 장치 등의 기초를 정립했으며 강력한 현미경도 만들 수 있었다.

이런 기술 발전을 이끈 핵심 원리는 움직이는 전하가 자기장을 생성한다는 깨달음이었다. 복잡한 과학으로 깊이 들어갈 필요도 없이 코일 전선에 전류가 흐르면 자석처럼 작동한다는 원리였다. 전

자석

류의 세기를 바꾸면 자석의 세기도 바뀐다. 그 반대의 경우도 마찬가지다. 전선 근처에 가변 자기장을 가하면 전선에 전류가 흐른다. 이 과학에 이어서, 전하를 띤 전자가 자기장 내에서(자유롭게 또는 전선 내부에서) 움직일 때 밀어내는 힘을 느낀다는 사실이 실험으로 입증되었다.

전자기력을 연구하면서 전자기파 현상을 정의할 수 있었다. 전자기파는 전기장과 자기장 사이의 상호작용으로 인해 발생하는 힘의 파동이라고 생각하면 된다. 빛을 전자기파로 정량화할 수 있게 되면서 빛에 대한 이해가 더욱 다양해졌다(다음 장에서 자세히 설명한다). 또한 가시광선 외에도 라디오파(가장 긴 파장)부터 감마선(가장 짧은 파장)까지 전자기파의 전체 스펙트럼이 존재하며, 이런 전자기파를 다양한 방식으로 사용할 수 있다는 것을 알게 되었다. 전 세계 수많은 사람들이 사랑하는 사람에게 소식을 전할 때 사용하는 장거리 통신 기술의 근간을 이루는 것이 바로 전자기학과 전자파다. 전보를 자주 보내던 우리 삼촌 같은 사람들 말이다.

○ ◎ ◎

수만 년 동안 인간은 장거리로 빠르게 메시지를 보낼 수 없었다. 수레바퀴가 등장해 속도가 약간 빨라지기 전까지는 고되게 뛰거나 말을 타고 달리는 등 직접 이동하거나 편지를 운반하는 것이 통신의 전부였다. 시간이 지나면서 고대 중국과 이집트 문명에서는 일정한 간격으로 기둥을 세워 연기 신호를 보내거나, 사람을 배치해 위험이 임박했을 때 큰 북을 두드려 암호 메시지를 보내게 하는 등

꽤 먼 거리에서 비교적 빠르게 신호를 보내는 방법을 찾아냈다. 이런 메시지 전달 방식은 이후 2개의 망원경이 서로를 향해 있는 높은 탑들을 세워 양쪽에서 가장 가까운 탑을 향해 수기로 신호를 보내는 시스템으로 발전했다. 각 탑의 운영자는 깃발의 위치와 각도를 달리해 만드는 모양 언어로 정보를 표현했고, 인접한 탑의 운영자는 망원경으로 이를 관찰한 뒤 다음 탑 운영자에게 전달했다. 이런 시스템은 긴급 상황에서는 유용했지만, 메시지를 보낼 수 있는 거리와 인구 비율뿐만 아니라 실제로 전달할 수 있는 내용이 매우 제한적이었다. 먼 지역에 있는 사람들과 몇 시간 또는 몇 분 만에 소통할 가능성은, 전자기에 대한 높은 이해를 바탕으로 전신기가 발명된 200년 전부터 비로소 현실화되었다.

전신으로 정보를 보낼 수 있게 되면서 생활방식이 바뀌었다. 무역상이 매 시간 가격을 추적할 수 있게 되면서 무역의 위험성과 변동성이 줄어들었다. 철도 시스템은 증기기관차의 운행 상황을 경보로 발송함으로써 철도망을 안전하게 운영할 수 있었다. 또 언론인들이 멀리 떨어진 곳에서 속보를 전달할 수 있게 되면서 사람들이 최신 소식을 듣기 위해 몇 날 몇 주씩 기다릴 필요가 없어졌고, 오늘날 우리가 아는 방식의 뉴스 보도가 가능해졌다. 전신 기술은 사람들을 한데 모았고, 덕분에 가족들이 연락을 주고받고 멀리 떨어져 사는 친구들과도 관계를 유지할 수 있었다. 하지만 통신이 쉬워진다는 것은 식민지를 더 강력하게 지배할 수 있다는 의미이기도 했다.

내 삼촌의 메시지를 전달한 전신 시스템은 대영제국에서 시작되었다. 인도는 지형 특성 탓에 어떤 장거리 통신 수단이든 적용하기가 어려웠다. 유럽과 달리 산과 정글, 늪지대, 다리가 없는 강 등 지형이 다양했고, 큰 새와 원숭이와 뇌우 등으로 인해 유럽 엔지니어들이 어려움을 겪었다. 초기에는 수기 신호 설계를 기반으로 한 시각적 시스템이 1818년 인도 동부에서 완성돼, 약 700킬로미터에 달하는 캘커타(지금의 콜카타)와 추나르 사이에 빠른 통신이 가능해졌다.

이후 1839년, 스물아홉 살의 영국 의사이자 화학자, 발명가였던 윌리엄 브룩 오쇼너시가 캘커타에 실험용 전기 전신선을 건설했다. 수직으로 세운 여러 개의 대나무 기둥들 사이에 철선을 번갈아 연결하고, 실험을 쉽게 할 수 있도록 송신기와 수신기를 한쪽 끝에 같이 모아 설치했다. 이미 수십 년 동안 전기 실험이 이뤄지고 배터리가 발명된 덕에 케이블을 통해 전류를 흘려보내는 건 별문제가 되지 않았다. 관건은 이 전류를 어떻게 언어로 변환할 것인가였다.

오쇼너시는 1830년대에 자체 시스템을 설계하던 영국인(윌리엄 쿡, 찰스 휘트스톤 등), 미국인(새뮤얼 모스 등) 엔지니어들과는 독립적으로 일했다. 그가 처음 설계한 시스템 하나는 시계 모양 장치 2개를 사용해 메시지를 전송하는 것이었다. 발신자와 수신자 모두 동일한 '시계'를 사용하는데, 다이얼에는 숫자가 아닌 문자가 표기돼 있었다(크로노미터를 쓰는 것도 고려했지만 비용이 너무 비싸서 실험에 쓰기엔 적합하지 않다고 판단했다).

그의 디자인은 시곗바늘이 특정 글자를 가리킬 때 발신자가 전류 펄스를 보내면 수신자의 시곗바늘에 물리적인 충격이 가해지는 데, 수신 측 교환원이 시계를 보고 있다가 순간 밝게 표시된 글자를 기록하는 방식이었다. 오쇼너시는 1839년 자신의 실험 일지에 이 충격의 느낌을 "극도로 참기 어려운", "강하지만 불쾌하지는 않은 감각"에서부터 "손바닥에 무딘 톱이 가볍게 지나가는 느낌"에 이르기까지 다양하게 묘사했다. 오쇼너시는 "눈과 귀는 산만해지기 쉽지만 세심한 손길은 방해받지 않는다"며 자신의 시스템을 정당화하려고 노력했다.

오쇼너시의 교환원들에게는 다행스럽게도 당시 상황은 전자기학에 대한 이해가 점점 깊어지고 있었다. 덴마크의 물리학자 한스 크리스티안 외르스테드는 1820년에 전류가 흐르는 전선 근처에 나침반을 놓으면 나침반의 자침이 약간 회전해 다른 방향을 가리킨다는 이론을 세웠다. 오쇼너시는 이 원리를 이용해 전자석이 포함된 다양한 디자인을 실험했다.

그는 다양한 재질과 크기의 전선을 사용해 신호가 얼마나 빨리 이동하는지 기록했고, 코일 전선 근처에 바늘을 다양하게 배열하는 실험을 했다. 그는 전류가 코일을 통과하면서 자기장을 생성하고, 전류가 흐르는 방향에 따라 바늘이 오른쪽 또는 왼쪽으로 움직이는 시스템을 만들었다. 그는 이런 움직임을 '오른손 울림' 또는 '왼손 울림'이라고 부르며 알파벳의 각 글자를 하나의 움직임으로 정의했다. 즉 A는 오른손 울림 하나, B는 오른손 울림 둘, 이런 식으로 이어져서 Z는 왼손 울림 4개와 오른쪽 울림 1개로 이뤄진다.

오쇼너시는 전기로 전송되는 메시지를 자석으로 해독할 수 있는 전신이라는 개념을 입증함으로써 인도 전역에 시스템을 설치하겠

자석
───

다는 야망을 드러냈다. 댈하우지 총독의 도움으로 동인도회사의 번거로운 관료체제를 피해 1850년대 초에 노선을 승인받을 수 있었다. 1852년 오쇼너시의 제자인 시브찬드라 눈디(인도인 최초로 전신국 공식 기록에 등장하는 인물)의 관리하에 캘커타, 다이아몬드하버, 후글리강의 케저리 사이에 첫 번째 구간이 완공되었다. 눈디가 다이아몬드하버 끝에서 첫 신호를 보내고 댈하우지 경이 지켜보는 가운데 오쇼너시가 이를 수신한 이후, 눈디는 이 구간의 검사관으로 임명되었다.

1853년에서 1856년 사이에 6500킬로미터 길이의 전신선이 건설되었다. 이 경로는 동쪽의 캘커타에서 출발해 북서쪽의 아그라를 거쳐 서부 해안을 따라 남쪽의 봄베이까지 내려간 뒤, 동부 해안의 마드라스(지금의 첸나이)를 가로질러 북쪽의 델리와 펀자브까지 총 60개 지점을 경유했다. 식민지 정치와 군사 전술을 고려해 전신선을 설치했기 때문에 중요하지 않다고 간주된 캘커타와 마드라스 사이의 동해안 영토는 제외되었다. 비슷한 이유로 건설은 두 단계로 계획되었다. 첫 번째는 지역 봉기를 경계하고 있는 제국군의 통신 시스템을 신속하게 구축하기 위해 대나무 기둥으로 만든 임시 라인이었다. 그 뒤에 영구적인 기둥을 설치했는데, 한쪽 끝을 커다란 나사처럼 만들어서 땅에 돌려 박아 단단히 고정하는 형태였다. 이 시스템을 통해 전달되는 메시지는 주로 정부와 군대 사이의 서신이었지만 1855년부터는 처음으로 일반인도 전신을 쓸 수 있도록 허용됐으며, 약 644킬로미터 거리에서 최대 16개 단어를 1루피(현재 가치로 약 2500루피, 한화로 약 4만 원)로 이용할 수 있었다.

볼트와 너트

이 시스템은 영국군에 입대한 인도 용병(세포이)들이 1857년 영국에 반란을 일으킨 제1차 독립전쟁(세포이 항쟁) 중에 우여곡절을 겪었다. 혁명군은 전국 각지의 기지에 경보를 보내려는 영국군을 방해하기 위해 약 1500킬로미터의 전신선을 파괴하고 전보가 닿지 않는 지역을 이용했다. 그러나 영국은 북쪽과 남쪽의 방송국에 비상사태를 제때 경고해 반란을 상당 부분 제압했고, 반란은 실패로 돌아갔다. 그 후 이 전신망을 식민지 주민들의 필요에 맞게 확장하고 개선해서 거의 1만 8000킬로미터에 달하는 거리를 포함할 수 있게 되었다. 1860년대 말에는 이 시스템이 런던까지 확장돼 제국 정부가 식민지를 엄격하게 통제하는 데 활용했다.

1939년, 여전히 영국의 통치하에 있던 인도는 연간 1700만 건의 전신 메시지를 전달하는 16만 킬로미터의 전신선을 보유하게 되었다. 1947년 인도 독립 이후 몇 년 동안 이 시스템의 이용은 최고조에 이르러서 1985년(내가 태어나고 2년 뒤)에는 우체국 4만 5000곳에서 6000만 건의 전보를 주고받았다. 그러나 기술 발전은 당연히 멈추지 않았고, 휴대폰 기술과 인터넷의 발달로 전보 서비스는 종료되었다. 인도의 마지막 전보는 2013년 7월 14일에 전송되었다.

우리 가족도 최소 3대가 전보를 사용했다. 전신기는 오늘날 거의 사용되지 않지만 신속한 장거리 통신의 역사에서 전환점이 됐으며, 이 모든 것은 전기 펄스를 문자로 변환하는 데 자석을 사용할 수 있다는 가능성을 누군가가 꿈꾸면서 시작되었다. 전보의 역사는 또한 이토록 놀라운 과학적 발전을 권력자들이 어떻게 자신의 기득권을 유지하고 힘없는 사람들을 억압하는 데에 악용할 수 있는가를 상

자석

기시켜준다.

○ ◎ ◎

내 고모 라타와 고모부 비자이는 대학 시절 밴드에서 만났다. 고모는 밴드의 리드보컬이었고 고모부는 타블라를 연주했다. 둘은 함께 음악을 연습하면서 의대 공부로 인한 스트레스를 해소하고 사랑을 키워나갔다. 졸업하자마자 결혼한 두 사람은 1970년에 미국으로 이민을 떠나 의사로서 경력을 쌓기로 했다.

고모부는 외과의사 수련을 받는 동안 응급실에서 당직 근무를 하며 밤에는 거의 잠을 자지 못했고, 고모는 병원 소화기내과에서 장시간 근무했다. 가족도 소꿉친구도 없는 곳에서 젊은 부부의 삶은 힘들고 외로웠다. 집안에서 가장 먼저 학교를 졸업하고 낯선 땅에서 삶을 꾸려가야 했던 두 사람은 사랑하는 사람들과의 연락을 간절히 바랐다. 하지만 쉽지 않았다. 고모는 한 달에 한 번씩 코네티컷주 뉴헤이븐에 있는 전화교환국으로 전화를 걸어 5달러를 내고 봄베이로 연결되는 장거리 전화를 신청했다. 교환원에게 가족의 집 전화번호를 알려주면 24시간 뒤 뉴헤이븐 교환국에서 다시 전화를 걸어와 통화 날짜와 시간을 알려주었다.

고모는 통화 시간 3분에 해당하는 요금만 지불했다. 통화를 예약하는 데에만 이미 5달러를 지출했고 3분 통화에 15달러를 더 지불해야 했으므로 합치면 상당히 큰 금액이었다(지금으로 따지면 약 140달러). 처음 몇 번은 날카롭게 지지직거리는 전화선을 통해 고모의 부모님인 바부지와 마아 그리고 우리 아빠를 포함한 형제자매

볼트와 너트

들 모두가 수화기에 대고 '여보세요'를 크게 외치는 소리만 희미하게 들을 수 있었다. 간신히 서로의 목소리를 들을 수 있었지만 시간이 다 돼서 갑자기 뚝 끊어지곤 했다. 결국 고모와 가족들은 앞으로는 '여보세요'라는 말이나 안부를 묻는 말을 하지 않기로 약속했고, 중요한 소식만 빠르게 주고받았다. 더 자세한 대화는 여전히 할아버지와 고모가 2주에 한 번씩 주고받는 길고 애틋한 편지를 통해서 이뤄졌다.

편지를 주고받을 수 있었던 건 대륙을 가로질러 종이를 물리적으로 운송할 수단이 있었던 덕분이다. 소리는 진동이라서 먼 거리로 전달하기가 녹록하지 않았다. 우리가 말을 하면 공기가 후두 근육을 통과하면서 근육을 떨리게 만들고 공기 중으로 퍼져 고막으로 전달되는 진동파가 만들어진다. 그러면 고막이 차례로 진동하고 뇌가 이런 신호들을 해석해 최종적으로 소리를 듣게 된다. 하지만 진동이 전달되면서 에너지를 잃기 때문에(연못에 조약돌을 던지면 잔물결이 일었다가 결국 사라지는 것처럼) 목소리는 어느 정도 거리까지만 전달될 수 있다.

빈 깡통 2개를 끈으로 연결해 조잡한 전화기를 만들면 이 거리를 늘릴 수 있다. 두 사람이 깡통을 하나씩 들고 끈이 허용하는 곳까지 최대한 멀리 이동하면 서로의 목소리가 깡통을 통해 덜커덩덜커덩 울리는 소리를 들을 수 있다. 말하는 사람은 깡통에 진동을 일으킨다. 이 진동은 팽팽한 줄을 통과해 두 번째 깡통으로 전달되고, 깡통이 진동하며 소리를 내기 시작한다. 줄은 진동 에너지를 크게 잃지 않으면서 전달하는 데 매우 효과적이지만 거리, 특히 실용성 측

자석
───────

면에서 한계가 있다.

전신이 이런 한계를 극복하기는 했지만, 일종의 암호를 해석하는 방식이기 때문에 전신에 대고 말을 할 수는 없었다. 통신을 한 단계 더 발전시키려면 깡통 전화기와 전신 기술을 통합해야 했다.

자석을 사용해 전류 펄스를 바늘의 움직임으로 바꾸는 전신을 통해 엔지니어들은 더 크게 생각할 영감을 얻었다. 1870년대에 전류로 자석을 움직일 수 있고 또 전신과 다르게 이 움직임을 초당 수백 수천 번 발생시킬 수 있다면 진동이 생길 것이라는 이론이 나왔다. 이 움직임, 즉 진동이 소리를 만들어낼 수 있다는 거였다.

초기 전화기는 다양한 디자인으로 출시됐는데 한 가지 공통점이 있었다. 자석과 코일 전선을 함께 사용해 상호작용을 일으킨다는 점이었다. 전류와 자기장은 서로 얽혀 있기 때문에 전류가 변하면 자기장도 변하고 자기장이 변하면 전류도 변한다. 최초로 전화기 특허를 낸 미국의 발명가 알렉산더 그레이엄 벨(다른 발명가도 불과 몇 시간 뒤에 서류를 제출하긴 했다)은 자석과 코일을 다양한 배열로 실험해 기기를 만들었다.

벨의 어머니와 아내는 모두 청각장애인이었고 이들에게 말하는 법을 가르치는 게 벨에게 평생의 꿈이었다. 케이티 부스는 저서 《기적의 발명(The Invention of Miracles)》에서 벨이 원래는 전화기가 아니라 목소리의 진동을 청각장애인이 볼 수 있는 시각신호로 바꾸는 기계를 만들려 했다고 설명한다. 하지만 그가 청각장애인 사회에 끼친 영향은 다소 기구한데, 수화 없는 교실을 만들려고 정말 열심히 투쟁했고 '우생학'이라는 단어가 만들어진 해에 청각장애인 간의 결혼을 반대하는 회고록을 출간했기 때문이다. 그는 청각장애인이 청각장애를 가진 자녀를 많이 낳으면 인류 전체가 청각장애인이 될 수 있다고 우려했다. 케이티 부스는 벨이 스스로 옳은 일을 하고 있다고 믿었기에 이것이 복잡한 이야기라고 설명하지만, 수화를 근절하고 청각장애인에게 말하는 법을 가르치려던 그의 이중 사명은 지금도 여전히 청각장애인 교육에 악영향을 미치고 있다.

역설적으로 벨은 결국 청각장애인이 사용할 수 없는 장치를 만들었다. 그가 초기에 설계한 전화기 중 하나는 기다란 영구 막대자석을 옆으로 눕혀놓은 디자인으로, 나무 블록 위에 놓은 2개의 나무다리가 자석을 지지하는 형태였다. 자석의 한쪽 끝에는 가느다란 전선으로 만든 코일이 붙어 있었다. 그리고 바로 옆에 코일과 좁은 간격을 사이에 두고 얇은 철제 원반이 별도의 나무다리에 수직 방향으로 고정돼 있었다. 원반은 자성 재료로 만들어졌기 때문에 원반과 막대자석 사이에 자기장이 생성되었다. 철제 원반(이를 진동판이라고 부른다) 근처의 깔때기가 음파를 앞뒤로 전달했다. 이 기기를 동일한 형태의 두 번째 기기와 전선으로 연결했다.

벨의 전화기는 깔때기 앞에서 말을 하면(이 경우 송화기 역할을 한다) 그 진동이 진동판으로 전달되고, 진동판은 목소리의 높낮이와 음량을 그대로 따라서 진동하는 방식으로 작동했다. 진동판이 앞뒤로 움직이면서 막대자석과 진동판 사이의 거리가 계속 달라졌고, 두 자석 사이의 자기장이 급격하게 변했다. 그 결과 코일에 급변하는 전류가 유도됐고, 이 전류는 전선을 통해 두 번째 기기로 흘러갔다. 여기서는 정반대 현상이 일어났다. 첫 번째 기기와 동일한 가변

자석

149

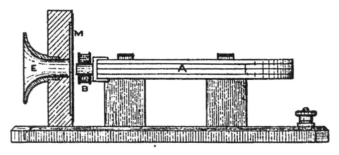

알렉산더 그레이엄 벨이 설계한 전화기 중 하나.
A: 영구 막대자석; B: 작은 코일; M: 얇은 철제 원반; E: 송화기와 수화기.
윌리엄 헨리 프리스 FRS와 아서 J. 스터브스가 쓴
《전화 매뉴얼(*A Manual of Telephony*)》(휘태커&코, 1893)에서 발췌

전류가 코일에 다시 흘렀고, 그 결과 가변 자기장이 생성되고 이 때문에 진동판이 앞뒤로 흔들리면서 수신 측에서 정확히 똑같은 형태로 진동했다(진동 에너지 일부가 자연적으로 손실되기 때문에 강도는 약했다). 두 번째 사용자는 깔때기(이번엔 수화기가 된다)에 귀를 대고 진동판에서 오는 다소 약해진 진동을 귀로 전달받았다. 이로써 사용자들은 상대방이 말하는 것을 (거의) 들을 수 있었다.

1877년 2월 12일 미국 매사추세츠주 세일럼의 리세움홀에서 벨은 초기 디자인을 개선한 기기를 사용해 26킬로미터쯤 떨어진 보스턴에 있는 그의 조수 토머스 왓슨에게 전화를 걸었다. 벨은 전화기의 진동판(왓슨이 고안한 발명품)을 톡톡 두드려 왓슨에게 준비가 됐음을 알렸고, 왓슨도 같은 방식으로 답했다. 그런 다음 벨은 상자 가까이 다가가 "왓슨 씨, 내 말 들려요?"라고 물었다.

잠시 치직거리는 소리만 들리다가 드디어 왓슨이 "네, 들립니다"라고 대답하는 소리가 들려왔다. 또 한 번 치직거리는 소리가 들리

더니 왓슨은 세일럼에 있는 청중을 위해 노래를 부르겠다고 제안했다.

시연이 끝난 뒤 세일럼 쪽의 한 기자는 전화를 이용해 보스턴에 있는 동료 기자에게 그날 저녁의 상황을 말로 전했다. 사상 처음으로 이뤄진 장거리 통화에 대한 이야기가 이렇게 전화를 통해 중계됐고, 다음 날 아침 '전선을 통해 사람 목소리로 전달된 최초의 속보'라는 기사가 신문의 헤드라인을 장식했다.

전화기가 나오면서 인류의 소통 능력이 크게 도약했지만, 여전히 별스러운 데가 있었다. 초기 전화기는 깔때기가 송화기 겸 수화기 역할을 했기 때문에 말을 한 뒤 상대방의 말을 들으려면 귀를 갖다 대야 해서 불편했다. 수화기에서 소리를 전류로 바꾸는 과정도 어려웠고 시스템에 전원을 공급할 대용량 배터리가 필요하다는 점도 문제였다. 이 문제는 약 50년 뒤인 1926년에 미국 벨연구소의 제임스 웨스트와 게르하르트 세슬러가 일렉트렛 마이크로폰이라는 걸 발명하면서 해결되었다(당시는 인종차별이 만연해 흑인 남성이 과학계에서 일할 수 있는 기회가 매우 적었지만, 다행스럽게도 웨스트는 과학자가 되겠다는 꿈을 이루고자 끈기 있게 노력했다).

기기 자체에 대한 문제 외에 서로 다른 기기를 연결하는 데에도 어려움이 있었다. 당시 전화기는 쌍으로 작동했고, 예를 들어 집과 사무실 두 지점끼리만 통화를 할 수 있었다. 집 전화를 세 지점에 연결하려면 각 지점에 하나씩 총 3개의 전선이 필요했다. 별일 아니라고 생각할 수도 있겠지만 모든 사람이 세 지점에 연결하길 원할 때 전화선이 얼마나 복잡해질지 상상해보라(셋 이상은 말할 필요도

자석

없다). 이 문제를 해결하려면 새로운 시스템이 필요했다.

라타 고모가 봄베이로 전화를 걸었던 뉴헤이븐 지역은 전화 케이블의 중앙 집결지 역할을 하는 상업용 전화교환국이 전 세계에서 처음으로 설치된 곳이었다(본래의 전화교환국은 1970년대에 철거됐으므로 고모는 새로 지어진 전화교환국으로 연결됐을 것이다). 당시 뉴헤이븐 교환국에는 가입자 21명의 사업장과 가정집으로부터 온 케이블이 모여 있었고, 이 케이블들은 차량용 볼트, 주전자 뚜껑의 손잡이, 전선 등으로 조립한 것으로 보이는 교환기를 통해 서로 연결되었다. 한 달에 1.5달러를 내면 전화기에 크랭크(코일 전선을 기준으로 자석을 회전시켜 전류를 생성하는 장치)를 감아 교환국 측에 전화를 걸고 싶다는 의사를 알릴 수 있었다. 그런 다음 교환원에게 번호를 말하면 교환원은 알맞은 두 회선 사이의 케이블 단자(우리가 쓰는 헤드폰 끝부분에 있는 것과 같은 형태)를 잭에 꽂아서 회로를 연결했다. 전화를 건 사람은 대화를 마치면 크랭크로 벨을 울려 교환원에게 통화가 끝났음을 알렸다. 인도에는 고모의 회선과 부모님의 회선이 모두 연결되는 교환기가 없었기 때문에 고모가 봄베이에 전화를 걸려면 여러 교환국을 거쳐야 했다. 고모는 뉴헤이븐으로 연결되고 나의 조부모님은 봄베이로 연결됐으며 각각 뉴욕과 런던의 다른 교환국을 거친 뒤에야 마침내 통화를 할 수 있었다. 이 회선 전체가 사용 가능한 시점에만 통화를 할 수 있었고, 이 때문에 통화를 예약하는 데 24시간이 걸렸다.

전화기를 가진 사람이 적었던 시절에는 교환기에 전깃줄을 수동으로 꽂고 빼는 교환원(보통 '헬로 걸'로 불린 여성들)을 고용하는 것이 실용적이었다. 하지만 전화기를 쓰는 사람의 수가 폭발적으로 늘면서 이 여성들은 손이 빠르고 응대 기술이 뛰어났음에도 과중한 업무에 시달렸고, 전깃줄을 꽂는 슬롯이 빌 때까지 사람들이 전화기를 들고 대기하는 일이 종종 발생했다.

교환국의 자동화는 순전히 양심에서 비롯된 발명품으로, 그 이야기는 어느 장의사 사무실에서 시작된다. 1880년대 앨먼 스트로저는 미국 캔자스주 엘도라도의 유일한 장의사였다. 하지만 곧 다른 장의사가 나타났고, 스트로저의 사업은 급격히 기울었다. 알고 보니 새로 온 장의사의 아내가 교환국에서 일하고 있었는데, 스트로저를 찾는 전화가 오면 스트로저 대신 남편 회사로 연결한 것이었다. 좌절한 스트로저는 어떻게 하면 '여자도 없고 골치 아플 일도 없고 고장도 없고 기다릴 필요도 없는' 교환국을 만들 수 있을지 고민했다.

1892년에 스트로저는 자동교환기 특허를 냈고 이로써 부정을 저지를 가능성이 있는 사람 교환원이 자석으로 대체되었다. 스트로저는 이때 다이얼 전화기도 개발했는데, 이 아름다운 빈티지 전화기에는 숫자판이 달려 있었고 각 번호 위에 구멍이 뚫려 있었다. 예를 들어 38번으로 전화를 걸려면 숫자 3 위에 있는 구멍에 손가락을 넣고 숫자판을 돌려야 했다. 숫자판이 원래 위치로 돌아오면(스프링 덕분!) 전기 펄스 3개가 전송되었다. 숫자 8을 돌리면 펄스 8개가 전송되었다.

스트로저의 자동교환기는 원통형 기기였는데, 그 안에 자성을 띠지 않은 소재에 둘러싸인 금속 고리가 열 줄 들어 있었다. 각 고리에는 전선이 연결된 돌기가 10개씩 있었고, 각 돌기는 누군가의 전화선을 의미했다. 원통 중앙에는 밑부분에 톱니가 있고 상단에 기어와 암이 달린 막대 하나가 서 있었다. 전자석 한 쌍과 연결된 레버 하나가 막대 밑부분 톱니에 꽉 물려 막대를 수직으로 서 있게 고정했고, 또 다른 레버 2개(각각 자석 한 쌍과 연결되어 있다)는 위쪽의 기어 바퀴에 맞물려 고정돼 있었다.

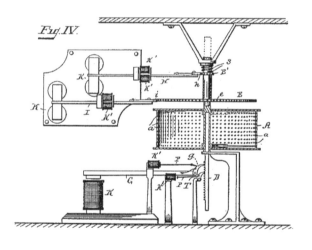

(No Model.)   3 Sheets—Sheet 3.

A. B. STROWGER.
AUTOMATIC TELEPHONE EXCHANGE.

No. 447,918.   Patented Mar. 10, 1891.

전자석 K와 K'이 표시돼 있는 스트로저의 특허 이미지

전화기에서 첫 펄스 3개가 전달되면 바닥에 있는 전자석이 이 펄스를 진동으로 바꿨고 레버를 움직여 막대를 세 단계 위로 올렸으

볼트와 너트

며 그 결과 막대의 암이 세 번째 고리에 맞닿았다. 두 번째 펄스 8개는 위쪽에 있는 여러 자석들에 신호를 보냈고 이 자석들이 원통을 강제로 회전시켜서 막대 암이 고리의 여덟 번째 돌기에 연결되도록 했다. 이렇게 연결이 완료되면 통화하고자 했던 장의사와 대화를 시작할 수 있었다.

교환원이 필요했던 전화교환국은 초기에 여성 인력을 대거 고용했고, 자동교환기가 나오면서 여성들은 다른 직업을 찾거나 전업주부로 돌아가 가정을 돌보았다. 역설적이게도 스트로저 역시 자기 발명품 때문에 직업을 바꿨다. 원래는 자신의 장의사업을 살리고자 시작한 일이었는데, 새 발명품을 대량생산하기 위해 장의사 일을 그만둬야 했던 것이다. 그는 가족 및 친구들과 함께 '스트로저 자동 전화교환기 회사'를 설립했고, 1892년 인디애나주 라포르테에 처음으로 자동 전화 교환 시스템을 설치했다.

스트로저는 원통을 차례차례 배치해 연결 가능한 수를 늘리는 방식으로 디자인을 확장했다. 이때까지도 움직이는 부품과 넓은 공간이 필요했다. 1940년대 트랜지스터 덕분에 새로운 전자기기의 세상이 열리면서 스트로저 교환기도 디지털 시스템으로 대체됐고, 이는 오늘날 휴대폰의 토대가 되었다. 고모와 고모부는 이제 신기술을 사용하고 있지만, 결혼 초기에는 가족의 목소리를 들으려고 소리를 전기로 바꿔주고 전기를 소리로 바꿔주는 자석에 의존해야 했다.

자석
———

○ ◎ ◎

리넷은 여러 곳에서 살아봤다. 런던에서 태어나 인도 자르칸드주의 지리디로 이주했고 10대에는 대학에 입학하기 위해 봄베이로 이사했다. 뉴욕 북부에서 엔지니어로 일하고 있던 헴을 그곳에서 소개받았고, 두 사람은 1978년에 결혼한 뒤 뉴욕 북부로 이사했다.

대중문화 애호가였던 리넷은 봄베이 학생 숙소에 흑백텔레비전만 있다는 사실을 알고 실망했다. 미국에 도착하자마자 컬러 텔레비전을 구입했고 게임쇼 〈휠 오브 포춘〉 에피소드를 진짜 많이 봤다. 이 쇼의 도입부에는 남자 성우가 흥분된 목소리로 우승자가 받을 상금을 소개하고 나면 방청객이 프로그램 이름을 일제히 외치는 장면이 나왔다.

그 게임쇼의 도입부와 TV 드라마 〈제시카의 추리극장〉의 시작을 알리는 경쾌한 피아노 음악은 잠자리에 들기 직전 거실 한쪽에 서 있곤 했던 내 어린 시절의 기억을 떠올리게 한다. 나의 어머니인 리넷은 내가 잠자리에 들기 전 게임쇼 도입부를 듣게 해주셨다. 낮에는 마돈나가 1980년대 히트곡을 공연하는 비디오와 인도의 유명 남자배우 샤미 카푸르가 정원을 뛰어다니며 연인에게 세레나데를 불러주는 비디오를 보았다.

우리 집에 있던 텔레비전이 기억난다. 내 어깨만큼 넓었다. 전원을 켜면 중앙을 가로지르는 수평선이 번쩍였고, 예열이 완료돼 화면에 영상이 뜨는 데까지 1초 정도 걸렸다. 진짜 가까이 서서 보면 (그러지 말았어야 했던 것 같지만) 빨강, 초록, 파랑 점들이 많이 보였다.

볼트와 너트

곡면으로 된 유리 스크린이었고, 둥글납작한 뒷면은 길고 얇은 슬롯들이 있는 검은색 플라스틱 케이스로 싸여 있었다. 이 검은색 플라스틱 뒤에 강력한 전자석이 있다는 사실을 이제는 안다.

텔레비전은 세계인의 일상을 완전히 바꿔놓았다. 텔레비전이 나오기까지 전 세계 여러 나라의 수많은 사람이 개발한 수많은 기술이 있었다. 이 복잡하게 얽힌 혁신들 없이는 초기 텔레비전이 나올 수 없었겠지만, 여기서는 한 선구자의 이야기에 집중해보려고 한다. 이 선구자는 잘 알려지지 않은 인물인데, 초기 설계에 대한 특허를 신청하지 않았고 서구 발명가들과 달리 주로 혼자 일했으며 제2차 세계대전 때 그의 발명품과 기록 대부분이 사라졌기 때문이다. 그러나 고국 일본에서는 마땅히 텔레비전의 아버지로 추앙받고 있다.

다카야나기 겐지로는 1899년 일본 하마마쓰시에서 태어났다. 91년 뒤 사망하기 직전 천황으로부터 민간인 최고 훈장을 받았으며, 이는 고등교육 기회를 놓칠 뻔한 사람으로서는 대단한 업적이었다.

다카야나기의 아버지는 사업에 실패해 아들을 중학교에 보낼 형편이 되지 못했고 장차 선구자가 될 그 소년은 고된 삶을 받아들였다. 그런데 소년이 집의 미닫이 창문을 수리하면서 그려 넣은 아름다운 캘리그래피가 교장 선생님의 눈에 띄었다. 이 교장 선생님의 호의와 자식이 없던 친척이 조카를 돌봐주기로 한 덕분에 그는 학교를 다닐 수 있게 되었다. 그는 기술전문대학을 졸업해 1924년 하마마쓰 기술고등학교의 교사가 되어 학생들을 전기 기사와 기술자로 양성했다.

다카야나기는 몽상가였다. 라디오에 집착했고 호텔 문 앞에 서서 외국인 관광객을 멈춰 세우고는 최신 소식을 물어보는 것으로 유명했다. 1924년에는 어떤 상상에 대해 썼는데, 가족들이 한 기계 앞에 모여 동그란 손잡이를 돌리면 일본 제국극장에서 펼쳐지는 화려한 댄스공연이 눈앞의 스크린에 나타난다는 내용이었다. 그는 '영상이 나오는 무선 장치'라고 이름 붙인 것을 만들고 싶어 했다.

다카야나기는 교장 선생님을 설득해 소액의 연구 수당을 받았는데 이마저도 바닥나자 아내의 결혼 지참금을 사용했다. 거의 혼자 틀어박혀 연구하던 그는 1926년 12월 25일 어느 방에 있는 카메라에서 다른 방에 있는 스크린으로 가타카나 음절 'i'를 보내는 데 성공했다. 음극선관을 이용한 세계 최초의 전자 텔레비전이었다. 특허는 신청하지 않았다(텔레비전 발명가로 불리는 필로 판즈워스가 샌프란시스코에서 텔레비전 시스템 특허를 출원하기 약 2주 전의 일이다).

초기 텔레비전의 주요 구성품은 송신기와 수신기였다. 송신기는 비디오카메라와 같은 역할을 했다. 연속된 이미지들을 찍어 이를 전송 가능한 신호로 계속해서 변환하는 것이었다. 수신기는 이 신호를 받아 빠르게 변하는 연속된 이미지로 전환해서 움직이는 필름을 만들었다. 다카야나기는 두 구성품을 전부 전자식으로 꾸리고 싶어 했지만 1926년에 개발한 텔레비전에서는 이를 실현하지 못했다. 수신기는 전자식이었지만 송신기는 기계식이어서 구현되는 화질에 한계가 있었다. 시간이 흘러 그는 두 핵심 구성품에 자석을 결합해 당대 최고의 텔레비전 화면을 만드는 데 성공했다.

기계식 송신기의 화질이 왜 떨어지는지 생각하다 보니 인도 디왈리에서 폭죽을 갖고 놀던 기억이 떠올랐다. 나는 팔을 엄청 빠르게 움직여서 공중에 동그라미를 그리는 놀이를 좋아했다. 빛이 오로지 하나의 점이라는 사실을 알면서도 그게 동그라미로 보이는 건 빠르게 움직이는 빛의 점들을 우리의 눈과 뇌가 잘 처리하지 못해서 흐릿하게 보이기 때문이다. 이 원리를 바탕으로 텔레비전이 설계됐는데, 엔지니어들은 빠르게 움직이는 원 대신 래스터라고 부르는 패턴을 사용했다.

래스터는 빛이 직사각형의 오른쪽 상단 모서리에서 시작해 왼쪽 모서리를 향해 직선으로 빠르게 가로지른 다음 한 줄 아래로 내려와 오른쪽 모서리로 이동하는 패턴이다(1990년대 이전 어린이라면 초기 프린터가 비슷하게 작동하던 모습을 기억할 것이다). 빛이 직사각형 전체를 덮을 때까지 이 과정을 빠르게 반복한 다음 오른쪽 상단 모서리부터 다시 시작하면 빛으로 가득 찬 직사각형 착시를 볼 수 있다. 그런 다음 빛이 화면을 가로질러 왔다 갔다 할 때 빛의 세기를 바꾸면 일부분을 밝거나 어둡게 만들 수 있다. 이 조합을 잘 짜면 부분들이 합쳐져 하나의 이미지가 되기도 하고 찰나의 순간마다 조금씩 다른 이미지가 연속적으로 나타나면서 움직이는 그림이 되기도 한다.

다카야나기가 최초의 텔레비전을 만들 때 쓴 기계 장치는 닙코 원판이었다. 이 원판 둘레에 나선 모양을 따라 연속적으로 작은 구멍들이 뚫려 있어서 래스터 패턴을 만들 수 있었다. 그는 원판을 수직으로 세우고 그 뒤에 가지각색의 밝은 빛을 비추는 송신기를 설치했다. 원판이 돌자 빠르게 움직이는 구멍을 통해 빛의 펄스가 앞으로 튀어나왔다. 원판 가장자리에 가장 가까운 구멍을 통해 빛을 비추면 화면 상단에 선이 그려졌고, 빛이 통과하는 구멍이 원판 중앙에 가까워질수록 빛은 점차 화면 하단으로 이동했다. 이런 식으로 그는 선 40개로 된 래스터 패턴을 만들었다. 1927년에는 해상도를 선 100개까지 향상시켰는데, 1931년까지 아무도 이 기록을 따라잡지 못했다.

내가 1980년대에 봤던 텔레비전에는 보통 480개의 선이 있었고 1초에 30~60번씩 화면이 새로 바뀌었다. 다카야나기가 처음 만든 텔레비전과 내가 어린 시절에 보던 텔레비전의 차이점은 바로 자석이었다. 깜빡거리지 않는 선명한 영상을 만들려면 훨씬 더 빠르고 밀도 높은 래스터 패턴, 그러니까 매우 높은 주파수로 더 많은 선을 그려내는 빛이 필요했다. 하지만 원판은 1초에 고작 몇 회전만 할 수 있었고, 더 크게 만들면 다루기 힘들고 관리하기도 어려웠기에 화질에 한계가 있었다.

1929년 다카야나기는 음극선관이라는 장치(브라운관이라고도 한다)를 대대적으로 개선했다. 지름이 균일했던 유리관을 깔때기 모양으로 바꾸고 넓게 퍼진 끝부분을 스크린으로 사용했다. 스크린은 전자가 부딪치면 환하게 빛나는 화학물질로 코팅했다. 전자는 다른 힘이 없을 때 마치 빛처럼 직선으로 움직인다. 뾰족한 반대쪽 끝에는 전자총이 있었다. 전자총은 전자빔을 쏘는 전선들이 배열된 장치다.

전자총을 사용하면 화면 중앙에 한 점의 빛만 볼 수 있었고, 이 빛의 밝기는 전자가 가진 에너지와 전자가 유리관을 깔끔하게 통과할 수 있는지 여부에 따라 달라졌다. 다카야나기는 스크린에 닿는 전자의 에너지를 열 배 높이는 데 성공했다. 그는 유리관에서 공기를 최대한 많이 제거해 다른 공기 입자나 가스 입자가 전자빔을 방해하지 못하게 했다. 특히 전자석을 추가로 배열해서 자기장이 전자빔에 힘을 가해 전자가 래스터 패턴으로 빠르게 이동할 수 있게 했다. 이번에는 원판 회전 속도에 구애받지 않고 코일 전류를 변화시키는 것만으로 자기장을 엄청 빠르게 변화시킬 수 있었다. 그 결과 밝고 선명한 영상을 구현할 수 있었고, 1936년 완전 전자식 텔레비전이 완성되었다. 1939년 5월에는 초당 25프레임으로 주사선(scanning line) 441개를 구현하고 일본 최초의 텔레비전 방송 시스템을 구축했다.

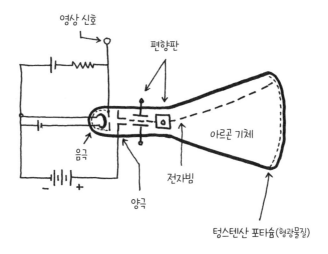

다카야나기가 발명한 텔레비전에 쓰인 브라운관

자석

내가 1980년대에 본 것과 같은 컬러 음극선관 텔레비전에는 전자빔이 3개 들어 있었고 각 전자빔은 형광 스크린에 닿으면 서로 다른 색깔을 냈다. 바로 내가 텔레비전에 밀착해서 봤던 빨강, 초록, 파랑 점이었다. 동일한 세기로 쏜 전자빔 3개가 합쳐지면 하얀색 점이 만들어졌다. 각 빔의 강도를 세게 하거나 약하게 조절하면 팔레트에 가지각색의 물감을 섞을 때처럼 화면에 다양한 색상이 만들어졌다. 이런 텔레비전의 가장 큰 한계는 화면 크기였는데, 그 이유는 무게였다. 화면을 키우려면 음극선관도 크게 만들어야 했고 내부의 진공 압력을 견딜 수 있도록 유리도 더 두껍게 제작해야 했다. 그래서 요즘 볼 수 있는 대형 화면을 구현하려면 다른 기술이 필요했다.

오늘날 평면 텔레비전은 이미지를 직접 생성하는 데 자석이 필요하지 않지만 개발 과정에서는 자석이 꼭 필요했다. LED(발광다이오드) 텔레비전에는 소량의 에너지를 사용하는 수천 개의 작은 전구가 있으며, 원자 안에서 전자가 아주 미세하게 점프하는 원리로 작동한다. 1960년대부터 빨간색과 녹색 LED가 사용됐지만 하얀색 픽셀을 만들려면 파란색 LED도 필요했다. 엔지니어들은 전자를 좀 더 미세하게 점프시켜 파란빛을 방출하게끔 유도하려고 고군분투했다. 1990년대에 일본의 한 물리학자 팀이 특수 물질의 결정을 만들어 이 귀한 기술을 개발했다.

하지만 이 소재는 결함이 생기기 쉬웠기 때문에 파란색 LED를 대량생산하는 것은 여전히 어려운 과제였다. 자석을 사용해 0.1나노미터(100억분의 1미터) 수준까지 볼 수 있게 만든 최첨단 전자현미경으로만 이런 결함을 확인할 수 있었다. 이런 연구를 통해 밝고 에너지 효율적인 차세대 백색 램프와 컬러 스크린이 탄생했다. LED 램프는 저렴한 지역 태양광 발전으로 불을 밝힐 수 있을 정도로 효율적이기 때문에 전력망에 접근할 수 없는 15억 명 이상의 사람들을 도울 잠재력을 지니고 있어서 앞으로 세상을 바꿀 수 있을 것으로 기대된다.

○ ◎ ◎

나는 1998년 즈음에 처음으로 roma_millenium@hotmail.com이라는 이메일 계정을 만들었다. 맞다, 철자가 틀렸다. 열다섯 살 때였다. 당시 나는 컴퓨터 CPU에 전화 케이블을 꽂아 전화 접속으로 인터넷에 연결해서 음극선관 디스플레이 화면으로 웹페이지를 보곤 했다. 가정용 인터넷 초창기였기 때문에 한번은 이메일이 열리기까지 무려 27분이나 기다렸던 기억이 난다(전부 스팸 메일이었다).

오늘날 우리가 누리는 엄청나게 빠른 글로벌 통신 세계는 (이미 설명한 기술 외에도) 대용량 데이터 저장 장치, 빛의 속도로 데이터를 보내는 광케이블, 지구 표면과 인공위성을 오가는 무선 신호 등이 있기에 가능했다.

무선 기술은 전자기파의 한 유형인 라디오파를 이용한다. 라디오파는 우리 눈에는 보이지 않지만 주변에 항상 존재하면서 휴대폰, 와이파이, 위성에 데이터 모음을 보낸다. 이 기술을 처음으로 만든 선구자 중 한 명이 인도의 과학자 자가디시 찬드라 보스다.

보스는 한 가지 연구에 얽매이지 않았고, 학문 분야도 마찬가지였다. 과학소설을 쓰고 식물학을 공부했으며(식물 성장을 측정하는 크레스코그래프를 발명했다) 무선 마이크로파 광학도 연구했다. 1895년 초에는 전자기파가 멀리 효율적으로 이동할 수 있음을 증명했다. 부총독이 참석한 공개 강연에서 보스는 송신기를 켜고 전파를 발생시켰다. 전파는 강연장을 가로질러 나간 뒤 강연장과 통로 사이를 거쳐 23미터쯤 떨어진 제3의 강연장으로 들어갔다. 단단한 벽 3개와 부총독의 몸을 통과한 전파가 미리 설치해둔 수신기에 도달했다. 그러자 종소리가 울리고 소총이 발사되면서 작은 지뢰가 폭발했다(다친 사람은 없었다). 송신기와 수신기는 둘 다 높이 6미터가량의 기둥 꼭대기에 설치한 동그란 금속판에 부착돼 있었고, 이는 안테나 역할을 했다.

이 물리학자의 전기를 쓴 패트릭 게데스에 따르면, 보스는 힌두교 예배에 바치는 흰 꽃으로부터 영감을 받아 자신이 어떤 업적을 이루든 결코 사사로운 이익에 흔들리지 않겠다고 결심했다. 그는 전자기 신호를 수신하고 해석하는 어려운 작업을 수행하는 '코히어러'라는 장치를 발명했다. 그는 이 설계를 비밀로 하지 않았고, 특허를 신청하지도 않았다. 이 연구가 아니었다면 굴리엘모 마르코니가 장거리 무선 시스템을 발명해 유명세를 얻을 수 없었을 것이다. 사실 보스도 이 정도로 인정받아야 마땅하다. 전자기파를 이용해 정보를 전송하는 그의 연구가 없었다면 오늘날 데이터를 주고받을 수 있는 휴대폰을 만들 수 없었을 테니 말이다.

세상을 바꾼 또 다른 통신 기술인 월드와이드웹(WWW)은 우리가 인터넷을 사용하기 위해 접속하는 것으로 유럽입자물리연구소(CERN)에서 발명했다. 전 세계의 많은 과학자들이 이 기관에서 일하고 있으며 팀 버너스리 경은 데이터를 더 효과적으로 공유해서 팀 전체가 쉽고 빠르게 접근할 수 있는 방법을 만들고자 했다. 나는 물리학에 빠져 있던 10대 시절부터 CERN에 매료됐지만, 이유는 조금 달랐다. 바로 대형 강입자 충돌기(LHC) 때문이었다.

LHC는 세계에서 가장 큰 입자가속기다. 프랑스와 스위스의 땅 속에 있는 고리 모양의 거대한 터널로 둘레가 27킬로미터에 달한다. 과학자들은 원자를 구성하는 작은 입자를 연구하고 이런 입자 빔 간에 폭발적인 충돌을 일으켜 물질과 우주의 기원을 탐구하고 있다.

이 입자들은 전하를 가지고 있기 때문에 자기장의 힘을 느낀다. 전자석 9593개를 사용해 하전된 입자를 2개의 빔으로 만들어 각각 터널 반대 방향으로 쏜다. 자석의 강도를 꾸준히 증가시켜 입자의 속도를 빛의 속도에 거의 가까워질 때까지 높이면 입자의 경로가 갑자기 휘어지면서 서로 충돌한다. 연구자들은 입자 간의 이런 고속, 고에너지 상호작용을 통해 우리의 기원에 대한 근본적인 질문에 답을 찾을 수 있기를 소망한다.

지구에서 자석을 발견하고 직접 자석을 만들어내고 전자석을 발명하고 이를 이용해 인류 존재에 대해 더 많은 것을 알아내는 등 자기(磁氣)에 대한 인류의 이해는 이 입자들의 여정처럼 한 바퀴 돌아온 것 같다. 천천히 발전한 끝에 자석은 이제 디스크, 메모리칩, 인터넷 포트, 세탁기, 전화기, 라디오, 시계, 계량기 등 우리 가정에 수백 개씩 존재한다. 하지만 새로운 형태의 자석에 대한 연구와 개발은 계속되고 있다. 2022년 사가와 마사토 박사는 세계에서 가장 강력한 영구자석을 발견하고 개발해 상용화한 공로로 '엘리자베스 여왕 공학상'을 수상했다.

사가와 박사는 소결(燒結, 희토류 물질을 가열해 압축하는 방법)이라는 독특한 제조 기술을 사용해 철과 네오디뮴을 붕소($Nd-Fe-B$)와 결합함으로써 기존 최고의 자석보다 거의 두 배에 가까운 성능을 구현하는 데 성공했다. 그의 연구로 영구자석은 크기와 세기 면에서 다시 한번 획기적인 변화를 맞이했으며 이미 로봇, 가전제품, 휴대폰 스피커, 전기모터(전기 자동차 포함), 풍력 발전기 등에 사용되고 있다. 이제 자석의 마법이 우리를 더 친환경적인 미래로 안내할 수 있기를 바란다.

5장

렌즈
Lens

실제로 접근할 수 없는 대상을
어떻게 탐구할 수 있을까?

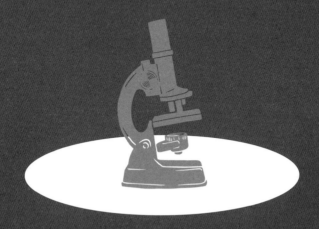

○)○)○)

자르야에게

어떤 면에서는 내가 운이 좋았다고 생각해. 네가 내 몸에 들어오기 전에 널 볼 수 있었으니까. 넌 세포 150개만으로 구성된 다양한 회색 음영의 작은 덩어리였지. 의사가 출력해준 고도로 확대된 픽셀 이미지 덕에 볼 수 있었어. 어쨌든 네가 존재한다는 게 정말로 행운이었어. 내 몸 안이 막혀 있었기 때문에 경이로운 현대의학의 도움을 받아야만 널 만들 수 있었거든. 한편으로 내가 정말 운이 나쁘다는 생각도 들었어. 애초에 왜 그런 폐색이 생겼을까? 널 갖는 게 왜 그렇게도 어려웠을까?

몇 달 동안 시도했지만 실패한 뒤, 뭔가 문제가 있는지 알아보려고 병원에 갔어. 간단한 검사부터 시작했지. 혈액 검사, 소변 검사, 통증 없는 스캔 등등. 다 좋아 보였어. 시간은 흘러갔고 아무것도 나오지 않았지. 결국 다른 병원으로 가야 했어. 복부의 장기를 살펴보고 자궁에 없어야 할 조직이 있지는 않은지, 난소에서 나온 난자가 나팔관을 통해 예정된 여정을 마칠 수 있는 상태인지 확인하기 위해서 말이야.

나는 수면마취에 들어갔고 의사는 내 복부 왼쪽과 배꼽 안쪽을 조금씩 절개한 뒤 가느다란 검은 튜브를 조심스럽게 삽입했단다.

렌즈

빛을 전달하는 특수한 케이블 묶음인 광섬유 케이블이었지. 튜브 끝에는 작은 카메라와 조명이 달려 있었고 복부 안쪽을 화면에 비춰주었어. 덕분에 그 의사는 수술실에서 내 몸을 더 이상 절개하지 않고도 내부를 들여다볼 수 있었지. 그런 다음 플라스틱 관을 내 질 안에 넣고 액체를 주입하면서 엑스레이 기계로 만든 자궁 이미지를 들여다봤어. 좋은 소식은 장기가 건강하고 깨끗하다는 것이었지. 이상한 조직도 없었고 자궁내막증도 없었어. 하지만 자궁에 액체가 고여 있었어. 관이 막혀 있었지. 마취 때문에 아직 멍한 상태에서 의사의 말을 이해하려고 애쓰고 있는데, 의사는 태연하게 말을 이었어. "시험관 아기 시술을 의뢰할게요." 숨을 쉴 수가 없었지.

네 아빠와 나는 무수히 많은 예약을 하고 무수히 많은 스캔과 검사를 받은 끝에, 내 첫 책이 출판된 지 일주일쯤 지난 어느 날 첫 번째 치료 주기에 돌입했단다. 몇 주 동안 알약을 복용한 뒤 지금은 네 방으로 꾸며진 그 방에 앉아 호르몬이 가득 담긴 약병과 주사기를 노려보고 있었어. 도대체 어떻게 이 바늘로 내 몸을 고의적으로 기꺼이 찌를 수 있을까 하는 생각뿐이었지. 하지만 해냈단다. 수백 번이나. 난소에서 여러 개의 난자를 동시에 성숙시키기 위해서, 호르몬 수치를 조절해 자궁내막을 건강하고 두껍게 만들기 위해서, 그리고 피를 묽게 만들어 임신 가능성을 높이기 위해서 말이다.

몇 주 뒤 난임 클리닉에 다시 갔어. 의사들은 긴 바늘과 카메라와 스크린을 이용해 난소 속에 있는 체액으로 가득 찬 난포들을 비웠단다. 각각 포도알만 한 크기였는데, 그 안에 작은 난자가 들어 있기를 바랐어. 아빠의 세포도 의사들에게 줬단다. 그리고 나서 집으로

볼트와 너트

돌아왔어. 이제 우리가 할 수 있는 일은 기다리는 것뿐이었지.

집에서 (적어도 육체적으로) 회복하는 동안 과학자들은 실험실에서 생명의 가능성을 만들기 위해 세심하게 노력했어. 파란색 수술복을 입고 머리카락을 가린 배아학자가 고성능 현미경을 들여다보며 우리의 세포를 연구하고 서로 결합시켰지. 2개의 세포로 만들어진 작은 수정란을 자궁을 재현한 특수 젤리 안에 넣고 영양분을 공급하면서 증식하도록 했단다. 매일 누군가가 수정란들을 보고 세포가 얼마나 잘 자라고 있는지 확인했어. 아기가 될 가능성이 있는 수정란을 10개 만들었고 8개가 살아남아 증식했는데 그중 하나가 바로 자르야, 너란다. 하지만 나는 그 시술로 인해 몸이 약해졌어. 배아를 자궁에 이식하기까지는 한 달을 기다려야 했지. 이후 클리닉에 다시 가서 그들이 고른 가장 강인한 배아, 그러니까 너의 형제자매가 될 뻔한 배아를 이식받았단다. 하지만 잘 안 됐어.

그 작은 세포 덩어리가 어떤 사람이 됐을지는 모르겠어. 앞으로도 영영 알 수 없겠지. 하지만 너는 남았어. 내 자궁내막에 끈질기게 달라붙어 자랐지. 너는 자그마한 심장을 키워냈고, 초음파 검사를 할 때 흑백 화면을 통해 너의 맥박이 뛰는 것을 볼 수 있었어. 의사들이 네 영상을 찍는 동안 네가 꿈틀거리는 모습을 지켜봤어. 불안으로 가득했던 9개월이 지난 뒤 네가 세상에 태어났단다. 내 몸에서 네가 나오는 순간을 네 아빠가 조심스레 찍었는데, 그 사진을 보면 너는 여전히 나와 붙어 있었고 피를 흘리며 고통스럽게 눈을 찡그리고는 네가 끌려나온 이 시끄럽고 밝은 곳을 향해 악을 쓰고 있었어. 그리고 이제, 삶이 흘러가고 있구나. 찰나의 순간들을 사진에 담으려고 노력한단다. 기억은 흐릿하고 믿을 만하지 않은 것 같아. 너라는 존재로 인해 시간이 뒤틀린 느낌이야.

자르야, 너와 만나기까지 여정이 험난했지만 네가 있어 감사하다. 비록 네가 태어난 직후 전 세계적인 팬데믹이 발생해 정말 쉽지 않았지만 말이야. 이 모든 어려운 시기에도 나는 희망과 영감, 놀라움을 본단다. 물론 너에게서. 그리고 네 삶을 가능하게 해준 사람들에게서. 나와 아빠, 나니, 나나, 마우시, 아찌만 말하는 게 아니야. 너를 함께 만들어준 그 배아학자나 너를 내 뱃속에 다시 넣어준 의사만 말하는 것도 아니란다. 내 뱃속에서 네가 안전하고 건강한지 확인해주었던 수많은 조산사, 간호사, 컨설턴트만 말하는 것도 아니고. 역사 속 수천 명의 사람들 덕분에 너의 이야기와 관련된 모든 과학과 기술이 존재할 수 있었다는 걸 말하고 싶구나. 맙소사, 너를 창조한 배경에는 복잡한 과학과 공학이 정말 많단다. 자르야, 네 엄마는 물리학을 전공한 엔지니어이기 때문에 이런 이야기를 들려줄 수밖에 없다(네가 이야기를 좋아한다는 것도 알고 있단다). 그래서 중요한 얘기를 해줄게. 렌즈라는 단순해 보이는 작은 곡면 유리 조각이 없었다면 너는 존재할 수 없었을 거야. 이건 너를 위한 이야기란다.

사랑을 담아, 엄마가

○ ◎ ◎

원더우먼에겐 진실의 올가미가 있다. 오코예에겐 비브라늄 창이 있다. 쉬라에겐 보호의 검이 있다. 이런 특별한 장비가 슈퍼히어로에게 추가로 능력을 부여해주는 것처럼, 렌즈는 인간에게 초능력을

준다. 이 구부러진 유리 조각(또는 빛을 통과시키는 어떤 물질)을 통해 인류는 빛을 조절하고 눈이 가진 능력 너머의 사물을 볼 수 있다. 렌즈 덕분에 시력이 나쁜 수십억 명의 사람들이 선명하게 볼 수 있다. 하지만 렌즈는 훨씬 더 많은 것을 열어준다. 렌즈 덕분에 미세한 개별 세포의 내부를 들여다볼 수 있고, 심해와 같이 접근하기 어려운 곳과 지구 밖의 거대한 은하계를 볼 수 있다. 렌즈 덕분에 우주의 기원을 연구하거나 배아를 만드는 등 놀라운 일을 할 수 있다. 하지만 렌즈에 대해 자세히 설명하기 전에 좀 괴짜 같아 보이더라도 물리학 이야기부터 열정적으로 해보려고 한다. 렌즈 이야기는 빛 이야기와 불가분의 관계에 있기 때문이다.

빛은 오랫동안 수수께끼였다. 고대 이집트인들은 태양신 라가 눈을 뜨면 빛을 비추고, 눈을 감으면 어두워진다고 믿었다. 고대 인도인들은 빛이 무수한 입자로 이뤄져 있고, 상상할 수 없는 속도로 직진해 바깥쪽으로 방사된다고 생각했다. 고대 그리스인들은 사람이 사물을 볼 수 있는 이유에 대한 온갖 이론을 내놓았다. 물체와 눈 사이의 공기에 물체의 이미지가 찍혀 있기 때문이라는 설명, 물체에서 눈까지 물질 입자가 흐르기 때문이라는 설명(다른 입자가 공간을 계속 채우기 때문에 물체는 쪼그라들지 않는다), 눈에서 나온 광선이 물체에 닿기 때문이라는 설명 등등. 마지막 이론은 물론 틀렸지만 그럼에도 1000년 동안 지속되었다.

이렇게 이해가 부족했음에도 조상들은 구부러진 유리 조각의 잠재력을 조금은 알고 있었다. 빅토리아 시대의 한 고고학자는 현대 이라크에 있는 아시리아 궁전에서 한쪽 면은 평평하고 다른 한쪽 면은 약간 구부러지도록 세심하게 연마된 작고 동그란 수정 조각을 발견했다. 님루드 렌즈라고 불리는 이 조각은 기원전 7세기의 초기 돋보기로 추정된다. 기원전 424년 아리스토파네스가 쓴 고대 그리스 희곡《구름》에는 태양 빛을 집중시켜 가열하는 데 쓴 '화경(火鏡)'이 언급돼 있다. 수백 년 뒤 로마제국의 대(大)플리니우스도 이 장치를 언급한다.

그리스인들은 빛이 거울에서 어떻게 반사되고 렌즈를 통해 어떻게 굴절되는지에 대한 몇 가지 기본 규칙을 확립했다. 하지만 빛이 무엇이고 눈이 어떻게 작동하는지 과학적으로 완전히 이해하지 못했다면, 우리는 달 표면을 마치 만질 수 있을 것만 같이 가까이 보거나 아기를 가질 수 있다는 희망으로 세포끼리 주입하는 일은 꿈도 못 꿨을 것이다. 그 후 1000여 년 동안 광학(빛의 거동을 연구하는 학문) 분야에서는 엉뚱하고 잘못된 이론이 계속해서 영향력을 발휘했다. 하지만 11세기 광학의 아버지이자 세계 최고의 지성 중 한 명으로 꼽히는 아랍의 수학자 이븐 알하이삼(서구에서는 알하젠이라는 이름으로 알려졌다) 덕분에 인류는 눈을 뜨게 되었다.

이븐 알하이삼은 965년 지금의 이라크 남부 바스라에서 태어났다. 그는 좋은 교육을 받았고 수학과 과학에 뛰어난 재능을 보여 천재라는 소문이 났다. 어느 날 이집트 나일강의 극심한 홍수와 가뭄 문제를 해결하기 위한 대형 댐 설계안을 만들었다. 이 아이디어가 칼리프 알하킴 비아므르 일라(985~1021)의 눈에 띄었고, 알하킴은 이븐 알하이삼에게 아스완으로 가서 댐을 건설해달라고 요청했다. 하지만 이븐 알하이삼은 곧 이 거대한 사업에 큰 부담감을 느꼈고,

볼트와 너트

목숨을 위협당한 듯 두려움에 사로잡혀 미친 척을 하기 시작했다. 결국 그는 정신병원에 수용됐고 알하킴이 실종돼 사망한 것으로 추정되기까지 10여 년 동안 그곳에 머물렀다.

　그러나 오랜 고립 생활 덕분에 이븐 알하이삼은 생각하고 글 쓸 시간이 많았고, 병원을 나온 뒤 수많은 저작물을 빠르게 출판했다. 고대 그리스 이론을 반박하던 그는 마침내 간단한 논리를 통해 시각이 어떻게 작동하는지 정확하게 설명했다. 만약 눈에서 광선이 나와 물체에 닿는 거라면, 물체에 닿은 광선이 다시 눈으로 돌아와야 물체가 보일 것이다. 그럼 광선이 눈에서 나가야 할 이유가 뭐란 말인가? 대신 그는 광원에서 나온 빛이 물체에 닿은 뒤 눈으로 이동한다는 사실을 증명했다. 그는 어두운 방에 실험 장비를 설치해 이를 입증했다. 방 밖에 등 2개를 놓고 구멍을 통해 빛이 방 안으로 들어오게 해서 2개의 동그란 불빛을 만들었다. 등 하나를 가리자 불빛 하나가 사라졌다. 이 실험을 통해 그는 카메라 오브스쿠라(초창기 카메라)가 어떻게 작동하는지 시연하고 수학을 이용해 이미지가 거꾸로 나타나는 이유를 설명했다(이 부분은 뒤에서 설명한다).

　광학에 관한 이븐 알하이삼의 연구는 여러 면에서 획기적이었다. 그는 빛이 시각과 '독립적으로' 존재한다는 사실을 처음으로 정확하게 제시했다. 지금은 당연한 것처럼 보이지만 당시 사람들은 광경이 오로지 눈 덕분에 순간적으로 발생한다고 믿었고, 빛이 자연에 따로 존재한다고 생각하는 건 낯선 일이었다. 이븐 알하이삼은 빛의 속도가 유한하며 물질에 따라 빛의 속도가 달라진다고 했다. 이제 우리는 바로 이 때문에 빛이 렌즈를 통과해 휘어진다는 사실을 알고 있다(그는 '이유'를 잘못 파악하긴 했지만 말이다). 그는 또한 빛은 광선 형태로 직선을 따라 이동하며, 광선의 경로는 이를 가로지르는 다른 광선에 의해 바뀌지 않는다고 말했다. 그는 렌즈로 만들어진 이미지에 대한 과학적 연구를 최초로 수행했는데, 흐림 문제 때문에 어려움을 겪었다. 훗날 널리 알려지는 이 현상은 현미경에 좋지 않은 현상으로, 나중에 함께 살펴볼 것이다(확대하면 이미지가 흐려지는 문제 때문에 배율이 제한된다 - 옮긴이). 요컨대 이븐 알하이삼은 보는 것이라는 생리적 행위를 광선과 분리해, 빛과 렌즈의 작동 원리를 설명하는 수학적·과학적 모델을 만드는 데 성공했다. 그는 이로부터 700년 뒤 업적을 발표한 뉴턴을 비롯한 여러 후대 과학자들이 빛을 더욱 깊이 연구하고 설명할 뿐 아니라 안경, 현미경, 망원경, 카메라 등을 설계할 수 있는 토대를 마련했다(또 다른 흥미로운 연결고리로, 물리학자 짐 알칼릴리는 14세기 이탈리아어로 번역된 이븐 알하이삼의 원근법 논의 덕분에 르네상스 예술가들이 작품에서 3차원 깊이의 환상을 창조할 수 있었다고 주장한다).

이븐 알하이삼의 광학 이론은 1017년에 완성된 7권짜리 책《광학의 서(Kitāb al-Manāthir)》에 대부분 담겨 있다. 매우 중요한 저작물인데, 광학적 통찰 때문만은 아니다. 이 책에서 그는 현재 우리가 과학적 방법이라고 부르는 것의 기초를 마련했다. 자연 현상을 관찰하고 이론을 제시하며 이를 실험으로 검증하고 과거 연구를 비판적으로 검토하면서 결과를 분석하는 과정 말이다. 그의 종교인 이슬람은 지식 탐구를 장려하는 종교로, 여기에서 영감을 받은 그는 이흐티바르(ikhtibar, 실험)와 무흐타비르(mukhtabir, 실험하는 사람)

라는 심오한 의미를 지닌 용어를 기초 삼아 세상을 더 깊이 이해하고자 했다. 그는 고대로부터 전해지는 모든 이론에 의문을 제기하고 실험을 통해 이를 검증해 중요한 연구로 연결했다. 그는 "진리를 배우고자 과학자들의 글을 살피는 사람이라면, 자신이 읽는 모든 글의 적이 되는 것을 의무로 삼아야 한다"라고 썼다.

이후 몇 세기 동안 과학자들은 이븐 알하이삼이 세운 토대 위에서 과학을 발전시켰다. 오늘날에는 빛이 파동으로 형성된다는 이론, 광자라고 불리는 작은 입자로 형성된다는 이론, 이 두 가지가 혼합된 것이라는 이론 등 빛이 무엇인지에 대한 복잡한 이론이 있다. 여기서는 빛의 파동 이론을 사용해서 빛이 전기장과 자기장의 진동이나 움직임(이전 장에서 살펴본 것처럼 전기장과 자기장은 서로 연결돼 있다)에 의해 에너지를 전달하고 공간을 이동하는 파동이라고 쉽게 설명하려고 한다.

다른 것들과 멀리 떨어진 진공에서 빛이 이동할 때는 빛에 (지대한) 영향을 주는 외부 전기장이나 자기장이 없다. 하지만 물질을 통과할 때는 빛의 전기장이 물질 내부 전기장의 영향을 받기 때문에 빛의 진행에 제동이 걸린다. 속도가 느려지고 경로도 바뀌는데, 이렇게 휘는 것을 빛의 굴절이라고 한다.

직사각형 유리블록에 가느다란 광선을 비추면 빛이 유리를 통과하면서 속도가 느려지고 휘어진다. 유리를 통과하면 속도가 빨라지고 원래 각도로 다시 휘어진다. 곡면이 있는 렌즈에서는 광선이 더 흥미롭게 움직인다. 광선 전체 폭에 걸쳐 각각의 빛줄기가 곡면의 서로 다른 부분에 부딪히기 때문에 입사 각도와 굴절 방식이 각각

렌즈

다르다. 직사각형 블록처럼 반대편으로 평행한 광선이 나오는 게 아니라, 곡률 변화로 인해 광선 모양이 달라진다. 양쪽 면이 바깥쪽으로 튀어나온 볼록렌즈는 광선이 한 점에 집중되고, 안쪽으로 휘어진 오목렌즈는 광선이 넓게 퍼진다. 즉 렌즈의 곡면은 원하는 것을 보기 위해 빛을 조절할 수 있도록 설계되었다.

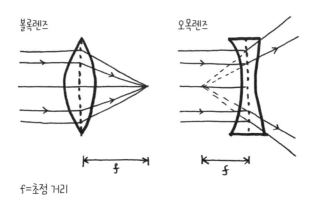

볼록렌즈와 오목렌즈에서 빛의 이동 경로

렌즈가 우리가 보는 걸 변화시키는 이유는 우리의 눈(그리고 뇌)이 이미지를 해석하는 방식 때문이다. 돋보기로 개미를 보면 땅과 개미에서 나온 빛이 평행 광선으로 들어온다. 이 광선이 렌즈를 통과하면서 굴절되어 수렴하며, 이를 우리 눈이 포착하는 것이다. 하지만 그리고 나서는 눈과 뇌가 착시를 일으킨다. 수렴한 광선을 마치 굴절된 적이 없는 것처럼 여겨서 실제 개미보다 더 크고 더 멀리 있는 가상의 이미지를 만들어내 보게 된다. 광선이 눈 뒤쪽에 위치

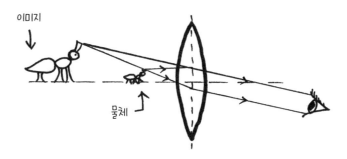

의 캡션: 이미지 / 물체 부분이 포함됨

우리 눈이 돋보기를 통해 물체를 크게 볼 수 있는 원리

한 한 점에 완벽히 수렴하지 않으면 개미가 흐릿하게 보이므로 개미에 초점이 맞을 때까지 돋보기를 앞뒤로 움직여야 한다.

따라서 특정 목적에 맞는 렌즈를 만들려면 광선이 렌즈를 통과할 때 어떻게 굴절되는지 알아야 한다. 당신이 안경점에 갔을 때 안경사가 여러 가지 렌즈를 테스트하며 점점 작은 글자를 읽어보라고 요청하는 것은 눈의 고유한 모양에 따라 빛을 굴절시켜 눈 뒤쪽 망막에 초점을 맞출 수 있게 해주는 렌즈를 찾기 위해서다. 렌즈에서 빛의 거동은 빛이 재료에 들어오는 각도와 재료 자체의 특성에 따라 달라진다. 이븐 알하이삼 이전에 이슬람 과학의 황금기를 이끈 학자 중 한 명인 아부 사드 알알라 이븐 살은 984년쯤 거울과 렌즈를 사용해 태양 광선을 집중시켜 열을 발생시키는 방법에 관한 책《불타는 도구에 관하여(*On the Burning Instruments*)》를 썼다. 이 현상은 아리스토파네스와 대(大)플리니우스도 관찰했지만, 렌즈를 이런 방식으로 사용하는 것에 대한 진지한 수학적 연구는 이 책이 최초다. 자석을 비롯해 많은 발견이 그랬듯 렌즈에 대한 지식과 쓰임

렌즈

새는 렌즈에 대한 '이해'보다 훨씬 앞서 있었다.

그로부터 반세기 이상이 지난 1621년 네덜란드의 천문학자 빌러브로어트 스넬리우스는 빛이 물질 사이에서 얼마나 휘는지 알려주는 굴절 공식(현재 스넬의 법칙으로 불린다)을 알아냈다. 하지만 이븐 살은 이미 빛이 입사각에 따라 어떻게 굴절되는지 정확하게 예측할 수 있는 기하학적 공식을 고안해냈다. 그의 업적은 다마스쿠스에서 발견된 그의 원고와 테헤란에서 발견된 또 다른 원고를 이집트 역사가 로슈디 라셰드가 1990년대에 종합하면서 비로소 세상에 알려지게 되었다.

이슬람 제국에서 광학이 크게 발전했지만 렌즈를 실용적으로 활용하는 것은 주로 불을 피우거나 단순히 확대해서 보는 용도에 머물러 있었다. 수 세기 후 중동에서 이슬람 과학의 황금기가 저물고 서양에서 중세 암흑시대가 끝나고 빛이 들기 시작하자 유럽의 르네상스 사상가들은 중세 사상가들의 업적을 바탕으로 렌즈의 강력한 힘을 본격적으로 활용하기 시작했다.

그 시대의 현미경이라고 하면 이리저리 조절할 수 있는 암에 부착된 금빛 관이나 혹은 단단한 받침대 위에 좁은 원통, 복잡한 나사, 얇은 판이 달린 반짝이는 황동 장치 같은 것을 가발 쓴 남성이 들여다보는 이미지를 떠올리게 된다. 하지만 새로운 세상을 열어준 건 훨씬 더 투박해 보이는 장치였다.

스프링에 관한 장에서 만난 박식가 로버트 훅은 1665년에 출간한 저서《마이크로그라피아: 확대경으로 본 작은 몸체에 대한 생리학적 기술과 관찰 및 탐구》로 유명하다. 훅은 익숙한 사물들을 크게 확대해서 보고 그것들을 아주 꼼꼼하고 세심하게 그리는 데 몰두했다. 흑백 음영이 무척 아름답게 들어간 벼룩 스케치가 유명하다. 이 책의 서문에 더 단순한 형태의 현미경, 즉 수작업으로 연마한 렌즈가 하나 있는 휴대할 수 있는 소형 현미경에 대한 설명이 나온다. 훅의 책에서 영감을 받은 게 분명한 네덜란드의 어느 가게 주인은 정규 교육을 거의 받지 못했지만 사물을 더 자세히 들여다보기로 결심했고, 그 결과 당시까지 인류가 보지 못했던 많은 것들을 볼 수 있게 되었다.

안톤 판 레이우엔훅은 1654년 스물두 살에 직물점을 열었다. 외톨이이자 강박적으로 몰두하는 성향을 가졌던 그는 자연세계에 매료됐지만, 델프트에 머물며 옷감을 거래하고 작은 정부 직책을 맡았다. 그는 당대의 다른 과학자나 철학자들과 비교하면 교육수준이 높지 않았고 라틴어도 할 줄 몰랐다. 레이우엔훅은 옷감의 품질을 확인할 때 실밥 개수를 세기 위해 간단한 돋보기를 만들었다. 그는 마흔 살이 돼서야 자연을 연구하기 위해 직접 현미경을 만들기 시작했다. 이후 50년 동안 그는 500개에 가까운 단렌즈 현미경을 제작했지만, 렌즈 제작 방식은 철저히 비밀에 부쳤다.

런던 과학박물관에 그가 만든 장비 하나가 보존돼 있는 것을 본 적이 있다. 르네상스 시대의 현미경은 몹시 정교하게 제작되고 구불구불하게 디자인되어 있는데, 이 현미경은 전혀 다르게 생겼다. 납작한 직사각형 황동판에 긴 나사로 고정돼 있어서 언뜻 보기에는 현미경이라기보다는 이상한 자물쇠 같다. 하지만 판과 판 사이에 구멍이 하나 있고 그 구멍 안에 렌즈가 들어 있다. 레이우엔훅의

렌즈

현미경은 크기가 작았다. 보통 유리구슬을 연마해 만든 렌즈는 지름이 1밀리미터에 불과했고 금속판의 너비는 4~5센티미터였다. 수직으로 드는 황동판의 가장 아래 부분에 L자형 브래킷이 있고, 나사산이 파진 기다란 나사가 뻗어 나와 황동판의 수평 방향으로 놓인 다리를 통과한다. 긴 나사의 맨 윗부분은 금속 조각으로 고정돼 있다.

레이우엔훅의 현미경

레이우엔훅은 샘플을 작은 유리병에 넣은 뒤 이를 접착제나 왁스를 이용해서 기다란 나사 꼭대기에 붙인 다음, 나사 두어 개를 더조여서 정렬을 맞췄다. 그러고는 현미경을 눈앞에 대고 직접 만든렌즈를 통해 사물을 들여다봤는데, 그의 현미경 가운데 어떤 건 무려 266배까지 확대할 수 있었다. 비교를 위해 설명하자면, 네덜란드의 한스 얀센과 자카리아스 얀센 부자가 16세기 후반에 발명한렌즈가 2개 달린 현미경은 렌즈 품질과, 이븐 알하이삼이 최초로연구했던 그 흐림 문제 때문에 최대 열 배까지만 확대할 수 있었다.

볼트와 너트

레이우엔훅은 현미경을 이용해 17세기의 가장 놀라운 발견을 해냈다. 1674년 그는 나선형으로 감긴 아름다운 녹색 줄무늬와 자그마한 녹색 소구체 그리고 색색깔로 반짝이는 작은 비늘을 지닌 '아주 작은 동물(animal-cules)', 그러니까 오늘날 우리가 원생동물, 섬모충류, 조류(藻類)라고 부르는 미생물을 관찰하고는 경외감을 느꼈다고 썼다. 그는 자기 손가락을 찔러 최초로 적혈구를 관찰했다. 그 뒤엔 박테리아를 발견했다. 지난겨울에 앓았던 질병 때문에 일시적으로 미각을 잃은 그는 자기 혀를 검사했고 혀에 어렴풋이 층이 있는 것을 알아차렸다. 이를 계기로 그는 현미경으로 소 혀를 관찰했고 거기서 오늘날 미뢰로 알려진 것을 발견했다. 그는 이 작은 돌기들이 후추나 생강 같은 강한 맛과 어떻게 상호작용하는지 궁금해했고, 향신료 추출물을 조사했다. 그는 분명 작은 장어처럼 생긴 수천 개의 유기체를 보고 충격을 받았을 것이다. 사실 그것들은 박테리아였다. 이는 인류의 삶을 바꿀 만한 발견이었다. 과학자들이 이 박테리아가 수많은 질병을 일으킨다는 사실을 알아내기까지 약 200년이 더 걸렸지만, 그의 연구가 아니었다면 오늘날 항생제로 여러 질병을 치료해 수많은 생명을 구할 수 없었을 것이다.

내 딸 자르야의 탄생과 관련된 발견은 그가 자기 몸의 분비물 중 하나를 연구하면서 이뤄졌다. 레이우엔훅은 런던왕립학회에 화려하고 상세하게 적은 편지를 수십 통씩 보냈는데, 1677년의 발견에 대한 설명은 평소답지 않게 소박했다. 아마도 학식 높은 사람들에게 혐오감이나 불신을 불러일으킬 수 있다고 우려했기 때문일 것이다. 그래서 그는 이 샘플이 어떠한 죄의식도 없이 자연스러운 부

렌즈

부관계 후에 남겨진 것에서 얻은 것이라고 보증했다. 그 분비물과 수많은 살아 있는 동물의 '씨앗'에서 그는 아주 작은 동물을 발견했다. 100만 마리를 모아도 모래알 하나 크기도 안 될 것 같았다. 둥그런 몸통의 앞부분은 뭉툭하고 뒷부분은 뾰족해서 장어처럼 헤엄치는 데 좋을 가느다란 꼬리가 있었다. 그가 본 것은 정자였다.

모든 암컷 동물에게 난자가 있다는 이론이 1670년대 중반에 등장한 것을 고려하면 200년이 더 걸려서야 아기가 만들어지는 과정을 이해했다는 사실이 놀랍다. 19세기까지 모든 과학과 공학 분야에서 이루어진 온갖 성취에도 불구하고 여전히 새로운 생명체를 만들어내는 데 (정자와 난자가 어떤 식으로든 상호작용해야 한다는 사실을 인정하면서도) 오직 정자(정자주의자) 혹은 난자(난자주의자)만 있으면 될 거라고 믿었다니 기절초풍할 노릇이다. 독일의 생물학자 오스카르 헤르트비히가 현미경으로 오랜 시간 관찰한 끝에 1875년에 마침내 성게의 정자 하나가 난자로 들어가 세포 분열을 일으키는 것을 목격했다. 바로 수정이었다. 그 순간 인류는 아기가 어떻게 만들어지는지 완전히 이해하고 입증했다.

하지만 1900년대 초만 해도 의사들은 배란기에 대해 자세히 몰랐다. 지금은 흔히 볼 수 있는 흑백 태아 이미지를 생성하는 초음파 촬영 장비가 없었기 때문에 난소에서 난자가 언제 방출될지 예측할 수 없었다. 난자와 정자가 수정되는 위치, 세포가 증식해서 배아가 생성되는 데 걸리는 시간, 배아가 착상하는 위치 등 거의 알려진 바가 없었다. 임상의사 존 록과 하버드대학교의 병리학자 아서 헤르티그는 1930년대부터 거의 20년 동안 미국에서 함께 연구하며 인간 배아의 초기 발달 단계를 추적하는 획기적인 성과를 거뒀다. 동시에 록은 과학자 미리엄 멘킨을 고용해 체외, 즉 시험관에서 인간 배아를 만드는 연구를 진행했다. 이들의 연구는 1878년 토끼와 기니피그의 난자를 체외수정한 사무엘 레오폴트 셴크의 보고서와, 1890년 어느 품종의 토끼 배아를 다른 품종의 토끼로 옮기는 데 성공한 월터 히프의 결과 등 수년간의 연구들을 바탕으로 이뤄졌다.

멘킨은 생물학 박사학위를 받고 싶었지만 남편의 의대 학비를 지원하고 두 자녀를 돌봐야만 했다. 그래서 자기 연구를 하는 대신 다른 사람들의 연구를 보조했고, 토끼를 이용한 체외수정 연구로부터 얻은 지식과 엄밀한 과학적 기술을 록의 실험실에 접목했다. 그녀는 스스로를 록의 '난자 추격자'라고 불렀다. 매주 연구 지원자 중 한 명이 수술을 받을 때면 연구실 지하에 있는 수술실 밖에 서서 난자 조직이 제거되기를 기다렸다가 3개 층을 뛰어올라가 난자를 찾아야 했기 때문이다. 지루한 일이었다. 1000명에 가까운 여성이 연구에 참여하기로 동의했고, 멘킨은 그중 고작 47명의 샘플에서 난자를 찾아냈다. 난자를 찾는 건 첫 단계에 불과했고 그다음에는 수정까지 시도해야 했다.

매주 이렇게 에너지를 소모하는 일상을 6년 동안 반복하고 있던 1944년 2월 6일, 현미경 앞에서 졸다가 깬 멘킨은 2개의 세포를 발견했다. 이가 나기 시작한 아기 때문에 전날 밤 잠을 설쳐 피곤한 탓에 정자를 평소처럼 많이 씻지 않은 터였다. 또한 정자 혼합물을 더 농축된 상태로 사용했고, 시간 재는 걸 깜박 잊고 평소보다 더 오랫동안 난자와 정자를 접시에 그대로 둔 참이었다. 그녀는 흥분해서 그 결과를 동료들에게 전달하고 수정란을 가장 잘 보존하는 방법에 대해 열띤 토론을 벌였다. 그러느라 정작 세포 사진을 남기지 못했다. 하지만 그녀는 그해에 난자 3개를 추가로 수정하는 데 성공했다(이번에는 수정란을 세심하게 촬영했다).

멘킨이 사용한 현미경의 성능이 특별히 뛰어난 건 아니었지만 사람 세포 중 가장 작은 세포인 정자를 35배로 확대해서 관찰하고 가장 큰 세포인 난자와 상호작용하는 모습을 보기에는 충분했다. 또한 세포 분열을 관찰하고 배아가 잘 자라고 있는지 확인하기에도 충분했다. 그녀가 사용한 현미경은 세포 접시를 놓는 받침대가 있고 접안렌즈와 광원이 내려다보이는 일반적인 현미경이었다. 세포에서 반사된 빛이 확대경을 통과한 뒤 접안렌즈를 통해 눈으로 들어왔다. 실험실에서 인간 배아를 만들 수 있음을 증명한 그녀의 연구는 난임 치료를 발전시키는 데 중요한 역할을 했지만, 실제로 임신에 성공하려면 배아를 잘 보살펴서 며칠 동안 체외에서 키운 다음 다시 자궁에 넣어 성공적으로 착상시켜 유산되지 않게 해야 했다. 이 모든 복잡한 과학적 과정을 거쳐 최초의 시험관 아기인 루이즈 브라운이 태어나기까지 34년이 더 걸렸다.

현재 배아를 만드는 데 사용되는 현미경은 멘킨의 현미경보다 훨씬 성능이 뛰어나고 복잡하다. 배아학자들은 성공률을 높이기 위해 난자 세포질 내 정자 직접 주입법(intracytoplasmic sperm injection, ICSI)이라는 복잡한 시술법을 고안했다. 수많은 정자 세포를 접시에 담아 난자와 섞는 대신 정자 세포 한 개를 난자에 '주입'하는 방법이다. 사람 손으로 난자를 고정하는 튜브와 정자를 주입하는 바늘을 제어하려면 미세 조작 시스템(움직이는 작은 암에 초소형 바늘이 달린 시스템)이 필요하다. 튜브와 바늘이 모두 유리로 만들어져 있고 주삿바늘의 굵기가 0.005밀리미터(난자를 잡는 튜브는 이보다 약간 더 두껍다)에 불과해 사람 손가락으로는 이것들을 직접 잡을 수 없기 때문이다. 나와 이야기를 나눈 배아학자 크리스티아나 안토니아두 스타일리아누는 경력 초기 5년간 ICSI 시술을 할 때마다 숨을 참았다고 하는데, 당연한 말로 들렸다.

분명 놀라운 손기술이 필요한 일이지만 만약 크리스티아나가 자기가 뭘 하고 있는지 볼 수 없다면 아무런 소용이 없을 것이다. 이 시술이 매우 현대적인 건 난자를 3차원으로 관찰하고 이리저리 굴려서, 분열 세포에 염색체를 올바르게 분배하는 매우 중요한 역할을 수행하는 작은 구조물을 식별할 수 있어야 하기 때문이다. 행여 주삿바늘이 이 구조물을 찌르기라도 하면 난자는 죽고 배아가 만들어지지 않는다. 이 구조를 보려면 멘킨 현미경보다 열 배 더 확대한 약 400배율로 봐야 한다. 오늘날 배아학자들이 사용하는 현미경을 도립현미경이라고 한다. 기존 현미경은 샘플에 반사된 빛이 렌즈로 들어온다. 따라서 빛의 세기가 약간 약해지고 세포가 담겨 있는 배양액의 층을 구분할 수 없다. 도립현미경은 접시의 배양액을 '통과'한 빛이 렌즈로 들어오도록 구성돼 있어서 시야가 더 선명하며, 배아학자가 렌즈의 초점을 조작해서 배양액의 여러 층을 보거나 난자를 구 형태로 볼 수도 있다. 현미경, 조작 시스템, 바늘, 그리고 ICSI로 태어난 아기의 건강 유지를 위한 연구 등 ICSI를 가능케 하는 기술은 1992년 첫 아기가 태어난 이래로 최근에야 비로소 완

렌즈

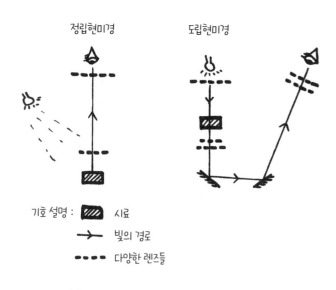

기호 설명 : ▨ 시료

➤ 빛의 경로

■■■■ 다양한 렌즈들

정립현미경과 도립현미경에서 빛의 이동 경로를 나타낸 그림

성되었다.

내 딸을 탄생시킨 과학과 공학의 역사는 1000년이 넘는 것 같으면서도 무섭도록 짧게 느껴지기도 한다. 내가 사는 동안에도 치료법과 기술이 비약적으로 발전했다. 최초로 태어난 시험관 아기가 나보다 겨우 다섯 살 많으니, 중년이 되면 무슨 일이 벌어질지 알수 없다. 갑자기 돌연변이를 일으켜 신기한 슈퍼히어로의 힘을 얻게 될지도. 물론 아닐 수도 있다. 하지만 한 가지는 확실하다. 빛과 렌즈, 정액 샘플이 얽힌 이 복잡다단한 여정이 없었다면 지금 자르야는 존재하지 않았으리라는 점이다.

◇ ◎ ◉

　너무 작아 볼 수 없던 사물을 렌즈로 보게 되면서 현미경이라는 세계가 열렸고, 이로써 나 같은 사람들도 임신할 수 있는 기회가 생겼다. 물론 이건 하나의 예시일 뿐이고, 현미경으로 박테리아와 바이러스를 연구한 결과 무수한 생명을 살릴 수 있었다. 다른 한편으로 망원경 렌즈는 너무 멀어 볼 수 없던 사물에 초점을 맞춤으로써 인류가 시야를 넓히는 데 기여했다. 지구가 평평하다는 믿음에서부터 지구가 상상조차 어려운 광활한 공간에 퍼져 있는 수십억 개의 점 가운데 하나에 불과하다는 깨달음까지, 인류는 우주에서 자신의 위치를 파악하기까지 먼 길을 걸어왔다.

　렌즈를 통해 작은 생명체를 관찰하는 레이우엔훅의 유산은 지금도 지속되고 있다. 코로나19 팬데믹이 닥쳤을 때 과학자들은 신속하게 바이러스의 구조를 파악하고 모두가 간절히 바라는 백신을 서둘러 개발했는데, 그야말로 렌즈가 없었다면 불가능한 일이다. 수없이 많은 사람에게 영향을 주는 또 다른 치명적인 질병인 암과 싸우기 위해서는 영원히 증식이 가능한 암세포를 최대한 자세히 들여다봐야 한다. 하지만 고도로 확대해서 정적인 상태로만 보는 건 아니고, 암세포 내부에서 일어나는 일을 실시간으로 추적하고 있다. 세포에 특수한 유형의 빛을 비추면 된다. 바로 레이저다.

　레이저(Light Amplification by Stimulated Emission of Radiation, 유도 방출을 통한 빛 증폭)는 인공적으로 만든 매우 깨끗한 빛줄기다. 금속을 자르고 다이아몬드를 뚫을 수 있을 정도로 엄청나게 강력하다. 레

렌즈
———

이저 빔은 전구나 토치에서 나오는 빛하고는 상당히 다르다. 이런 친숙한 광원은 다양한 색이나 파장이 뒤섞인 백색광을 내뿜지만 레이저는 단일 파장 또는 매우 좁은 범위의 파장으로 구성된다. 토치에서 나오는 빛은 원뿔 모양으로 퍼져 소멸하지만 레이저는 거의 평행에 가까운 좁고 촘촘한 빛줄기이기 때문에 훨씬 더 먼 거리까지 일관되게 이동한다. 토치에서 나오는 빛의 파동은 마구 뒤섞여 있지만(사람들이 거리를 아무렇게나 걸어 다니는 것과 같다) 레이저 파동은 동기화되거나 일관성을 유지한다(군인들이 행진하는 모습을 상상해보라). 레이저의 또 다른 특별한 기능은 빛의 파동이 연속적인 토치와 달리 극도로 짧은 펄스를 생성할 수 있다는 것이다.

레이저 출력을 만들기 위해 렌즈가 꼭 필요한 건 아니다. 하지만 레이저 출력을 이동시키거나 조정하려면 렌즈와 렌즈의 삼각형 사촌격인 프리즘, 그리고 거울이 필수다. 기계에서 나오는 레이저 빔의 폭과 세기, 동기화 수준을 사용 목적에 꼭 맞춤으로써 레이저 출력을 실용적인 도구로 쓸 수 있다.

심지어 세계에서 가장 진보하고 강력한 레이저는 애초부터 렌즈와 거울 중간에 해당하는 무언가에 의존해 출력을 만들어내기도 한다. 예컨대 티타늄-사파이어 레이저는 가장 짧고 가장 강력한 레이저 펄스를 생성한다. 이런 펄스를 생성하기 위해 티타늄-사파이어 크리스털에 녹색 레이저를 쪼여 원자를 여기 상태(바닥상태의 원자가 외부 자극에 의해 에너지를 흡수해 원자 내 전자가 더 높은 에너지로 이동한 상태. 들뜬 상태라고도 한다 - 옮긴이)로 만든다. 여기 상태의 원자는 파장이 더 길고(빨간색) 에너지가 더 큰 펄스를 방출한다. 이러한 거올/렌즈 장비 한 쌍은 녹색 레이저 빛이 장비를 통과한 뒤 크리스털의 한 지점에 고강도로 집중되도록 배열돼 있어서 마치 렌즈처럼 기능한다. 하지만 크리스털에서 방출되는 빨간빛은 거울과 거울 사이에서 반사되어 앞뒤로 오가며 강력한 빔을 생성하고, 그 뒤에 주요 장비를 통과한다.

스탠리 보치웨이 교수는 6펨토초(6천조분의 1초)로 짧은 펄스를 생성할 수 있는 레이저를 현미경처럼 사용해 연구하고 있다. 다양한 유형의 방사선에 노출됐을 때 세포 내부의 DNA가 어떻게 손상되는지 알아내기 위해서다. 현재 암 치료를 위한 방사선 요법은 종양에 고에너지 엑스선을 조사(照射)해 암세포를 죽이는 것이다. 문제는 종양 주변의 건강한 세포까지 파괴해 치료하기 어려운 부작용을 일으킨다는 점이다.

그의 프로젝트 중 하나는 약물과 더불어 레이저를 사용하는 광역학 치료법을 실험하는 것이다. 약물 분자는 비활성 상태로 환자에게 투여되며, 산소가 적은 환경을 선호하도록 설계돼 있어 암세포를 찾아낸다(종양은 너무 빨리 자라서 혈관이 그 속도를 따라가지 못하기 때문에 산소가 적다). 약물은 암세포의 구조를 유지해주는 골격을 표적으로 삼는다. 그런 다음 티타늄-사파이어 레이저를 종양에 조심스럽게 쪼인다. 펨토초 펄스에 닿은 약물이 활성화되어 암세포를 죽인다.

주변의 건강한 세포는 약물을 별로 끌어당기지 않고 레이저는 종양에만 집중적으로 조준할 수 있기 때문에 건강한 세포는 최소한의 영향만 받는다. 이런 레이저의 빨간빛은 엑스선보다 조직 깊

숙이 침투할 수 있기 때문에 도달하기 어려운 종양을 치료하는 데 훨씬 더 효과적이며 부작용도 줄일 수 있다.

암을 비롯한 수많은 질병 연구에 사용되는 세포를 헬라(HeLa) 세포라고 부른다는 점에 주목할 필요가 있다. 1951년에 서른한 살의 나이로 사망한 미국 흑인 여성 헨리에타 랙스의 암세포로, 동의 없이 연구용으로 채취되었다. 그녀의 세포는 그 이후로 계속 복제되어 의학 연구에서 가장 중요한 세포주로 사용되고 있다. 존스홉킨스는 50여 년이 지난 뒤에야 사과문을 발표했지만 그녀의 가족은 최소한의 보상만 받았다.

과학자들은 또한 극도로 짧은 펄스의 레이저를 사용해 세포 내부에서 일어나는 생물학적 과정을 관찰하고 있다. 질병으로 인해 세포에서 일어나는 상호작용이나 변화는 일반 현미경으로는 볼 수 없을 정도로 매우 빠르게 일어나며, 이는 건강한 세포에서도 마찬가지다. 극히 짧은 펄스를 세포에 보내고 초당 수십만 장의 이미지를 촬영함으로써 우리는 생명의 구성 요소가 작동하는 장면을 관찰할 수 있다.

○ ◎ ◎

렌즈가 새로운 통찰력을 주는 또 다른 예시는 사진이라는 매체를 통해 이론적으로는 눈으로 볼 수 있지만 실제로는 접근할 수 없는 이미지를 포착하는 것이다. 카메라의 중심에는 렌즈가 있다. 물론 기술적으로는 렌즈가 필요하지 않다. 렌즈 없이 핀홀 카메라로도 이미지를 촬영할 수 있기 때문이다. 하지만 내가 카메라를 고른 이유는 카메라에 렌즈를 추가함으로써 사진, 더 나아가 사회가 변화했기 때문이다. 다양한 환경에서 완벽하게 초점을 맞추고 선명한 사진을 찍으려는 탐구를 통해 렌즈 디자인이 엄청나게 혁신되었다. 렌즈가 없었다면 작은 사물과 큰 사물, 정지된 사물과 빠르게 움직이는 사물, 가까이 있는 사물과 멀리 있는 사물을 선명한 이미지로 촬영할 수 없었을 것이다. 20세기 최고의 인물 사진작가 중 한 명인 아르메니아계 캐나다인 유서프 카쉬는 "셔터를 누르기 전에 보고 생각하라. 마음과 정신이 카메라의 진정한 렌즈다"라는 말을 남겼다. 나는 사진작가의 마음과 정신을 카메라 렌즈에 비유함으로써 렌즈를 카메라의 영혼과 동일시한 이 말이 굉장히 빼어난 비유라고 생각한다.

카메라 덕분에 역사의 중요한 순간들이 오늘날 우리가 볼 수 있도록 보존되었다. 카메라는 지구상의 접근하기 어려운 장소와 사람들의 모습을 생생하게 담아냈다. 이 중 상당수는 사회적 변화를 촉발하거나 확산시켰다. 작은 해마가 물에 젖은 플라스틱 면봉에 꼬리를 감고 있는 모습을 찍은 저스틴 호프만의 사진이 입소문을 타면서 인간이 버린 쓰레기가 자연에 미칠 수 있는 파괴적인 영향에 대한 경각심을 높인 것을 기억하고 있다. 닉 우트의 판티낌푹('네이팜 소녀'로도 불린다) 사진으로 유명한 1960년대 베트남의 포토저널리즘은 평범한 미국인들이 살고 있던 거짓 현실을 깨뜨렸다. 이 사진은 전쟁의 참상을 보여주었고 이후 이어진 시위에 큰 역할을 했다. 인도 최초의 여성 사진기자 호마이 비야라왈라는 평범한 사람과 정치 지도자들 사이의 감동적인 순간을 포착했고, 1930년대와

렌즈

1940년대 독립운동 시기에 사진들을 널리 공유했다. 그녀의 사진들은 이제 그 시대의 중요한 기록으로 남았다(처음에는 여성이고 무명이었기 때문에 남편 이름으로 사진을 발표해야 했다. 암울한 상황이 그려지지만, 비야라왈라는 이를 오히려 장점으로 삼았다. 사람들이 그녀를 기자로 진지하게 받아들이지 않았기 때문에 '민감한 지역에 가서' 남들은 찍을 수 없는 사진을 찍을 수 있었기 때문이다). 렌즈 뒤에 있던 사람들만 사회를 변화시킨 것도 아니었다. 열정적인 연설로 유명한, 노예 출신의 노예해방운동가 프레더릭 더글러스는 당대에 흔했던 흑인에 대한 조롱과 비열한 희화화에 맞서기 위해 의도적으로 사진이라는 '민주적 예술'을 활용해 흑인의 진정한 인간성과 다양성을 알리고자 했다. 19세기에 사진이 가장 많이 찍힌 미국인은 에이브러햄 링컨이 아니라 더글러스였다.

사진은 사람들을 교육하고 마음을 변화시키는 힘을 가진 민주적인 예술이지만, 그럼에도 사진의 역사는 모호함으로 가득하다. 처음부터 모든 사람이 렌즈 앞에서 평등했던 건 아니었다. 더글러스의 진정한 초상을 만들려면 변화가 필요했다. 초기 카메라는 밝은 피부를 가진 사람들이 자신들을 위해 설계했기 때문에 흑인의 이미지는 밋밋하고 디테일이 부족하게 나왔다. 다양한 피부색을 가진 모든 사람을 제대로 표현하려면 더 많은 빛이 렌즈를 통과해 필름에 담기게 만들어야 했다. 또한 많은 국가에서 카메라는 식민지 지배자들이 식민지 원주민들에게 권력을 행사하고, 열등하거나 덜 진화한 것으로 여겨지는 사람들의 이미지를 본국에 공유하기 위해 사용했다. 그 사진들을 보면 굉장히 불편하게 느껴질 수 있다. 그중 하나는 안다만제도의 한 외딴 부족 사람들이 벌거벗은 채로 '키퍼'라고 불리던 백인 남성 감시자와 함께 포즈를 취한 사진이다. 종교적·영적 이유로 얼굴을 가렸던 여자와 남자들은 자신의 의지와는 상관없이 카메라 앞에서 강제로 얼굴을 노출해야만 했다. 렌즈는 우리가 상상할 수 없었던 많은 것을 볼 수 있는 힘을 주었지만, 슈퍼히어로 스파이더맨이 경고했듯 큰 힘에는 큰 책임이 따르는 법이다.

카메라 기술과 사진 촬영 방식은 지난 한 세기 동안, 심지어 내가 살아온 동안에도 급속도로 발전해왔다. 내가 찍은 자르야 사진 수천 장은 0과 1로 이뤄진 어떤 모호한 클라우드에 저장돼 있는데, 벌써 내 어린 시절 사진보다 양이 많다. 내 사진은 네거티브 필름을 인화한 것이다. 그 사진들은 이제 가장자리가 약간 닳고 색이 바래서 복고풍 느낌이 난다. 어린 시절 살던 집에 가면 그 사진들을 훑어보는 걸 좋아하는데, 당시 입었던 빨강 파랑 체크무늬 바지나 스웨터, 빨간색 멜빵바지 같은 걸 보면 좀 신기하기도 하다. 심지어 대학시절 추억이 담긴 사진들은 대부분 인화해서 보관하고 있다. 20대 초반에 드디어 디지털 카메라를 구입했다. 지금은 디지털 카메라보다 훨씬 더 성능 좋은 카메라가 장착된 스마트폰을 들고 다니며 하루에도 여러 장의 사진을 찍는다. 2023년에는 전 세계적으로 1조 4000억 장이 넘는 사진이 찍힐 것으로 예상된다.

카메라의 전신인 카메라 오브스쿠라에는 16세기까지 렌즈가 없었다. 라틴어로 '어두운 방'을 뜻하는 카메라 오브스쿠라는 실제로 사람이 그 안에 들어가 외부의 상을 보는 바로 그 어두운 방 자체였다. 한쪽 벽에 뚫은 작은 구멍을 통해 가는 빛줄기가 들어오는 원리였기 때문에 거꾸로 뒤집힌 상이 만들어졌다(이븐 알하이삼이 2개의 등불로 실험한 방식). 두 팔을 손목 부근에서 교차해보자. 팔뚝과 손이 빛줄기에 해당하고 손목은 벽에 뚫린 구멍이 된다. 팔을 교차했기 때문에 오른손 끝은 왼쪽에, 왼손 끝은 오른쪽에 있게 된다. 만약 그 상태에서 몸을 잘 비틀어 오른쪽 팔꿈치가 왼쪽 팔꿈치 바로 위에 오게 만들면 이번엔 오른손이 왼손 아래에 위치하게 되면서 양손 사이의 '상'이 뒤집히게 된다.

카메라 오브스쿠라의 문제는 상이 그다지 밝거나 선명하지 않다는 점이었다. 이미지를 더 밝게 만들려면 구멍을 넓혀서 빛이 더 많이 들어오게 해야 하는데, 그러면 광선이 그 커다란 구멍 근처 어디에서나 교차할 수 있고, 뾰족한 입사점이 없으면 이미지가 더욱 흐릿해진다. 16세기 유럽에서 렌즈 제작이 발전하면서 카메라 오브스쿠라 조리개에 렌즈가 들어갔다. 이제 렌즈를 통해 광선이 굴절돼 정해진 점에 도달하면서 선명한 상이 만들어졌기 때문에 구멍을 더 크게 만들어 더 많은 빛이 들어오게 할 수 있었다. 하지만 여전히 외부의 상을 보기 위해 말 그대로 장치 안으로 들어가야 했기 때문에 완전히 새롭거나 지평을 확장하는 발명은 아니었고, 따라서 주로 오락용으로 사용되었다. 수동으로 이미지를 따라가면서 보는 방법 외에는 이미지를 캡처할 수 없었다. 예술가들은 카메라 오브스쿠라를 사용해 3차원 장면이나 물체를 투영한 뒤 평면에 그림을 그렸다(예술가 데이비드 호크니는 저서 《명화의 비밀: 호크니가 파헤친 거장들의 비법》에서 15세기 이후 서양 예술이 정교해진 것은 카메라 오브스쿠라 및 기타 광학 장치의 사용 덕분이라는 주장을 집중적으로 펼쳤다. 이후 물리학자 찰스 M. 팔코와 함께 이 아이디어를 발전시켰고, 지금은 이른바 '호크니-팔코 이론'이라고 불린다. 팔코는 또한 이 예술적 발전에 독창적인 영감을 제공한 것이 이븐 알하이삼의 《광학의 서》라고 주장하기도 했다).

카메라 기술이 초기 단계에 머물러 있는 동안 현미경과 망원경용 렌즈는 품질이 점점 더 좋아지고 있었다. 16~17세기 과학자들은 수차(收差)라는 문제 때문에 렌즈가 만들어내는 상을 개선하는 데 어려움을 겪고 있었다. 무지개를 보면 알 수 있듯 빛은 여러 색깔로 구성돼 있다. 서로 다른 색깔의 빛은 파동의 두 꼭대기 점 사이의 거리를 뜻하는 파장이 서로 다르다. 여기서 색수차라는 문제가 생긴다. 빛이 렌즈를 통과할 때 빛의 파장에 따라 굴절되는 정도가 달라서 적색광은 청색광과 약간 다르게 휘어지는 것이다. 또 다른 문제도 있다. 볼록렌즈를 통과한 광선은 이론상 한 점으로 모여야 하지만, 실제로는 렌즈 중앙에 가까운 곳과 먼 곳에서 빛이 휘어지는 방식이 미세하게 다르다. 이를 구면 수차라고 한다(이에 대해서는 이븐 알하이삼이 자세히 연구했다). 이런 수차에 더해, 렌즈가 유리 덩어리를 수작업으로 갈고 연마해서 만든 것이라는 점을 기억해야 한다. 기기 제작자들은 고도로 숙련된 기술을 갖고 있었지만, 이론적으로 필요한 모양을 완벽하게 구현할 수는 없었다. 이런 모든 요인으로 인해 상의 선명도가 떨어졌고, 결국 물체를 확대해서 볼 수 있는 범위가 제한되었다. 어느 수준 이상으로 확대하면 이미지가 너무 흐릿해져서 아무것도 제대로 볼 수 없었기 때문이다.

수차 문제는 18세기 망원경 설계자들이 해결했다. 두 종류의 유

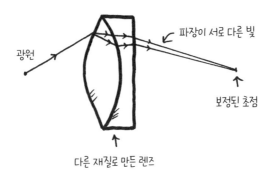

광원

파장이 서로 다른 빛

보정된 초점

다른 재질로 만든 렌즈

다른 재질로 만든 렌즈를 활용해 수차 줄이기

리를 가져다 다른 모양의 렌즈를 만든 뒤 서로 결합해서 아크로마틱 렌즈 혹은 이중 렌즈라 불리는 것을 만들었다. 각 렌즈에서 발생하는 수차는 렌즈의 재질과 모양에 따라 달랐다. 하지만 이런 렌즈 2개를 결합하면 수차가 상쇄되면서 더 선명하고 질 좋은 상을 볼 수 있었다. 이를 통해 과학자들은 작거나 멀리 있는 물체를 훨씬 더 크게 확대할 수 있었다.

렌즈 설계는 발전했지만 화학은 이를 따라잡지 못했다. 재료에 빛을 영구적으로 각인하는 방법을 찾지 못한 것이다. 19세기 초 렌즈 뒤에 화학물질로 덮인 판이 등장하면서 사진 분야에서 렌즈가 진짜 힘을 발휘하기 시작했다. 그리고 마침내 카메라로 촬영한 이미지를 손에 들고 그 자리를 떠날 수 있게 되었다. 이것이 오늘날 우리가 알고 있는 사진의 탄생이다.

이후 카메라의 역사는 어떤 종류의 이미지를 포착할 수 있는지를 결정짓는 렌즈 기술과 필름 기술 사이의 미묘한 균형에 대한 이야기가 되었다. 200여 년 전 사진 속 사람들이 그렇게 뻣뻣하고 웃지 않는 것처럼 보이는 데는 그럴 만한 이유가 있었다. 머리를 제자리에 고정하기 위해 고문 기구처럼 생긴 의자에 아주 오랫동안 앉아 있어야 했기 때문이다. 상업적으로 성공한 최초의 이미지 제작과정 중 하나는 발명가 루이자크망데 다게르의 이름을 딴 다게레오타이프였다. 사진사는 은으로 코팅하고 아이오딘 증기에 노출시킨 구리판을 카메라 안에 넣었다. 카메라는 스탠드에 안정적으로 고정돼 있었다. 상이 각인되려면 구리판을 최대 30분 동안 빛에 노출시켜야 했고(이후 장비에서는 약 1분으로 단축되었다), 그 후 수은 증기에 노출시켜 이미지가 나오도록 했다. 그 위에 소금을 뿌려 영구 이미지로 만들었다. 수많은 화학물질이 극도로 위험했기 때문에(수은 중독은 신경계를 손상시켜 섬망, 성격 변화, 기억 상실 등을 유발할 수 있다. 이런 증상을 '미친 모자 증후군'이라고도 불렀는데, 이는 펠트를 다루는 데 수은이 널리 사용됐던 탓에 모자를 만드는 직업군에서 증상이 많이 나타났기 때문이다) 사진은 20세기까지 전문가들의 손에만 머물렀다.

인물 사진에 사용되는 렌즈는 좁은 시야각으로 설계됐고, 결국은 렌즈에 아주 가까이 있는 인물을 선명하게 찍는 것이 목표였다. 초점보다 넓은 화각이 중요한 풍경을 찍으려면 다른 모양의 렌즈가 필요했다. 속이 빈 구에 물을 채워 파노라마 이미지를 찍을 수 있도록 설계된 (왜곡되지만) 시야각이 넓은 렌즈도 있었다. 당시에는 노출 시간이 길어야 했고 카메라 자체의 부피도 컸기 때문에 찍을 수 있는 건 인물과 풍경이 전부였다.

1890년대에 새로운 유형의 유리가 출시되었다. 하나는 특유의

렌즈
——————

분자 구성 때문에 빛을 비교적 많이 굴절시키는 바륨 유리였고, 다른 하나는 소위 플린트 유리라는 것을 개선한 형태로 바륨 유리와는 달리 굴절률이 낮았다. 이와 동시에 렌즈 제조업자들은 시행착오에 의존하는 대신 렌즈 곡률에 따라 어떤 결과가 나올지 예측할 수 있는 수학 방정식을 개발했다. 이런 재료를 과학적 방법으로 가공한 이중 렌즈는 카메라에 빛을 더 많이 투과시켜 노출 시간을 단축시키는 고품질의 대형 렌즈로 발전했다.

19세기 후반부터 카메라 렌즈는 점점 더 복잡해졌다. 이중 렌즈는 삼중 렌즈(유리 층이 3개)가 됐고, 이런 렌즈는 가능한 한 많은 수차를 정밀하게 상쇄하도록 서너 겹 이상의 배열로 설계되었다. 렌즈는 이론상 빛 대부분을 투과하는 투명한 재질로 만들어지지만 실제로는 일부가 반사되기도 한다. 1930년대에 과학자 캐서린 버블로젯은 분자 단 몇 개가 들어갈 만한 두께의 유리 코팅을 개발해 렌즈를 통과하는 빛의 양을 최대화했는데, 이는 오늘날 많은 사람들이 안경에 사용하는 빛 반사 방지 코팅의 초기 형태다.

렌즈가 개선돼 빛이 투과되고 동시에 필름 기술이 발전함에 따라, 노출 시간이 몇 분 또는 몇 초에서 몇 분의 1초로 줄어들었다. 오늘날 일반 사진은 약 200분의 1초 노출로 촬영하고 8000분의 1초까지 짧게 촬영할 수도 있다. 초기 사진가들은 단순히 렌즈를 열었다가 노출 시간이 다 되면 다시 덮는 방식으로 사진을 찍었지만, 새 카메라를 이런 수동 방식으로 다뤘다간 노출 과다의 위험이 있었다. 그래서 이때 렌즈 앞에 기계식 셔터를 도입해 카메라에 빛이 들어오는 시간을 줄일 수 있었다. 이후 더 많은 기계 장치가 도

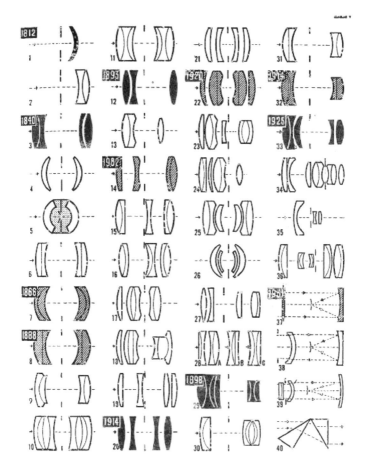

렌즈 개발 연대기.《포컬 사진 백과사전》, 탁상판, 런던: 포컬 프레스

렌즈

입돼 렌즈 세트 간의 상대 거리를 조절할 수 있게 되면서 사진가는 피사체를 확대하거나 축소할 수 있게 되었다.

렌즈와 필름 설계가 발전하면서 카메라는 더 작고 사용하기 쉽고 저렴하고 덜 위험해졌다. 1888년에 코닥 1호라는 카메라가 출시됐는데, 셔터 속도와 초점 거리가 하나로 고정돼 있고 조잡한 뷰파인더가 있었으며 필름이 내장돼 있었다. 100장을 다 찍으면 카메라를 통째로 미국 로체스터에 있는 공장으로 보냈고, 공장에서는 필름을 현상하는 동안 카메라에 새 필름을 넣어 돌려보냈다. 마침내 카메라가 일반 대중에게 보급되었다. 형식적인 인물 사진으로 가득 차 있던 가족 앨범은 즉흥적인 순간들의 기록이 되었다. 노출 시간이 짧아진 덕분에 분주한 거리 풍경과 움직이는 사람과 사물을 순간적으로 포착할 수 있었고, 그 덕분에 사진에는 생동감이 생겼다. 사람들은 해외로 카메라를 갖고 나가기 시작했으며, 처음으로 자기 집에서 다른 나라와 다른 문화를 경험할 수 있게 되었다.

앞서 말했듯 내 일생 동안 사진에 일어난 가장 큰 변화는 필름으로 찍던 방식이 디지털 방식으로 바뀐 것이다. 처음에는 디지털 이미지를 기록하는 전자 센서가 필름과 같은 크기로 설계됐기 때문에 렌즈 디자인에 큰 영향을 미치지 않았다. 즉 필름 카메라와 디지털 카메라의 렌즈 부품은 서로 호환이 가능했다.

하지만 스마트폰은 렌즈에 훨씬 더 많은 것을 요구한다. 휴대용 카메라는 커다란 렌즈가 들어갈 공간이 있고 렌즈와 필름, 센서 사이의 거리도 확보할 수 있지만, 그에 비해 스마트폰 카메라는 작은 센서와 매우 근접한 작은 렌즈를 사용하기 때문에 사진을 찍기 위해서는 훨씬 더 작은 영역에 빛을 집중시켜야 한다.

초기 휴대폰은 렌즈가 하나고 초점도 하나였다. 즉 물체가 매우 선명하게 찍히는 거리가 정해져 있었다. 이후 자동 초점 기능이 탑재된 카메라가 등장했고, 작은 기계 장치가 렌즈를 물리적으로 앞뒤로 조금씩 움직여서 초점 범위를 넓혔다. 최근에는 렌즈가 2개나 3개씩 장착된 휴대폰이 등장했다. 극단적인 예로, 초점 거리가 매우 길어서 멀리 있는 피사체를 촬영할 수 있는 렌즈가 하나 있다. 그 옆에는 초점 거리가 짧아 광각 촬영이 가능한 렌즈와 그 중간 정도의 기능을 하는 렌즈가 있다. 빛을 감지해 전기 신호로 변환한 뒤 이미지로 바꾸는 센서는 디지털 카메라에 쓰이는 센서보다 훨씬 작은데, 이는 휴대폰의 무게와 두께를 줄이기 위해서다. 이런 소형 카메라를 개선할 새로운 기회는 잠망경 렌즈에서 비롯됐는데, 프리즘이나 각진 유리 조각을 사용해 카메라 렌즈를 통과한 빛을 90도 회전시킨 다음 조절 가능한 여러 렌즈를 통해 휴대폰 뒷면을 따라 보내는 방식이다.

앞으로 수십 년 동안 렌즈를 만드는 데 쓰이는 소재가 지속적으로 발전해 렌즈는 더 가볍고 선명하고 저렴해질 것이다. 초기 렌즈 제조업자들은 수작업으로 렌즈를 배열했지만, 이제 컴퓨터 소프트웨어를 이용해 매우 복잡한 렌즈 배열을 계속 설계하게 될 것이다. 인류는 이미 생물학적 수정체가 혼탁해져 백내장이 생겼을 때 이를 대체할 수 있는 인공 수정체 기술을 개발했다.

지난 20년 동안 엔지니어들은 노화와 관련된 황반변성 환자들의 시력 회복을 돕기 위해 생체공학 눈을 개발해왔다. 이 질환은 시야 왜곡과 시력 상실을 유발하며 전 세계 수백만 명에게 고통을 주고 있다. 먼저 2밀리미터 너비의 전자칩을 실명한 눈 뒤쪽에 이식한다. 환자는 비디오카메라가 달린 안경을 쓰고, 이 카메라는 허리띠에 차는 소형 컴퓨터와 연결돼 있다. 카메라는 데이터를 컴퓨터로 전송하고, 컴퓨터는 이를 처리해서 다시 안경으로 보낸다. 그러면 안경에서 나온 적외선이 눈을 통과해 전자칩에 도달하고, 전자칩은 뇌로 전기 신호를 보내는데, 뇌가 이를 해석하면 환자가 볼 수 있게 된다. 중국 과학자들은 동공이 어두울 때 팽창하고 밝을 때 수축되는 것과 같은 방식으로 빛에 반응하는 소재를 연구함으로써 인공 눈에 자연스러운 반응을 재현하고 있다.

인간이 보지 못하는 것을 보는 슈퍼히어로의 능력은 흥미롭고 교육적이며 인류에게 유익할 수 있지만, 나는 기술이 개개인의 경험을 향상시키려는 목적으로도 개발되고 있다는 사실이 놀랍다. 카메라를 통해 과거를 되돌아보고 소중한 추억을 보고 경험할 수 있었던 것처럼, 우리 눈의 렌즈인 수정체가 흐려지거나 고장 나기 시작하면 미래의 렌즈 기술이 지금 우리가 보고 있는 세상을 다시 볼 수 있도록 도와줄지도 모른다.

6장

끈
string

실용적이면서도 우아하고
눈에 거슬리지 않기 위한 선택

엔지니어 경력을 통틀어 가장 보람되고도 당황스러웠던 순간은 노섬브리아대학교 다리의 견고한 강철 상판 위에 처음으로 선 날이었다. 18개월 전, 회사 정규직으로 처음 입사해 이 아름다운 구조물의 설계를 맡았다. 당시만 해도 개념에 불과했던 것이 언젠가 완전한 형태의 3차원 실재가 될 것이란 사실이 놀라웠다. 그날이 다가왔고, 나는 그때까지 종이로만 보던 철골 위를 걸어보려고 (모든 계산을 제대로 했기를 바라며) 뉴캐슬로 향했다.

모든 엔지니어링 프로젝트에서는 몇 가지 매개변수에 의해 할 수 있는 일과 할 수 없는 일이 정해진다. 전선은 전류를 전달하는 동시에 사람이 만져도 감전되지 않아야 한다. 세탁기는 표준 문짝 너비에 맞아야 하며 누수가 없어야 한다. 이 다리의 경우, 고속도로를 다니는 트럭과 버스가 안전하게 통과할 수 있는 높이를 유지하면서 양쪽의 기존 통로를 연결해야 했다(또 흔들리거나 무너지지 않아야 했다). 그래서 구조물을 넣을 수 있는 공간이 제한적이었다. 우리 팀이 설계할 수 있는 가장 단순한 다리는 양쪽 끝만 지지하는 수평 강철 빔 다리였다. 길이가 40미터로 비교적 작은 편에 속했다. 그럼에도 충분히 견고하면서 사람들이 걸을 때 많이 처지지 않도록 하려면 아주 깊은 빔을 설치해야 했기 때문에 차량 위에 필요한 여유

높이를 확보하지 못할 가능성이 있었다. 이에 대한 한 가지 해결책으로 다리 밑에 다리를 지탱하는 기둥을 추가할 수도 있었지만 고속도로 한가운데에 설치해야 한다는 점이 걸림돌이었고, 설사 중앙 분리대에 설치한다고 해도 차량이 기둥과 충돌하면 다리가 붕괴할 위험이 있었다. 더 안전하고 우아한 대안을 찾아야 했다.

우리가 내놓은 해결책은 다리를 위에서 매다는 것이었다. 완성된 다리 위를 걸어가면서 참지 못하고 위로 솟아 있는 여섯 쌍의 케이블을 올려다봤다. 다리 자체 무게와 그 위를 걷는 모든 사람들의 엄청난 무게가 이 케이블로 전달되면서 다리가 안정적이고 견고하게 유지되고 있었다.

내가 만든 이 짧은 다리를 포함해 세계에서 가장 긴 다리도 떠받치고 있는 튼튼한 강철 케이블은 겉보기에는 단순한 기술인 끈이 진화한 것이다. 조상들은 끈을 이용해 오늘날 우리의 삶을 정의하는 여러 혁신을 이끌어냈다. 끈을 사용해 동물 가죽을 꿰맸고 나중에는 다양한 천을 만들었다. 천을 옷으로 만들어 비바람으로부터 몸을 보호하고, 피부만으로는 감당하기 어려운 추위와 더위를 이겨냈다. 현악기로 연주하는 음악을 통해 여러 세대에 걸쳐 이야기를 전했다. 직물로 만든 돛과 이를 조절하는 밧줄을 장착한 배를 타고 세계를 탐험하고 식민지를 개척했다. 섬유질로 캔버스를 만들어 경험을 그림으로 그리고 기록했다. 실의 고요한 힘 덕분에 우리는 계속해서 상처를 꿰매고 계곡을 건너고 몸을 보호할 수 있다. 그리고 끈의 가장 큰 특징은 작업에 필요한 만큼 튼튼하게 만들 수 있으면서도 유연하다는 점이다.

자연계에는 실처럼 생긴 튼튼한 물질을 만들어내는 거미나 누에 같은 동물이 많다. 인류는 이런 동물들로부터 영감을 받아 자기들만의 끈을 만들었을 것이다. 그런데 끈을 처음 발명한 건 현생인류가 아니라 네안데르탈인이었다. 프랑스 남동부 아르데슈강 근처 계곡에는 네안데르탈인이 중기 구석기시대(약 30만~3만 년 전)에 오랫동안 살았을 것으로 추정되는 아브리 뒤마라스라는 동굴이 있다. 2020년 언론 보도에 따르면, 현재 지면으로부터 3미터 아래 4만 1000년에서 5만 2000년 전 사이의 지층을 탐사하던 고고학자들이 길이 6.2밀리미터, 굵기 0.5밀리미터에 불과한 작은 끈이 달린 석기를 발견했다.

이 발견이 흥미로운 건 이전에 발견된 가장 오래된 끈(불과 1만 9000년 전으로 거슬러 올라간다)보다 훨씬 더 오래됐기 때문이기도 하고, 한편으론 네안데르탈인이 그다지 똑똑하지 못한 사촌이었을 거라는 고정관념을 깨뜨렸기 때문이기도 하다. 이런 끈을 만들 수 있었다는 건 네안데르탈인이 가방, 매트, 바구니, 심지어 천을 만들었을 가능성도 있음을 시사한다. 끈을 만드는 일은 고되고 시간이 많이 걸리는 작업이기 때문에 네안데르탈인이 일상을 영위하고 시간을 보내는 방식에 중요한 역할을 했을 것이다.

게다가 끈을 만들려면 약간의 기계적 이해가 필요하므로 그들의 인지능력에 대해서도 추정할 수 있다. 끈은 섬유질로 만들어지긴 하지만 한 가닥으로만 돼 있으면 끊어지기 쉽고 딱히 유용하지도 않다. 좀 더 쓸 만하게 만들려면 여러 가닥을 서로 접촉하도록 엮어야 한다. 이 마찰력으로 인해 끈에 내구력이 생긴다. 아브리 뒤마라스 동굴에서 발견된 조각을 보면, 네안데르탈인은 나무껍질에서 추출한 섬유질을 꼬아 실을 만들었다. 그들이 사용한 방식은 'S꼬임'으로 알려져 있는데(오늘날에도 흔히 쓰인다) 이는 알파벳 S의 가운데 부분처럼 섬유질이 왼쪽 위에서 오른쪽 아래로 실의 길이 방향을 따라 감싸고 있기 때문이다. 이렇게 만든 개별 실 3개를 이번엔 반대 방향으로 꼬아 노끈을 만드는데 이를 'Z꼬임'이라고 하며 실이 오른쪽 위에서 왼쪽 아래로 감싸는 형태다.

이렇게 서로 반대 방향으로 꼬인 층이 얽혀 있는 것이 바로 끈의 경이로운 힘이 만들어지는 핵심 비결이다. 만약 섬유를 한 방향으로만 꼬아서 실을 만든 다음 이를 더 튼튼하게 만들려고 실 여러 개를 또 같은 방향으로 꼬았다면, 조금만 잡아당겨도 꼬임이 풀어지면서 끈이 늘어지거나 흩어져버릴 것이다. 켜켜이 서로 반대 방향으로 꼬여 있다는 것은 실을 풀려면 서로 반대 방향으로 풀어야 한다는 것을 의미한다. 실과 실 사이의 마찰력이 쉽게 풀어지지 않도록 잡아주기 때문이다.

당시에는 몰랐겠지만 네안데르탈인은 생물을 모방하고 있었다. 오늘날 가장 중요한 천연섬유인 양모는 여러 겹의 복잡한 케라틴(우리 손톱과 머리카락을 구성하는 단백질) 층으로 구성돼 있으며, 가장 안쪽 층은 앞서 언급한 반대되는 꼬임 구조로 되어 있다.

이 장을 쓰는 동안 독자들에게 도움이 될 만한 정보를 하나도 빠뜨리지 않기 위해 직접 실을 사서 뜨개질에 도전해보기도 했다. 굵은 실 한 가닥을 부드럽게 S자로 꼬아 만든 도톰한 실로 시작했다. 물론 이 실 자체로는 쉽게 풀릴 수 있었지만, 일단 실내화로 뜨고 나니 실이 의도적으로 얽히고 꼬이면서 복잡한 마찰력을 만들어내 견고하게 고정되었다. 그런 다음 소모사(아란 울)라는 걸 써봤다. 네안데르탈인의 끈과 본질적으로 같은 구조로, 섬유질 세 가닥을 S꼬임으로 엮은 뒤 Z꼬임으로 결합해 풀기가 더 까다로운 실이었다(이 무렵 나는 점퍼라는 훨씬 더 야심찬 프로젝트를 완성했고, 뜨개질은 글쓰기를 방해하는 일이 아니라 환영할 만한 일이라고 말해야 할 것 같다고 스스로를 설득했다).

끈 같은 소재를 만들려는 고대인의 욕구는 아마도 다양한 형태의 끈이 일상생활에서 얼마나 필수적이고 근본적인지를 보여주는 증거일 것이다. 다리가 무너지지 않도록 지탱하는가 하면 우리 몸을 보호하고 심지어 변형하기도 하며, 아름다운 선율을 만들어내기도 한다. '최고의 발명품' 목록에 끈이 자주 등장하는 건 아니지만, 나는 여기에 꼭 끈이 포함돼야 한다고 생각한다. 그리고 이 주장을 할 때 고대 로마의 엔지니어이자 건축가인 비트루비우스라는 인물을 빼놓을 수가 없다. 그는 저서 《건축10서(*De Architectura*)》(르네상스 건축에 큰 영향을 끼친 책이다)에서 좋은 설계의 세 가지 원칙으로 피르미타스(*firmitas*), 우틸리타스(*utilitas*), 베누스타스(*venustas*)를 꼽았다. 순서대로 각각 견고함, 유용함, 아름다움이란 뜻이다. 끈은 이 세 요소를 효과적으로 결합해준다.

피르미타스(견고함)

엔지니어에게 끊임없이 주어지는 도전과제 중 하나는 실용적이면서도 우아하고 눈에 거슬리지 않는 구조물을 설계하는 것이다.

전통적으로 건축물은 흔히 돌이나 벽돌과 같이 가장 쉽게 구할 수 있는 재료로 지었고, 콘크리트 제조법을 알아낸 뒤로는 주로 콘크리트를 썼다. 압축이나 짓눌리는 힘에 강한 이런 재료들은 실용적이고 각기 제 역할도 해냈지만, 과거에는 다리가 두껍고 무거워서 이를 지탱하려면 기둥을 많이 설치해야 했다. 폭이 넓은 물길이나 깊은 계곡에 다리를 건설하려고 할 때 비용과 시간이 많이 드는 건 그나마 최상의 시나리오였고, 최악의 경우엔 아예 다리를 놓는 게 불가능했다.

이후 새로운 유형의 다리가 등장했다. 먼저 까다로운 지형 위로 기다란 밧줄을 내던진 뒤, 그걸 토대로 삼아 건널목을 만드는 방식이었다. 꼬아서 만든 밧줄은 잡아당기거나 장력을 가할 때 구조물용 재료로서 빛을 발한다. 밧줄은 수많은 섬유질로 되어 있기 때문에 그중 일부가 늘어나거나 끊어지더라도 별다른 위험신호 없이 갑자기 끊어지는 일이 좀체 없다. 해지거나 손상된 흔적을 보면 수리나 교체가 필요하다는 사실을 알 수 있다. 이런 구조는 밧줄 끝부분이 단단히 부착된 바위 면이나 다리 기초에까지 장력을 효과적으로 전달했다(나도 매번 이 사실을 되새기곤 한다. 엔지니어라지만 나도 이런 다리를 건널 때 정말 무섭기 때문이다). 어떤 경우에는 힘들여 돌을 고정하거나 콘크리트가 굳는 동안 고생스럽게 붙들고 있는 것보다, 그냥 밧줄을 만들어서 드리우는 게 훨씬 쉬웠다.

오늘날까지 남아 있는 놀라운 예시로 페루의 케스와차카 다리가 있는데, 보도와 난간과 지지대가 모두 천연섬유로 짜여 있어서 엄청나게 야심찬 매듭공예(마크라메) 프로젝트처럼 보이기도 한다.

500여 년 전 잉카제국 시대에 건설됐으며, 제국을 연결하는 '위대한 잉카의 길'의 일부였다. 길이가 30미터에 이르는 이 다리는 오랫동안 아푸리막강 양쪽에 있는 두 마을을 연결하는 유일한 통로였다. 매년 봄이면 두 마을 사람들이 함께 모여 새로운 의식을 거행한다. 케추아 여성들은 협곡 꼭대기에 앉아 이추라는 이름의 풀을 꼬아서 긴 끈을 만든다. 그런 다음 남자들이 이 끈을 한데 묶어 허벅지 굵기의 거대한 밧줄 6개를 만든다. 이 밧줄들이 다리의 주요 구조물이 된다. 밧줄 4개는 계곡을 가로지르는 다리 바닥면이 되고, 밧줄 2개는 양쪽 어깨 높이에 설치된 난간이 된다. 이를 완성하기 위해 남자들이 메인 밧줄 4개에 다리를 걸치고 선다. 그 뒤로 남자 두셋이 더 서서 메인 밧줄 6개에 가느다란 밧줄들을 조심스럽게 엮어 안정시키고, 그다음 보행자가 계곡 아래로 추락하지 않도록 통로를 만든다. 마지막으로 오래된 구조물을 잘라 느슨하게 만들어서 발밑의 협곡으로 떨어지도록 놔둔다.

원래 케추아족은 먼 옛날의 엔지니어들과 마찬가지로 가장 튼튼하고 실용적인 재료를 썼다. 하지만 시간이 지나면서 새로운 재료를 사용할 수 있게 됐고, 이를 통해 장애물을 극복할 수 있는 새로운 엔지니어링 해법이 가능해졌다. 금속을 채굴하고 가공하는 기술이 발전하면서 인류는 보통 연철로 만든 체인에 매달린 다리를 만들었다. 이 중 일부는 우리가 일반적으로 상상하는 방식의 체인, 즉 고리를 길게 연결한 형태였다. 이보다 더 자주 쓰였던 체인은 납작한 금속 막대들을 핀이라고 부르는 둥근 금속 토막(1장에서 본 리벳 같은 것)으로 연결해 만든 것이었다. 영국의 사례로 메나이 현수교와 클리프턴 현수교가 있다.

체인은 물론 이추 풀보다는 훨씬 강했지만 설계하고 시공하기가 어려웠다. 각 고리를 철을 녹여 틀에 붓거나 혹은 두들겨서 만들어야 했기 때문에 철을 가열하고 액화시키는 데 재료와 에너지가 많이 들었다. 이렇게 만든 철판은 무겁고 다루기가 까다로웠다. 한 번에 고리 하나씩 체인을 조립할 공간을 확보하기 위해 최종 다리가 놓일 위치에 임시 작업대도 만들어야 했다. 체인 무게 때문에 경간(徑間, 현수교에서 주 탑 2개 사이의 길이 – 옮긴이)이 제한됐고, 이를 초과하면 체인이 다리 무게는 고사하고 체인 자체의 무게도 지탱하기 어려웠다. 또 핀 하나만 고장 나도 체인 전체가 망가질 수 있다는 것도 걱정거리였다. 끈과 달리 여분을 연결할 수 없어서 단 하나의 고장이 치명적인 결과를 초래할 수 있는 것이다.

체인을 와이어로 대체하면 이런 단점이 줄어들었다. 산업혁명으로 강철을 저렴하게 생산하게 되면서 대규모 공장에서 와이어를 만들어 케이블 제조업체로 보낼 수 있었다. 강철을 가열할 필요도 없이 기계로 와이어를 당기고 늘여서 더 가늘게 만들 수 있었다(이런 공정을 냉간인발cold-drawing이라고 부른다). 냉간인발 강철 와이어는 무게 기준으로 볼 때 오래된 사촌인 연철보다 훨씬 더 강하기 때문에 이 새로운 재료로 만든 케이블은 철로 된 체인보다 훨씬 가볍다.

와이어 지름이 수 밀리미터로 작아지면 보통 실 여러 가닥을 꼬아 끈을 만드는 것과 비슷한 방식으로 와이어 가닥들을 다발로 묶는다. 하지만 강철 와이어는 더 다양한 방법이 있다. 와이어를 실처럼 여러 겹으로 꼬거나, 직선으로 평행하게 배치한 다음 한꺼번에 고정할 수도 있다. 결국 어떤 용도로 쓸 것이냐에 따라 다르다.

케이블을 직접 보려고 셰필드 외곽에 위치한 매칼로이사의 엔지니어들을 방문했다. 그곳에서는 다양한 구조물 용도에 맞게 철근과 케이블을 만든다. 내 첫 번째 프로젝트였던 노섬브리아대학교 다리에 사용된 단단한 철근도 바로 이 공장에서 공급한 것이었는데, 나는 이제 그곳에서 다양하게 꼬여 있는 철근을 살펴보고 있었다. 금속이 부딪히는 소리, 뭉게뭉게 피어오르는 증기, 기계 윤활유 냄새 등에 둘러싸인 채 공장 한쪽 끝으로 가보니 원통형 스풀에 감긴 케이블이 커다란 선반에 잔뜩 쌓여 있었다. 실패에 실을 감아놓은 것과 비슷했지만, 규모는 훨씬 컸다.

나는 케이블이 어떻게 생겼는지 확인하려고 케이블 끝부분을 자세히 살폈다. 겉보기에도 뚜렷한 Z꼬임이 보였다. 그 케이블은 더 작은 케이블 일곱 가닥으로 만들어졌는데, 그 자체가 서로 꼬여 있었다. 일곱 가닥 중 하나를 조심스럽게 분리해보니 19개의 와이어로 구성돼 있었다. 중앙을 관통하는 직선 와이어 하나를 6개의 와이어가 Z꼬임으로 감싸 육각형을 형성하고 있었고, 그 주위에 12개의 와이어가 S꼬임으로 겹쳐져 또 다른 육각형을 만들고 있었다. 가장 바깥층이 S꼬임이었으므로, 당연히 이 가닥들이 차례로 Z꼬임으로 서로를 감싸 최종 케이블을 형성했다는 것을 알 수 있었다. 꼬임 구조를 파악하느라 흐릿해진 눈을 잠시 쉬게 한 뒤 이 꼬인 케이블의 용도에 대해 조금 더 알아봤다.

꼬인 케이블의 장점은 안정성과 유연성이다. 와이어를 필요한 구성으로 꼬아두면 케이블이 분리되지 않고 구부러져 움직일 수 있

끈

다. 즉 스풀이나 드럼에 감아 작고 효율적인 형태로 편리하게 옮길 수 있다. 또한 실제로 원하는 만큼 길이를 늘일 수 있다(스풀을 들어 올리지 못할 정도로 무거워지지 않게끔 주의해야 한다). 꼬인 케이블은 갤러리 천장에 매단 무거운 예술품을 지지하는 구조물의 작은 끝부분이나 천을 늘어뜨려 만드는 야외 캐노피, 내부 계단용 지지대, 건물 외관의 유리 부품 등에 쓰기에 이상적이다. 작은 교량에도 쓰인다. 매칼로이사에서 들은 가장 특이한 응용 분야는 아부다비 페라리월드의 롤러코스터로 돌진하는 400미터 길이의 짚라인이었다.

꼬인 케이블의 단점은 애초에 유연하게 만들기 위한 약간의 허용치나 움직임이 허용됐기 때문에 너무 큰 힘으로 당길 경우 케이블이 약간 늘어나고 이완된다는 것이다. 또 동일한 와이어를 평행으로 배치한 경우보다 강하지가 않다. 그래서 다리 상판과 그 위를 지나가는 차량들의 하중이 엄청나게 무거운 세계 최대 규모의 교량 같은 경우에는 보통 평행연선 케이블로 건설한다.

이 기법을 사용한 세계 최초의 교량이 바로 뉴욕의 상징인 브루클린 다리다(내가 이 다리를 특별히 좋아하는 건 최초 설계자인 존 로블링이 사망하고 그 아들이 공사를 이어받았지만 그마저 건강이 나빠지자 아내 에밀리 워런 로블링의 감독하에 공사가 마무리됐기 때문이다. 여성은 집안일만 하는 사람으로 여겨지던 시절의 특별한 이야기로, 내 첫 책《빌트, 우리가 지어 올린 모든 것들의 과학》에도 소개했다). 존 로블링은 교량 설계뿐만 아니라 강철 와이어를 제조하는 사업체도 운영했는데, 브루클린 다리의 강철 와이어가 바로 이곳에서 만들어졌다. 그는 직원 약 350명을 고용해 공장 5개를 운영했으며, 당시 미국 전체 와이어 로프의 약 4분의

볼트와 너트

3을 생산했다. 이곳을 방문한 한 기자는 이렇게 썼다. "노동자들이 하얀 용광로에서 빨갛게 달아오른 강철 덩어리를 집게로 꺼내 압연기에 통과시켜 철판 위에 마치 기괴한 모양의 뱀이 엉겨 있는 것처럼 늘인다. 그런 다음 다른 손으로 이걸 소둔로로 옮긴 뒤 또 다른 인발공정 판에 통과시킨다. 이로써 보석상의 섬세한 수공예품 혹은 수백만 명의 주민이 사는 뉴욕과 브루클린 두 도시를 하나로 묶어줄 와이어를 바삐 생산하는 모습은 실로 보기 드문 광경이었다."

브루클린 다리는 현수교로, 2개의 주 케이블이 상판을 매달고 있다. 이 케이블을 지탱하기 위해 양쪽 강둑에 높다란 탑 2개가 세워져 있다. 케이블은 한쪽 끝 토대에 단단히 고정된 상태로 출발해 첫 번째 탑 위로 올라간 다음 강을 가로질러 두 번째 탑으로 연결된다. 그러고는 두 번째 탑 뒤의 또 다른 토대에 다시 고정된다. 두 탑 사이 케이블이 자체 무게 때문에 아래로 처지면서 현수선이라고 부르는 곡선이 만들어진다. 2개의 큰 케이블에 더 작은 수직 케이블을 걸어 여기에 다리 상판을 부착하면 전체 시스템이 완성된다.

이런 케이블을 설치하는 건 그 자체로 대단한 일이다. 완벽한 한 조각의 케이블을 건설 현장까지 운반하는 게 아니라, 가느다란 와이어 여러 개를 공중에서 조립해 만들어야 하기 때문이다. 먼저 작업용 로프라고 부르는 임시 강철 로프를 각 주탑 위로 당긴다. 이를 이용해 가느다란 와이어를 다리 양끝에 있는 토대에서부터 2개의 주탑 위까지, 연속해서 왕복시킨다. 이 작업을 278번 반복한 뒤 와이어 278개를 묶으면 소위 '가닥' 하나가 만들어졌다. 그런 다음 이 과정을 다시 시작한다. 가닥 19개(가닥 하나는 와이어 278개로 구성)를

끈

만든 뒤 이것들을 한데 묶어 최종 케이블을 완성했다. 보호를 위해 연철 외피로 단단히 감쌌다. 각 케이블에 들어간 와이어의 길이는 5656킬로미터가 조금 넘었다.

그 이후로 개별 와이어의 강도는 꾸준히 증가했지만, 와이어를 이를테면 127개를 묶어 육각형을 만들고 이 가닥들을 모아 다시 육각형으로 묶는 방식의 디자인은 비슷하게 유지되고 있다. 이 와이어들은 서로 단단히 고정돼 마찰을 일으킨다. 녹슬지 않도록 케이블 한쪽 끝에서 건조한 공기를 불어넣어 와이어 사이 틈새에 있는 공기를 제습한다. 케이블이 구부러져 움푹 들어간 곳에 고인 물을 제거한다. 이런 케이블은 체인과 달리 와이어가 여기저기 끊어져도 전혀 문제가 되지 않는다. 수백 개까지는 아니더라도 수십 개의 다른 와이어가 역할을 하기 때문이다.

시간이 지남에 따라 강도가 증가했지만(현재 지름 1밀리미터에 불과한 와이어로 수컷 고릴라 한 마리를 옮길 수 있을 정도다), 그럼에도 케이블 길이에는 여전히 한계가 있다. 일정 길이를 넘어서면 강철 무게가 너무 무거워져서 케이블이 감당하지 못한다. 대신 엔지니어들은 탄소로 만든 섬유를 쓸 수 있을지 가능성을 검토하고 있다. 이 놀라운 소재는 강철만큼 강하지만 훨씬 더 가볍다. 아직 실험 단계에 있으며, 연구자들은 이를 효과적으로 제조하는 방법을 모색하고 있다. 탄소섬유는 강철 와이어처럼 구부러지지 않기 때문에 현재로서는 운반하기가 어렵다. 만약 이런 문제를 극복할 수 있다면, 아니 극복하는 때가 오면, 현재로서는 연결이 불가능한 먼 거리도 연결할 수 있게 될 것이다.

볼트와 너트

우틸리타스(유용함)

금속으로 만들어지고 강도를 최대한 활용하도록 조립된 구조물용 케이블이 튼튼하다는 건 금방 이해할 수 있다. 반면 비금속 소재 케이블도 완전히 다른 방식으로 튼튼하게 만들 수 있다는 사실은 언뜻 떠올리기 어렵다. 강철로 엮으면 다리를 지탱할 수 있고 플라스틱으로 엮으면 총알을 막아낼 수 있는 것, 바로 끈의 유연성이다.

이 소재를 발명한 사람은 에밀리 워런 로블링처럼 전통적으로 남성의 세계로 여겨지던 분야에서 일하던 여성이었다. 스테퍼니 퀄렉은 미국으로 온 폴란드 이민자의 딸이었다. 박물학자였던 아버지의 영향을 받아 의사가 되기 위해 화학을 전공하면서 과학을 공부했다. 하지만 의학 학위를 취득하는 데 시간이 오래 걸렸기 때문에 학비를 감당하기가 어려웠다. 전쟁이 끝난 뒤 여전히 수많은 남성들이 해외에 있던 상황이라 산업계는 여성들에게 새로운 기회를 열어주었고, 퀄렉은 현실적인 결정을 내렸다. 1946년에 화학회사 듀폰에 취직하면서 의사가 되겠다는 생각을 접었지만, 그녀는 결국 의사로서 할 수 있는 것보다 더 많은 생명을 구했다.

듀폰사는 자동차 타이어의 강철 와이어를 다른 소재로 바꿔 경량화하는 연구를 진행하던 중이었고, 퀄렉은 테스트할 섬유질을 만드는 일을 맡게 되었다. 그녀는 폴리-p-페닐렌-테레프탈레이트와 폴리벤즈아미드라는 고분자를 실험하고 있었다. 고분자란 마치 철제 체인이 여러 개의 똑같은 고리로 구성돼 있는 것처럼 작은 단위가 반복해서 이뤄진 매우 큰 분자를 말한다. 퀄렉은 섬유질을 만드는 데 필요한 긴 사슬 형태를 만들기 위해 먼저 고분자를 용매에 용해시켰다. 그런 다음 솜사탕 뽑는 기계와 다를 바 없는 방사구금이라는 기계에서 용액을 회전시켜 그 안에 섞여 있던 섬유질과 여분의 액체를 분리했다. 보통 이런 종류의 실험에서 고분자와 용매를 혼합하면 투명하고 점성 있는 액체가 만들어지지만, 퀼렉의 실험에서는 놀랍게도 탁하고 묽은 혼합물이 만들어졌다. 샘플이 뭔가 잘못되었다는 의심이 들었지만 퀼렉은 어쨌든 실험을 진행하기로 했다. 예상을 깨고 희뿌연 혼합물에서 나온 것은 나일론(1930년대에 발명된 최초의 합성섬유)과 달리 쉽게 끊어지지 않는 매우 강하고 뻣뻣한 섬유였다.

듀폰사는 이 새로운 섬유 폴리파라페닐렌 테레프탈아미드의 실용적인 의미를 깨닫고는 케블라(Kevlar)라고 명명했다. 케블라는 강도에 비해 매우 가볍다. 강도를 측정하고 이를 밀도로 나눈 값을 비교하면, 그 수치가 강철에 비해 케블라가 다섯 배 더 높다. 즉 같은 강도일 경우 케블라가 훨씬 가볍다. 케블라는 1970년대 원래 연구 목적대로 경주용 자동차 타이어에 적용되면서 상업적으로 사용되기 시작했다. 하지만 내구력과 경량이라는 조합을 고려하면 케블라는 최고로 유용한 소재였다. 이제 케블라는 스포츠 의류, 테니스 라켓 스트링, 자동차 브레이크, 교량 케이블부터 스마트폰, 스네어 드럼, 광섬유 케이블에 이르기까지 엄청나게 다양한 용도로 사용되고 있다. 하지만 사람들은 대부분 이 물건 덕분에 케블라를 알고 있다. 바로 방탄조끼다. 물론 케블라가 무기를 막아내는 최초의 소재는 아니며, 중세에는 기사들이 금속판으로 몸을 가렸지만 만드는 데 시간이 오래 걸리고 무겁고 움직이기 어려웠다. 이런 종류의 금속판 보호구는 제1차, 제2차 세계대전 때까지도 계속 쓰였다. 제2차 세계대전 중에는 나일론으로 만든 방탄복이 시험적으로 사용됐지만 이 역시 다루기 번거롭고 그다지 효과적이지 않았다. 케블라는 금속 총알도 뚫을 수 없는 극강의 강도뿐만 아니라 사용 편의성 덕분에 보호복에 혁명을 일으켰다. 케블라는 가벼움, 신축성, 내열성 덕분에 보호복으로 사용하기에 완벽한 소재다.

쿼렉의 사례가 특히 주목할 만한 건 당시만 해도 여성에게 기회가 제한적이었던 극도로 남성 중심적인 업계에서 케블라를 발견하고 개발했기 때문이다. 그런 환경에서 어떻게 일할 수 있었는지 궁금했는데, 한 인터뷰에서 다음과 같은 말을 발견했다. "발견과 발명에 관심이 많은 남자들 밑에서 일할 수 있어 행운이었습니다. 자기들이 하는 일에 관심이 너무 많았기 때문에 나를 그냥 내버려뒀죠. 그 덕분에 혼자서 실험할 수 있었고 그건 무척 흥미로운 일이었어요. 내 안의 창의성을 자극하는 일이었죠."

물론 방탄조끼는 샤넬 재킷이 아니라서 패션 아이템이라고 보기는 어렵다(오토바이 장비에 관심이 많다면 모를까). 그럼에도 여전히 이 조끼는 인류가 옷을 입고 스스로를 보호(단지 비바람으로부터일지라도)하기 위해 끈과 기타 여러 형태의 직물에 얼마나 많이 의존해왔는지를 상기시켜준다. 인류가 언제부터 끈으로 만든 옷을 입기 시작했는지 정확히 알기는 어렵다. 땅속에 보존된 샘플이 거의 없기 때문이다. 우리 조상들은 처음에는 천으로 짠 옷 대신 동물 가죽, 털, 풀, 나뭇잎 등으로 몸을 덮었다. 이 중 어떤 건 함께 꿰매서 썼을 가능성이 높다. 원시 바늘의 연대가 4만 년 전으로 거슬러 올라가기 때문이다. 하지만 그보다 훨씬 더 오래 전부터 옷을 입어왔다는 증거를, 약간은 소름 끼치는 뜻밖의 출처에서 찾을 수 있다. 바로 몸니다. 머릿니가 두피에만 서식하고 먹이를 먹는 데 비해 몸니는 다른 나머지 피부에 집중하고 옷 속에 산다. 과학자들은 몸니의 기원을 알아낼 수 있다면 인류가 비교적 보편적으로 옷을 입기 시작한 시기를 알 수 있을 것이라는 가설을 세웠다. 그들이 도출해낸 답은 약 7만 2000년 전(오차 범위 4만 2000년)이었다.

천연 소재로 옷을 만들려면 크게 다섯 가지 단계를 거쳐야 한다. 식물을 재배하고 수확해, 섬유질을 준비한다. 이를 방적해 실을 뽑고, 그 실을 엮어 원단을 만든 다음, 마지막으로 이를 연결하면 옷이 완성된다. 직조 원단에 대한 최초의 확실한 증거는 기원전 6000년경으로 거슬러 올라간다. 아나톨리아의 차탈회위크 지역에서 고고학자들은 아마섬유 조각에 싸인 아기 유골을 발견했다. 기원전 5000~3000년 사이에 이집트인과 인도인은 아마섬유와 목화를 방적하는 기술을 개발해 길고 튼튼한 실을 만들었다.

이후 양을 길들여 양모를 생산하고 비단을 제조하는 데까지 발전했다. 비단, 양모, 면, 삼으로 만든 옷감은 실크로드가 이용된 약 2000년 동안 실크로드 교역을 지배했다. 이 시점까지는 전체 공정이 비교적 소규모의 수작업으로 진행됐으며, 기술은 세대에 걸쳐 전수되었다.

그 후 16세기 후반에 기계식 편직기인 양말 틀이 발명되면서 산업화가 싹텄다. 18세기 서양에서는 이런 기계의 발명이 폭발적으로 늘었다. 플라잉셔틀이라는 기계 덕분에 직조 기술이 개선되어 직물을 더 빨리 짤 수 있게 되었다. 제니방적기는 실을 빠르게 대량으로 뽑을 수 있는 최초의 기계였다. 이제 방적 틀에서 더 튼튼한 실을 생산할 수 있게 되었다. 그리고 또 다른 발명품을 통해 직조 과정을 더 잘 제어하고, 면 섬유질 세척을 자동화하고, 복잡한 디자인을 직조할 베틀도 개발할 수 있었다.

이 시대 영국에서는 기계로 만든 원단의 생산량이 크게 늘었으며, 이는 식민지에도 지속적인 영향을 미쳤다. 모든 엔지니어링 발명은 사회적 권력구조의 영향을 많이 받는데, 끈으로 짠 옷이 좋은 예다. 영국 동인도회사는 식민지, 특히 인도를 산업적으로 생산한 원단을 내다파는 시장으로 삼았으며, 인도의 수공예 수출품에 높은 관세를 부과하고 면화 같은 원자재는 낮은 가격에 착취함으로써 영국 경제에 이익을 취하는 동시에 식민지의 경제를 망가뜨렸다. 2장에서 소개한 물레바퀴, 즉 차르카가 인도 독립운동의 영원한 상징이 된 이유도 바로 이 때문이다. 차르카는 영국 제품을 거부하고 현지 제품을 사용함으로써 개인의 경제적 자유를 쟁취하고 비폭력 시위를 벌일 수 있도록 사람들을 독려하는 수단이었다.

끈은 국가 경제의 번영, 빈곤, 권력에 지속적인 영향을 미쳤는데, 그 외에 젠더에 대한 사회적 '규범'에도 영향을 미쳤다. 엔지니어로서 나는 이런 규범이 다양한 젠더의 아이들이 인생에서 내리는 선택에 어떤 영향을 미치는지, 그리고 이것이 직업 세계에 대한 편견, 특히 내 직업의 거대한 젠더 격차에 어떤 직접적인 영향을 미치는지에 관심이 많다. 젠더, 인종, 종교, 계급, 카스트에 대한 생각과 고

끈

정관념이 우리가 무엇을 입는가라는 단순한 사실에 언제 어떻게 자리 잡게 됐는지가 흥미롭다(가끔 경악스러울 때도 있다).

젠더 비순응 예술가, 공연가, 시인이자 《젠더 이분법을 넘어서 (*Beyond the Gender Binary*)》의 저자인 알록 바이드메논은 이렇게 말한다. "우리는 자신이 치장하는 옷과 색깔, 우리가 거주하는 몸, 그리고 사랑하는 사람들이 우리에게 어떤 의미인지를 결정할 수 있어야 한다. 남자아이 옷 또는 여자아이 옷이 아니라 그냥 옷이어야 한다." 그는 "패션은 가능성을 제한하는 것이 아니라 확장하는 것이어야 한다"라고 주장한다. 하지만 역사적으로 옷은 소위 남성과 여성 간의 차이를 만들고 고착화하는 데 사용돼왔다. 서구 여성들이 여성성을 강조하기 위해 그야말로 억지로 몸을 특정 모양으로 만들었던 코르셋이 대표적인 예다. 완벽한 실루엣을 만들기 위해 코르셋 뒤쪽 끈을 격렬하게 조이는 모습에 대한 묘사를 대중문화에서 찾아볼 수 있다. 물론 코르셋을 착용한 약 4세기 동안 '완벽함'의 기준은 다양하게 변화했다. 하이웨이스트에서 삼각형으로 바뀌었고, 빅토리아 시대에는 엉덩이에 가까운 곡선형 허리가 표준이었다. 여기서 끈은 사람들을 억압해 제한적인 사회적 기준을 강화하는 데에 사용되었다.

옷가게에서 여아복과 남아복이 극명하게 대비되는 것을 볼 때(딸아이에게 채굴기와 트럭이 그려진 옷을 사주려면 보통 남아복 코너에 가야 한다) 늘 이랬던 건 아니라는 사실을 기억하는 게 중요하다. '규범'은 진화하고 변화하기 때문이다. 수천 년 전으로 거슬러 올라가는 힌두 신화에서 여성과 여신은 가슴을 드러낸 모습으로 묘사되곤 했

볼트와 너트

고, 남성과 여성 모두 로인클로스, 쿠르타 파자마, 앙그라카(긴 드레스형 가운)를 입었다. 현대의 수많은 인도 디자이너들은 이런 유산을 다시 탐구하고 수용해서 젠더 플루이드(gender-fluid) 컬렉션을 만들고 있다.

서양에서는 불과 2세기 전만 해도 남자아이도 여자아이와 마찬가지로 젠더에 따른 색깔 구분이 없는 긴 드레스를 입었다. 실제로 분홍색은 군용 색인 빨간색과 유사한 색조로 남자아이들이 더 자주 입었고, 여자아이들은 성모 마리아가 입는 파란색을 더 자주 입었다. 분홍색 천을 만들려면 값비싼 수입 염료가 필요했기 때문에 16세기 남성들은 재력, 심지어 신체적 용맹함을 나타내기 위해 분홍색 옷을 입었다. 어린아이에게는 어느 정도 유연하게 허용됐지만 미국에서는 여성의 바지 착용을 금지하는 법(1923년에야 법무부 장관이 폐지했다) 등 누가 무엇을 입는지를 통제하는 법이 많았다. 이런 법은 오늘날에도 영향을 미친다. 결혼식이나 무도회에서 여성의 옷차림으로는 여전히 드레스와 스커트가 적절한 것으로 여겨진다. 한편 한때 남성의 전유물로 여겨졌던 바지를 여성이 입는 것은 대체로 일상적인 일이 됐지만 드레스와 스커트를 입거나 화장을 하는 건 여전히 여성의 일로 간주되고 남성에게는 '허용'되지 않는다. 분홍색과 파란색의 구분(지금은 뒤바뀌었다)은 아동복과 장난감에 여전히 남아 있다.

끈으로 옷을 만들 때 생기는 또 하나의 커다란 사회적 영향은 바로 환경 문제다. 원단 생산으로 인한 온실가스 배출량은 모든 국제 항공과 해상 운송의 배출량을 합친 것보다 많으며, 매년 약 9200만

끈

톤의 원단이 폐기되고 약 1조 5000억 리터의 물이 소비된다. 우리의 소비 습관을 살피는 것 외에도, 이 거대한 문제를 해결하기 위해 제조 공정부터 재활용에 이르는 여러 기술이 활용되고 있다. 섬유 자체의 경우 혁신가들은 파인애플 잎, 사과 껍질, 포도 껍질과 줄기, 목재 펄프 같은 소재를 사용해 동물성 재료가 들어가지 않은 가죽을 만들고 있다. 해양 플라스틱과 페트병을 활용해 천을 짜는 데 쓸 실을 만드는 사람들도 있다. 천연섬유인 삼(대마)은 재배하는 데 필요한 물의 양이 목화에 비해 50퍼센트 적고 독한 살충제를 사용하지 않아도 되기 때문에 삼으로 대체하는 것도 도움이 된다.

옷감은 우리 건강에도 중요한 역할을 한다. 코로나19 팬데믹 기간 동안 과학자와 엔지니어들은 다양한 소재를 광범위하게 실험해 바이러스 침투를 어느 정도 막을 수 있는지 확인했다. 의료용이나 수술용 마스크는 보통 플라스틱 기반 소재인 '부직포' 세 겹으로 만들어진다. 의류나 가구에 쓰이는 전통적인 소재는 직물 혹은 편물로 규칙적인 패턴을 갖고 있지만, 부직포 소재는 접시 위에 스파게티를 얹어놓은 것처럼 섬유질이 무작위로 배열돼 있다. 이런 무작위성 덕분에 바이러스 같은 작은 입자를 훨씬 더 잘 잡아낼 수 있다. 이런 소재로 스펀본드 폴리프로필렌이 있는데, 섬유가 종횡 방향이 없이 아무렇게나 얽힌 것을 압축하고 녹여서 만든 것으로 가구 밑면에서 흔히 볼 수 있다. 세탁이 가능하고 일반적으로 공급되던 의료 장비가 아니기 때문에, 일부 지역에서는 추가 보호를 위해 이 소재를 천 마스크 레이어 사이에 필터로 추가하라고 권장했다.

인간의 삶에서 섬유가 얼마나 흔하고 유용한지를 고려하면 우리 건강과 삶, 세상을 더 좋게 만들기 위해 섬유에 관심을 집중하는 것은 당연한 일이다. 앞으로는 옷을 살 때 가격이나 디자인이 내게 잘 어울리는지를 따지기보다 더 많은 것들을 생각할 것이다. 이를테면 권력구조에서 옷의 역할, 신체를 구속하는 옷의 본질, 옷이 환경에 미치는 영향, 그리고 우리가 무의식적으로 스스로를 가두는 상자에서 모두를 해방시켜줄 잠재력이 있는지도 고려할 것이다.

베누스타스(아름다움)

나의 그 인도교(그 다리는 정말로 내 것이다) 위를 걷기 몇 년 전, 내 인생을 결정짓는 또 다른 순간을 경험했다. 3000년 이상 세대를 거쳐 전해 내려온 인도의 고전 무용 바라타나티암을 수련하기 시작한 지 9년이 되던 1999년 8월이었다. 나는 인도 전통 무용수의 데뷔 공연인 아란제트람(arangetram)을 앞두고 있었다. 20여 년이 지난 지금도 200명이 넘는 친구와 가족들이 객석에서 잔뜩 기대하며 앉아 있는 가운데 무대 한쪽 끝에서 내 차례를 기다리던 순간이 생생하다. 나는 똑바로 서서 손을 엉덩이에 얹고 어깨를 뒤로 젖힌 채 억지로 미소를 짓고 있었다. 음악가들이 탄푸라를 불고 청동 심벌즈를 두드리자 아름다운 선율이 강당 안을 가득 메웠다. 돌락의 빠른 비트가 내 차례를 알렸다. 나는 심호흡을 한 뒤 힘차고 리드미컬한 발걸음을 무대 위로 내디뎠다.

내 데뷔 무대의 가장 큰 특징이었던 음악은 주로 현악이었다. 네 줄로 된 탄푸라의 저음이 계속되고 끈을 조인 돌락의 비트가 울림과 동시에 끈을 팽팽하게 맨 바이올린 활이 멜로디를 연주했다. 무거운 청동 심벌즈(흰색 끈으로 연결되어 있다) 2개가 부딪히며 발목에 묶은 수십 개의 작은 방울인 궁그루 소리와 조화를 이뤘다.

끈은 장력을 받는 상태에서 유연하고 강하기 때문에 의류를 만들기에도 좋고, 악기에도 완벽한 소재가 된다. 바이올린, 시타르, 첼로, 사로드, 피아노는 팽팽하게 당겨진 현을 치거나 당기거나 구부려서 음을 만들어낸다. 음의 높낮이, 음색, 심도, 지속 시간 등 음의 질은 파동의 물리학으로 결정된다.

두 지점 사이에 묶은 현을 잡아당기면 현이 진동한다. 진동하는 현은 주변 공기와 악기 본체를 진동시켜 파동을 일으킨다. 진동하는 현에서 발생하는 공기의 잔물결이 고막을 통해 소리로 전달된다.

나는 늘 춤에 더 관심이 많았고 아쉽게도 악기를 배운 적은 없지만, 내 데뷔 무대 앙상블에서 중요한 요소가 탄푸라인 건 알고 있었다. 이 악기는 보통 1~1.5미터 정도로 크기가 다양하다. 둥글납작한 모양의 몸통이 기본인데, 말린 조롱박이나 호박으로 만든다. 몸통에서 위쪽으로 기다란 나무 목이 뻗어 있으며 상단에 나사 4개가 있다. 이 나사에 감긴 기다란 현 4개가 악기의 목을 지나 몸통까지

탄푸라

볼트와 너트

내려온다. 여기서 넓적한 '브리지'에 지지된 뒤, 호박의 곡선 테두리를 감싼다. 각 현의 끝부분에는 악기 몸통과 맞닿아 있는 화려한 구슬이 있다. 이 구슬을 곡선 위아래로 조정해 현의 조임 정도를 조절할 수 있다.

탄푸라에는 프렛(기타에 균일한 간격으로 설치돼 있는 쇠막대 – 옮긴이)이 없기 때문에 기타나 바이올린처럼 멜로디를 연주하는 데 쓰이지 않는다. 인도 전통 음악에서 탄푸라는 전자음이 없는 사운드스케이프(soundscape, 자연물과 동식물, 인공 음 등 다양한 소리가 합쳐져 청각으로 하나의 풍경이 만들어진다는 개념 – 옮긴이)를 만들어내며, 다른 음악가들이 연주할 수 있도록 영감을 주는 지속적인 베이스 음색을 만들어낸다. 나는 늘 탄푸라가 어떻게 그런 놀라운 소리를 내는지 궁금했기에 더 자세히 알아보고 싶었다. 알고 보니 음악가의 손재주뿐만 아니라 현을 신중하고 독특하게 사용한 데서 비롯되는 것이었다.

마침 힌두교 빛의 축제인 디왈리가 있던 날 런던 사우스올로 여행을 떠났다. 이곳은 펀자브족 인구가 많은 것으로 유명한 지역이며, 확성기로 자기들의 불꽃놀이를 홍보하는 상점들 앞에서 살와르 카미즈와 사리를 입은 사람들이 길거리 음식과 과자를 담은 접시를 들고 수다를 떠는 모습을 보니 마음이 설렜다.

파니푸리 한 접시를 집어들고 목적지로 향했다. JAS 뮤지컬은 인도 악기를 판매하고 수리하는 가게로, 사우스올 번화가에서 수십 년 동안 자리를 지켰다. 가게 안으로 들어가 주인인 하짓 샤를 만났다. 그는 나보다 그리 크지 않았고 빼곡한 회색 수염을 감싸는 짙은 파란색 터번을 쓰고 있었다. 그의 주변에 놓인 선반에는 시타르, 비나, 타블라, 하모니움, 탄푸라 같은 악기들이 가득 차 있었다. 우리는 좁은 계단을 내려가 복작복작한 지하층의 작업실로 들어가 앉았고, 하짓은 자기 이야기를 들려주었다.

인도에서 엔지니어로 훈련받던 그는 1984년 아버지와 함께 영국으로 건너왔다. 그 여행은 결국 그의 인생을 완전히 바꿔버렸다. 인디라 간디 총리가 암살당하면서 고향으로 무사히 돌아갈 수 없게 되었기 때문이다. 불안정한 정치 상황 탓에 가족들은 그에게 고향으로 돌아오지 말고 런던에 남아 그곳에서 삶을 꾸리라고 권했다.

하짓은 우유 배달, 택시 운전 등 돈이 되는 일은 무엇이든 했다. 어느 날 아버지가 성직자로 일하던 시크교도 예배당에서 하짓에게 하모니움 네 대를 인도에서 구해달라고 요청했다. 그래서 하모니움을 주문했지만 건조하고 더운 기후에 맞게 제작된 그 악기는 안개가 자욱한 런던의 추위 속에서는 건반이 제대로 눌리지 않았다. 그때 하짓은 인도 악기를 판매하는 사업을 시작해야겠다고 생각했다. 임대 주택 차고에서 사업을 시작한 그는 자신의 엔지니어링 기술을 발휘해 악기가 유럽 기후에서도 잘 작동할 수 있도록 개조했다.

"나는 음악을 들을 때 멜로디가 아니라 악기 자체에 귀를 기울입니다. 악기의 음향적 특성에 집중하는 거죠. 누군가 멋진 음악을 연주하고 있지만 내 귀와 몸, 뇌는 다른 세계로 들어갑니다. 음악가가 어떻게 연주하는지, 현이 어떻게 반응하는지, 얼마나 자주 조율하는지, 조율이 얼마나 안정적인지 등 악기에 집중합니다. 현은 강철일까, 황동일까, 아니면 동물 내장으로 만든 거트 현일까?"

위층 가게로 돌아온 하짓은 사다리를 타고 올라가 맨 위 선반에서 커다란 탄푸라를 꺼내 내려왔다. 탄푸라에는 강철 현 3개와 가장 낮은 음을 연주하는 황동 현 1개가 있었다. 그는 악기를 테이블 위에 수평으로 내려놓고 현을 하나씩 팅기면서 상단의 못을 차례로 조이기 시작했다. 소리의 높낮이가 변하는 것이 들렸다. 그는 현을 얼마나 조여야 적당한지 경험으로 알았다. 하지만 이건 첫 번째 단계에 불과했다.

하짓은 현을 계속 팅기면서 현 아래쪽 구슬을 앞뒤로 부드럽게 움직여 음을 조율했다. 여기까지는 음악가가 아닌 내게도 친숙한 과정이다. 만족한 그는 나를 향해 돌아서서 이렇게 말했다. "이제 탄푸라의 진짜 마법을 보여드릴게요."

하짓은 재봉틀에 끼울 수 있는 종류의 면실 한 줄을 꺼내 자기 둘째 손가락 길이로 네 조각을 끊어냈다. 첫 번째 강철 현을 팅겼다. 그의 손가락이 현을 떠나는 소리, 그리고 뒤이어 음이 들리더니 금세 조용해졌다. "정확하지만 생명력이 없는 밋밋한 음"이라고 그가 말했다.

그는 면실 한 조각을 가져다 가운데 부분을 강철 현 아래에 놓았다. 그러고는 실의 양끝을 들어올려 집게손가락과 엄지손가락으로 잡고 강철 현에 감았다. 실을 브리지가 있는 곳까지 천천히 끌어내렸다. 그런 다음, 이제 브리지와 현 사이에 끼워져 있는 면실을 천천히 당기면서 강철 현을 팅겼다. 밋밋했던 음이 갑자기 웅웅거리는 소리로 바뀌었다. 그는 이 작업을 4개의 현에 전부 반복한 뒤 현을 순서대로 팅겼다.

끈

이제 현을 퉁긴 뒤로도 오랫동안 각 현의 웅웅거리는 소리가 지속되었다. 음이 서로 겹쳐지면서 더 이상 하나의 소리가 아니라 다양하고 풍부하며 초자연적인 소리가 났다. 영적인 느낌마저 들었다. 나는 저절로 눈을 감았다. 바깥 거리의 모든 소리가 사라지는 것 같았다. 무용수 데뷔 무대를 치르던 그날로 돌아간 것 같았다. 관자놀이에서 시작된 진동이 팔, 등, 다리로 내려가는 게 느껴졌다. 탄푸라가 어떻게 음악가에게 영감을 주는지, 수십 년 전 탄푸라가 어떻게 나를 무대 공연에 집중하게 해줬는지 알 것 같았다. 나는 실을 꼬아 만든 이 고급스럽고 일렁이는 듯한 탄푸라 소리에 완전히 몰입하고 말았다.

다양한 종류의 탄푸라가 동유럽, 튀르키예, 북아프리카 전역, 중동 및 인도에서 발견되기 때문에 그 역사를 추적하는 건 까다로운 일이다. 인도의 토착 악기에서 발전했다는 설과 수 세기 전 아랍-페르시아의 음악가들이 비슷한 악기를 도입했다는 설이 있다. 하짓은 신과 여신이 명상 중 체험한 것을 바탕으로 이런 형태의 악기를 개발했다는 의미로 해석할 만한 구절이 3000년 전 힌두교 경전《사마베다》에 나온다고 말했다. 하지만 그는 재빨리 되짚었다. "영성에 너무 깊이 들어가지 말고 엔지니어링 측면에 집중합시다."

하짓은 인도의 악기 제작자들이 저평가되어 생활수준과 교육수준이 낮고 문맹이 되는 경우도 많다는 사실을 한탄했다. 그는 기술 손실, 그리고 탄푸라 개발에 과학이 적용되지 않는 현실을 우려하고 있었다. 이 악기는 여러 세대에 걸쳐 완성되었다고 여겨지는데, 이젠 발전이 정체된 것 같다. 그는 "탄푸라 조율, 탄푸라의 음색, 탄

볼트와 너트

푸라의 소리에 대한 연구는 있지만 탄푸라의 물리학이나 엔지니어링에 대한 연구는 거의 없다"고 말했다. 그는 다른 엔지니어에게 탄푸라에 대해 이야기할 기회가 생겼다는 사실에 기뻐하며 탄푸라가 어떻게 이렇게 중첩된 하모니를 만들어낼 수 있는지 설명했다.

핵심은 금속 현의 한쪽 끝을 지지하는 단단한 조각인 브리지다. 서양 악기의 브리지는 매우 좁고 평평한 경향이 있는데, 이는 현이 날카로운 모서리 가장자리에서 깨끗하게 떨어지게 해서 음의 높낮이를 최대한 제한하기 위해서다. 반면 탄푸라의 브리지는 넓고 윗면이 구부러져 있다. 음악가들과 탄푸라 제작자들은 음향학적 관점에서 악기의 음질을 설명하는 '자바리(javāri)'라는 개념을 언급한다. 이 단어는 제작자가 원하는 소리를 내기 위해 둥근 브리지를 만드는 과정을 뜻하는 동사로도 사용된다. 탄푸라 브리지는 원래 상아로 만들어졌지만, 요즘은 흑단이나 나일론으로 만들어지는 경우가 많다.

곡면 브리지는 현에 흥미로운 작용을 한다. 현을 튕기면 현이 진동하기 시작해 빠르게 위아래로 움직이면서 브리지 표면을 부드럽게 스친다. 파동 물리학에 따르면 현이 길수록 파장이 긴 소리를 내며, 이는 곧 음정이 낮아진다는 것을 의미한다. 반대로 현이 짧을수록 음정이 높아진다. 브리지가 날카로운 서양 악기에서는 현의 끝점(즉 현의 길이)이 항상 동일하다. 하지만 탄푸라에서는 현과 브리지가 닿는 지점이 현의 움직임에 따라 달라진다. 현이 위로 움직이면 아래로 움직일 때보다 현의 길이가 아주 약간 길어진다. 또한 현의 에너지가 감소함에 따라 현이 브리지와 접촉하는 지점이 서서

끈

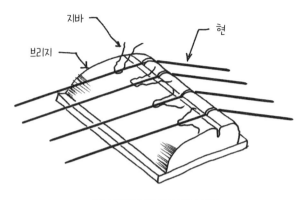

지바

브리지

현

지바 실이 달린 탄푸라의 곡면 브리지

히 변한다. 현 길이의 미묘한 변화를 통해 음이 서로 겹쳐지기 시작한다.

면실은 또 다른 차원을 더한다. 하짓은 실을 현과 브리지 사이에서 천천히 움직였고, 현이 극적으로 공명하거나 진동하기 시작하는 지점에 도달하자 풍성한 음이 흘러나왔다. 면실은 브리지의 특정 위치를 정확하게 짚어내 금속 현이 자유롭게 춤출 수 있게 함으로써 현과 현이 내는 소리에 생명력을 불어넣어준다. 하짓은 이 실을 생명 또는 영혼이라는 뜻의 '지바(jivā)'라고 부른다고 알려주었다.

현악기 제작에 놀라운 역할을 한 직물은 면실뿐만이 아니다. 현 자체를 강철이나 황동(탄푸라), 또는 실크나 나일론이 아니라 훨씬 더 소름 끼치는 물질로 만들 수도 있다. 바로 창자실(catgut)이다. 진짜 고양이 내장은 아니지만, 내장이 맞긴 하다. 포유류의 몸 전체, 특히 피부, 연골, 인대, 힘줄 등 힘과 탄력이 필요한 부위에서 발견

볼트와 너트

되는 섬유단백질인 콜라겐을 채취하기 위해, 보통 양 내장을 도축장에서 아직 따뜻할 때 통째로 들어낸다. 이걸 몇몇 화학물질에 차례로 담가 콜라겐 섬유를 제외한 모든 조직을 녹여낸다. 세척이 끝나면 장력을 가한 상태로 늘이고 비틀어 말린다. 이렇게 만든 창자실은 강철이나 합성 현보다 약하고 빨리 끊어지지만, 많은 전문 음악가들은 창자실을 더 선호한다. 질량과 유연성의 조합 덕분에 더 풍부한 소리를 만들어내기 때문이다(창자실은 다른 분야에서도 가치 있게 쓰인다. 몇몇 프로 테니스 선수들은 라켓에 폴리에스테르나 케블라 대신 강도와 탄력성 조합이 좋은 창자실을 쓴다. 또 창자실은 실크나 나일론실과 달리 몇 주에 걸쳐 체내에서 녹기 때문에 수술 후 꿰맬 때 쓰는 봉합사도 한때 창자실로 만들었다).

악기 현에 사용되는 재료가 무엇이든, 그 구성 방식은 처음 상상했던 것보다 복잡한 경우가 많다. 탄푸라 현이나 기타의 위쪽 현 3개는 얇은 금속 또는 (클래식 기타의 경우) 나일론 소재로 된, 전체적으로 굵기가 일정하도록 정밀하게 만들어진 사실상 일반 현이라는 걸 알 수 있다. 하지만 기타의 아래쪽 현 3개를 만져보면 돌돌 감겨 있는 줄이라는 것을 알 수 있는데, 이는 현의 질량을 늘리고 음정을 낮추기 위해서다. 중심부에 일반 현이 있고, 그 주위를 또 다른 현(하나 또는 그 이상)이 나선 모양으로 감싸고 있다. 음정이 높은 줄은 보통 음정이 낮은 줄보다 적게 감겨 있다. 오늘날 현을 만드는 공정은 고도로 자동화되어 있기 때문에 제조업체는 하루에 7000개 이상의 현을 생산할 수 있다. 이 모든 기술적 세부사항과 제조공학의 이면에는 우리의 감각을 자극하는 완벽한 음을 만들려는 아름다움에 대한 탐구가 있었다는 사실을 기억해야 한다.

악기의 아름다움을 추구하는 이 과정에서도 피르미타스(견고함)와 우틸리타스(유용함)의 개념이 필수다. 음을 내기 위해서는 현을 조율해야 한다. 즉 나사를 돌려서 섬유질 전체에 점점 더 많은 장력을 가하는 방식으로 현을 조여야 한다. 현이 탁 끊어질까 봐 걱정이될 때까지 말이다. 그러나 끊어지지 않는다. 현은 이런 힘을 견디면서 우리가 원하는 유용한 결과를 만들어내며, 그 힘 없이는 음악도 존재할 수 없다. 이처럼 유연한 힘이 실용성 및 심미성과 특별하게 결합하면서 끈은 우리 문화의 본질적인 요소로 자리 잡았다. 끈은 단순히 실용주의와 유용함만으로 알려진 혁신이 아니라, 엔지니어링이 여기에다 아름다움을 결합해 적어도 내 삶을 더 풍요롭게 해주는 놀라운 경험을 만들어낼 수 있다는 것을 보여준다.

7장

펌프
PUMP

심장의 기능을 대신할 수 있는
유일한 도구

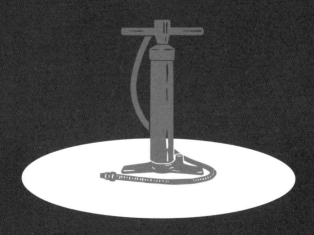

5000년 전 고대 메소포타미아(지금의 이라크 지역)는 여기저기 습지대가 있는 황량한 평야로, 티그리스강과 유프라테스강 사이에 있었다. 건조한 환경 탓에 초기 정착민들은 늘어나는 인구를 먹여 살리기 위해 농작물에 물을 대야 했다. 종종 발명은 필요에 따른 대응에서 나오며, 고대 메소포타미아인들이 겪은 곤경은 태곳적부터 인류가 직면해온 문제였다. 어느 무명의 발명가(발명가 집단일 수도 있다)가 천재적인 발상으로 농작물을 풍성하게 재배해 모두를 먹일 방법을 생각해냈다. 이 발명품은 샤두프라고 불리는 학 모양의 구조물이었다. 마치 키가 엄청 큰 지지대 위에 놓인 시소처럼, 꼭대기에 레버가 달린 직립형 프레임이었다. 한쪽 끝에는 양동이가 달린 긴 막대가 있고 다른 쪽 끝에는 균형추가 달려 있었다. 이 간단하고 기발한 구조물 덕분에 강에서 양동이로 물을 퍼 올려 농지에 골고루 댈 수 있었으며, 이는 생존에 필수적이었다.

샤두프는 펌프다. 펌프라는 단어가 수많은 움직이는 부품이 들어간 상당히 정교한 기술이라는 이미지를 떠올리게 하지만 기본적으로는 액체나 기체를 운반하는 장치다. 줄 끝에 매단 양동이를 당기는 것과 같이 단순한 형태일 수도 있고, 휘발유를 연소시켜 차량에 동력을 공급하는 다중 피스톤 모터 구동식 엔진처럼 복잡한 형태일 수도 있다.

역사적으로 펌프는 깨끗한 물을 공급하고 더러운 물을 제거하며 열악한 환경에서도 식량을 대량으로 재배할 수 있도록 하는 데 중요한 역할을 해왔다. 펌프가 필요한 건 유체(액체와 기체 모두 포함)가 자연적으로 주변 힘에 반응하는 방식으로 움직이기 때문이다. 폭포수가 그렇듯 유체는 중력을 따라 높은 곳에서 낮은 곳으로 흐른다. 또 기압이 높은 곳에서 낮은 곳으로 이동하는데, 자유로이 흐르는 입자는 기압 차이가 생기는 것을 좋아하지 않고 평형을 이루려고 하기 때문이다(풍선 안의 공기는 외부 공기보다 압축되는 것을 좋아하지 않는다. 이 때문에 풍선을 불고 나서 묶지 않으면 공기가 밖으로 빠져나와 균형이 맞춰진다).

펌프는 유체를 부자연스러운 방식으로 움직이게 한다. 중력과 반대 방향으로 유체를 밀어올리거나 억지로 고압으로 만들기도 하고, 아니면 단순히 다른 장소로 운반할 수도 있다. 스프링과 마찬가지로 펌프도 전 세계 각 지역에서 여러 맥락과 필요에 따라 독립적으로 개발되어 다양한 형태로 발전했다. 이는 엔지니어들이 공학적 문제에 대한 해결책으로서, 펌프의 잠재력을 오랜 시간 다양한 지역에서 탐구해온 역사의 증거다.

샤두프나 아르키메데스의 나선 양수기(고대 이집트에서 발명됐고 그리스 수학자가 설명한 것으로 1장에서 언급했다) 같은 혁신적인 펌프는 사람들이 물 공급을 위해 창의력을 발휘해야 했던 건조한 지역에서 처음 생겨났다. 심지어 현대사회에서도 수도꼭지를 틀면 깨끗한 물이 콸콸 쏟아지는 곳에서 사는 운 좋은 사람들도 펌프에 의존하고 있다. 오늘날 우리가 쓰는 많은 펌프의 기원이 중세, 더 구체적으로는 이름조차 생소한 어느 엔지니어에게게서 비롯되었다는 사실이 흥미롭다(부끄럽기도 하다).

1206년에 출간된 논문《독창적인 기계 장치에 대한 지식서(*Kitāb ma'rifat al-hiyal al-handasiya*)》에서 발명가이자 엔지니어인 바디 아자만 아부리즈 이븐 이스마일 이븐 알라자즈 알자자리는 50개가 넘는 기계 장치를 아주 상세하게 설명했다. 디야르바키르(오늘날의 튀르키예에 있다)에서 수십 년 동안 기계 엔지니어로 아르투크 왕들을 섬겼던 그는 뛰어난 엔지니어이자 공예가로 유명했다.

알자자리는 그의 백과사전식 논문에서 기계와 장치를 크게 여섯 가지로 분류해 설명했다. 기계와 장치의 작동 원리를 자세히 묘사했을 뿐만 아니라 기계와 장치의 구성 및 조립 방법까지 꼼꼼하게 설명해서 미래의 엔지니어들에게 풍부한 지식을 제공했다. 형태와 기능을 훌륭하게 결합한 그의 업적 중 가장 잘 알려진 것은 화려하고 거대한 '코끼리시계'(길이 1.2미터, 높이 1.8미터)다. 여기에는 오토마타, 유량 조절기, 폐쇄 루프 시스템 등 그가 만든 수많은 발명품이 들어가 있으며, 이 발명품들은 오늘날에도 엔지니어링에 사용되고 있다.

알자자리는 고국의 건조한 기후에서 물을 끌어올리려고 펌프도 발명했다. 특히 기발한 디자인은 두 가지 작업을 동시에 수행하는 왕복펌프였다. 그는 2개의 구리 실린더를 서로 마주 보게 배치했다. 각 실린더 안에 밀어내는 플런저 장치가 있었는데, 2개의 플런저가 막대 하나로 연결돼 있었다. 스윙 암에 부착된 기어가 이 막대

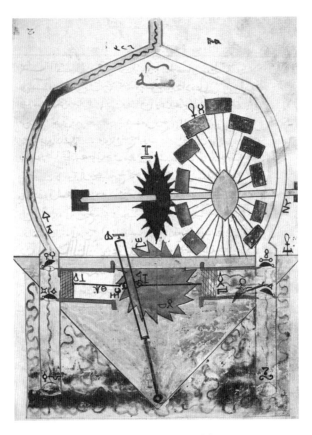

알자자리의 펌프 디자인 중 하나

를 앞뒤로 밀면, 동작 한 번에 한쪽 실린더로는 물을 밀어내고 다른
쪽 실린더로는 물을 끌어당길 수 있었다. 이는 액체를 부분 진공 상
태로 끌어당기는 흡입 파이프의 진정한 첫 사례로 여겨진다.

    회전운동을 직선운동으로 바꾸는 크랭크축은 오늘날 연료로 굴
러가는 자동차의 핵심 특징으로, 알자자리가 발명했다. 이 장치에

볼트와 너트

는 여러 개의 직선 막대들이 수직 방향으로 뻗어 있는 메인 암이 있다. 메인 암의 위아래로 구부러진 '크랭크' 모양으로 인해 일렬로 늘어선 수직 막대들이 앞뒤로 당겨지면서 가스나 연료를 압축한다. 이 기술은 증기기관과 자동차 엔진을 발명하는 데 핵심 역할을 했으며, 이것이 없었다면 세상은 지금과 같지 않았을 것이다.

인류가 물을 필요로 하고 물에 의존했기 때문에 수많은 펌프가 물 운반 용도로 개발되었다. 17세기 무렵부터 엔지니어들은 다른 액체, 다른 용도로 눈을 돌렸다. 19세기와 20세기에는 산업화가 진행되면서 펌프 설계가 급속도로 발전했고 펌프는 매우 다양한 용도로 사용되었다. 예를 들어 알자리가 사용한 것과 같은 플런저가 달린 실린더, 즉 피스톤은 자전거 펌프와 자동차 엔진에 적용되었다. 돌아가는 부품이 있는 회전펌프는 기어펌프(휘발유처럼 점성 있는 액체를 밀어내는 펌프)처럼 유체를 이동시켰다. 수동식에서 전동식으로 바뀌면서 펌프는 더 정교하고 복잡해졌다. 원심펌프는 이 새로운 동력원을 사용해 액체를 고속으로 회전시켜 구심력으로 액체를 바깥쪽으로 밀어낸 다음(놀이공원에서 흔히 볼 수 있는 회전 놀이기구에서 사람이 원통형 벽면으로 밀리는 것과 거의 유사한 방식) 배출구로 내보냈다.

현대 생활을 가능하게 해준 펌프의 예는 무궁무진하지만, 가장 정교한 펌프 하나는 인류가 발명하기 훨씬 이전부터 자연에 존재했다. 우리 모두의 몸속에는 없으면 살 수 없는 특별한 펌프가 있다. 심장은 태아에서 가장 먼저 발달하는 기관인데, 모든 세포에 산

펌프

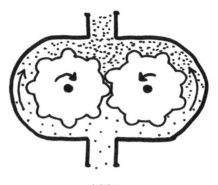

기어펌프

소와 영양분을 공급하고 노폐물을 제거해야 생존할 수 있기 때문이다. 세상에 태어나면 심장과 순환계가 매일 이 역할을 수행한다. 사람의 심장은 하루에 약 10만 번 박동함으로써 신체가 기능할 수 있게 해준다. 엔지니어들이 역사적으로 독창적인 펌프를 발명하고 제작해왔지만, 심장과 비슷하게 견고하고 효율적으로 작동하는 펌프를 만들기 위해 오랫동안 분투해왔다. 심장 기능이 저하되거나 망가지기 시작했을 때 이를 치료할 방법을 오랫동안 모색해온 것처럼 말이다. 문제는 심장이 표준화된 가동부를 지닌 전형적인 펌프가 아니며, 엔지니어링 도면에 치수가 엄밀하게 기재돼 있는 기계 장치가 아니라는 점이다. 어느 정도까지는 이를 모방할 수 있었고, 많은 생명을 구할 수 있었다. 하지만 이를 구현하기까지 수많은 실험과 실패, 그리고 죽은 고양이들이 필요했다.

○ ◎ ◎

　심장이 특별한 펌프인 이유는 다용도성, 신뢰성, 수명에 있다. 크기는 주먹만 하다. 모든 것이 원활하게 작동할 때 분당 5리터의 혈액을 밀어낸다. 달리거나 겁을 먹거나 신체에 산소 공급이 갑자기 많이 필요한 상황에서 자동으로 약 20리터까지 매우 빠르게 늘릴 수 있다. 뛰어난 운동선수는 그 속도가 거의 두 배에 달한다. 이를 해내기 위해 심장은 박동 횟수를 늘릴 뿐만 아니라 크기도 조절한다. 심장은 평생 끊임없이 안정적으로 작동한다. 80년 이상 30억 번 박동한다. 그리고 적어도 역사적으로는 유지 보수를 한다고 멈추는 일 없이 이 작업을 해왔다.

　심장은 신경계에서 생성되는 전기 신호에 의해 움직이는 근육이다. 건강한 심장은 속이 비어 있는 4개의 구역으로 구성돼 있다. 위쪽에 2개의 심방이 있고, 아래쪽에 2개의 심실이 있다. 오른쪽 심장(우심방, 우심실)은 몸으로부터 산소가 고갈된 혈액을 받아 폐로 보내고, 폐는 우리가 들이마신 신선한 산소를 받아들이고 이산화탄소를 배출한다. 이렇게 산소가 공급된 혈액은 왼쪽 심장(좌심방, 좌심실)으로 흘러들어가 먼저 심방으로 이동한 다음 좌심실로 내려간다. 심장의 이 부분은 혈액을 손끝과 발끝까지 밀어내야 하므로 가장 강한 힘을 낸다.

　하지만 이런 개인 펌프에 문제가 생기면 어떻게 될까? 심장 전문의 로런 프랜시스는 커피를 마시면서 심장과 순환계가 생명을 유지하는 데 얼마나 중요한지 내게 설명해주었다. 뇌에 단 몇 분만 산

펌프

소가 부족해도 돌이킬 수 없는 손상이 시작되고, 약 10분 뒤면 그대로 끝장이라는 것이다.

지금까지 로힌의 경력에서 가장 기억에 남는 순간은 가슴이 열린 여성 옆에 서 있었던 때다. 열려 있었고, 텅 비어 있었다. 심장과 폐가 제거된 상태였고 로힌은 뻥 뚫린 구멍을 통해 흉곽 뒤쪽을 볼 수 있었다. 이 여성은 살아 있었다. 60년 전 태어날 때부터 심장에 결함이 있었고 결국 너무 약해져서 심장과 폐, 즉 심혈관계를 이식받기 위해 수술실에 누워 있었다. 다른 병원에서 기증 장기가 오기까지 20분 정도 기다려야 했기 때문에 수석 외과의와 수술팀 대부분이 잠시 휴식을 취하기 위해 자리를 떠났다. 로힌은 심장과 폐가 없는 사람이 살아 있는 광경이 역사상 몇 번이나 목격됐을지 궁금해하며 그 자리에 서서 상황의 엄중함을 느꼈다. 그가 생각하는 와중에 간간이 뒤에서 그녀의 제거된 장기를 대신하는 대형 기계의 윙윙거리는 소리가 들려왔다.

심장은 인체에서 가장 복잡한 장기로, 수많은 결함이 생길 수 있다. 매년 수천 명의 아기가 이 여성처럼 심장에 구멍이 있거나 심장 양쪽을 분리하는 벽에 결함이 있는 채로 태어난다. 대부분 개입이 불필요하지만, 어떤 경우는 출생 직후 구멍을 닫아야 한다. 수년 동안 이 문제를 수술로 고치는 것은 거의 불가능했다. 심장을 멈춘 상태에서 수술을 시도할 경우 시간적 제약이 너무 크기 때문인데, 환자의 체온을 낮춰 뇌에 필요한 산소량을 줄인다 한들 수술에 허용되는 시간은 10분 남짓에 불과했다. 유일한 다른 선택권은 심장이 여전히 혈액으로 가득 차 있고 박동하는 동안 수술을 진행하는 방법이었다. 이론적으로야 심장에 생긴 구멍을 꿰매거나 이식편으로 쉽게 고칠 수 있지만, 실제로는 모든 시도가 거의 무용지물이었다. 수술은 잘해봐야 효과가 미미했고, 최악의 경우 환자는 생존하지 못했다. 그래서 의사들은 심장이 기능하지 못하는 동안 뇌와 다른 복잡한 장기들을 살릴 수 있는 방법을 찾아보기 시작했다.

수술실에서 로힌의 환자를 살아 있게 한 건 특별한 심폐기였는데, 대부분의 의료 전문가들은 그냥 '펌프'라고 부른다. 1930년 2월 젊은 의료인 존 헤이샴 기번 주니어(보통 잭으로 더 많이 알려져 있다)는 하버드 의과대학의 외과 전문의가 되었다. 실험적 수술 연구 경험이 많지 않았지만 작은 실험실에서 일하게 되었다. 다행히도 메리(말리라고도 불린다) 홉킨스라는 유능하고 경험이 풍부한 테크니션의 도움을 받을 수 있었는데, 그녀는 잭을 실험적 수술에 입문시켰으며 이후 성공적인 프로젝트에서 적지 않은 기여를 했다.

그해 10월 일상적이고 특별할 게 없는 수술을 받던 한 환자에게서 특이한 합병증 증상이 나타났다. 산소가 다 떨어진 혈액을 폐로 보내주는 동맥에 커다란 혈전이 생겨 막혀버린 것이다. 하룻밤 사이에 잭은 환자가 사경을 헤매고, 산소 부족으로 인해 환자의 혈액이 짙은 색깔로 변하는 모습을 지켜봐야 했다. 이전의 수많은 심장 합병증 환자들이 그랬던 것처럼 도울 수 있는 방법이 없었다. 잭은 환자의 정맥에서 혈액 일부를 빼내 산소를 주입하고 이산화탄소를 제거한 뒤 신선해진 혈액을 환자의 몸으로 다시 주입할 방법이 있으면 좋겠다고 생각했다. 즉 막힌 혈관을 뚫고 체외에서 심장 기능 일부를 수행할 방법이 필요했다.

펌프
———

잭은 이 아이디어를 확장해 심장 기능뿐만 아니라 폐 기능까지 수행하는 기계를 만들고자 했다. 이런 기계가 있다면 심장 자체를 수술하는 것은 물론, 다른 장기에 치명적인 영향을 주지 않으면서 심실을 열어 내부에서도 수술이 가능할 터였다(잭은 몰랐지만, 러시아 과학자 세르게이 세르게예비치 브루코넨코도 1920년대부터 이 문제를 연구해 왔다. 그는 두 시간 동안 개의 심장과 폐를 우회하는 데 성공했지만 예기치 못한 출혈로 인해 실험을 중단했고 개는 목숨을 잃었다. 결국은 전쟁 때문에 연구를 그만둬야 했다. 이는 필요가 발명을 낳는 다양한 경우가 생길 수 있다는 것을 보여주는 또 다른 예다).

잭과 말리가 만들고자 했던 두 가지 주요 구성 요소 중 첫 번째는 혈액에 산소를 공급하고 이산화탄소를 제거하는 일종의 인공 폐였고, 두 번째는 혈액을 기계와 몸 안으로 밀어 넣어주는 펌프였다. 펌프를 설계하는 것은 엄청난 기술적 도전이었다. 효율적이고 견고하며 신뢰할 수 있어야 하고, 누출이나 정전에 대비한 백업 시스템도 넣어야 했다. 펌프를 작동시키는 사람은 환자 상황에 맞게 혈액 흐름을 조절할 수 있어야 했다. 혈액이 기계를 순환하는 동안 차갑게 식기 때문에 환자의 몸으로 다시 넣기 전에 따뜻하게 데워야 했다. 어디 이뿐인가. 적혈구는 섬세한 막으로 둘러싸인 작은 액체 주머니에 불과해 매우 취약하다. 혈액이 너무 거칠게 흐르거나 난기류가 생기면 적혈구가 파열돼 모든 노력이 물거품이 될 수 있다. 따라서 펌프는 혈액을 사지 구석구석 보낼 수 있을 만큼 강해야 하지만 혈액을 손상시키지는 않아야 한다. 인간의 심장은 수천 년 동안 이 섬세한 줄타기를 완성하기 위해 노력해왔다. 이를 비슷하게 모방하는 건 까다로운 일이었다.

각 구성 요소의 초기 설계를 마친 잭은 고양이를 대상으로 실험하기로 했다. 고양이를 선택한 것은 몸집이 작아 산소를 넣어줘야 하는 혈액의 양이 적기 때문이었다. 필라델피아시 당국이 연간 3만 마리의 길고양이를 죽이고 있었으므로, 그는 밤중에 참치와 자루를 들고 나가 이 순진한 피험자들을 데리고 실험실로 돌아왔다. 마음이 약한 사람은 이 끔찍한 일을 해내지 못했을 것이다.

말리는 매일 아침 일찍 업무를 시작해 몇 시간씩 실험에 사용할 장비를 준비했다. 모든 장비를 소독하고 조립하고 나면 고양이를 마취하고 인공호흡기에 연결해 숨을 쉴 수 있게 했다. 다음 단계는 가슴을 열어 심장을 드러내는 것이었다. 이 커플은(연구실에서 사랑을 싹틔워 훗날 결혼했다) 심장으로 드나드는 2개의 주요 혈관에 관을 삽입해 심폐기로 혈액을 보냈다. 또 이 부자연스러운 환경에서 혈액이 응고되지 않도록 의학계의 경이로운 업적인, 헤파린이라고 불리는 새로운 화합물을 주입했다. 그들은 폐동맥(폐로 혈액이 들어가는 혈관)을 막고 기계를 켠 뒤, 지켜봤다.

여러 번의 실패와 좌절을 겪고, 기계를 수정한 끝에 1935년 마침내 고양이 한 마리를 네 시간 동안 살려놓는 데 성공했다. 1939년에는 이 기계로 최대 20분 동안 생명을 유지한 고양이 네 마리가 완전히 회복했다고 발표했다(그중 한 마리는 몇 달 후 건강한 새끼 고양이를 낳았다). 수년간의 연구 끝에 그들은 동물의 심장 박동을 안전하게 멈춰둘 수 있는 시간을 두 배로 늘릴 수 있었고, 20분이 짧게 보일지도 모르지만 적어도 흔한 심장 결함을 고치는 수술을 하기에

펌프

는 충분했다.

1952년, 그들은 마침내 인간을 대상으로 실험할 준비를 마쳤다. 유아를 포함한 두 명의 환자가 비극적으로 사망했지만 둘 다 이미 악화된 상태였으므로, 이들의 죽음이 반드시 말리와 잭의 기계 때문은 아닐 수도 있다. 그리고 1953년 5월, 심장 결함을 가지고 태어난 열여덟 살의 세실리아 바볼렉은 체외순환 수술을 성공적으로 받은 최초의 환자가 되었다. 그녀는 총 45분 동안 기계와 연결돼 있었고, 기계는 26분 동안 그녀의 심장과 폐 기능을 대신했다. 세실리아는 빠르게 회복했고, 정상 수준의 운동 능력도 곧바로 회복했다. 그녀는 완전히 건강한 상태를 유지했다. 잭과 말리 기번 부부의 수술은 성공적이었고, 심장 수술의 역사를 영원히 바꿔놓았다.

기번 부부가 처음 기계를 설계할 때는 혈액 흡입구와 배출구를 지닌 접을 수 있는 체임버를 만들어 심장의 펌프 작용을 모방하려고 했다. 이 체임버는 이완되면 채워지고 압축되면 비워지는 형태였는데, 움직이는 모든 부품과 밸브를 세척하고 멸균하는 게 너무 어려웠다. 그러나 현대 의학이 밝혀낸 바에 따르면 맥박의 형태가 아니어도 혈액이 지속적으로 흐르기만 하면, 더구나 짧은 시간 동안만 그렇게 하는 경우라면 신체가 상당히 잘 기능할 수 있다. 심장을 똑같이 모방해야 한다는 제약에서 벗어나자 기번 부부는 움직이는 부품의 개수가 훨씬 적고 결과적으로 청소와 유지 관리가 훨씬 쉬운, 보다 단순한 기계를 설계하고 제작하는 데 집중했다.

잭이 최종 결정한 디자인은 오늘날 체외순환 기계에 사용되는 것과 같은 종류의 롤러 펌프였다. 롤러 펌프에서 환자의 혈액은 투명한 플라스틱 관에 모인다. 관의 일부가 반원형으로 고정돼 있고, 그 안쪽에 회전하는 모터가 있다. 모터에는 암이 달려 있는데, 암의 양 끝에 자체 축을 중심으로 자유롭게 회전하는 원통이 달려 있다. 암이 회전하면 이 원통이 관을 문지른다. 그러다 원통 하나가 반원형으로 고정된 부분을 벗어나면, 다른 원통이 뒤이어 그 위로 굴러 올라간다. 이런 동작을 통해 관 한쪽에서는 혈액을 끌어당기는 흡입이 일어나고 다른 쪽에서는 혈액을 밀어내는 추진 작용이 일어난다.

심폐기 덕분에 외과의는 이제 심장에 광범위한 시술을 할 수 있다. 환자의 나이나 건강 상태, 문제가 생긴 위치에 따라 다르긴 하지만, 심실을 분리하는 벽과 심장 판막, 그리고 아기가 처음부터 가지고 태어난 결함까지 치료할 수 있다. 폐에서 혈전을 제거하고, 파열될 위험이 있는 부풀어 오른 동맥을 복구할 수 있다. 또 로힌이 직접 경험했듯 심폐기는 심장 이식의 세계를 열었다.

하지만 문제가 있다. 기증자가 턱없이 부족하다. 로힌은 심장 질환을 앓는 인구가 계속 증가하고 있음에도 오늘날 이식 수술 건수가 1980~1990년대와 비슷하다고 설명했다. 사람들이 더 오래 살고 더 나이가 들어서 사망하기 때문에 환자가 이식받을 수 있는 건강한 심장의 수는 정체되어 있으며, 이로 인해 누구에게 먼저 심장을 이식해야 할지 결정하기가 어렵다. 로힌은 키가 작은 사람에게 큰 심장을 이식하는 건 가능하지만 키가 큰 사람에게는 작은 심장을 이식할 수 없기 때문에, 키가 큰 사람이 더 기증자를 구하기 어렵다고 했다(그는 이와 더불어 비행기 이코노미석에 편안히 앉을 수 있는 것

펌프

이 키가 작은 사람들의 두 가지 이점이라고 덧붙였다). 그래서 엔지니어들은 이식을 기다리거나 이식 자격이 안 되는 환자들에게 도움을 줄 수 있는 인공심장, 즉 대체 심장을 만들기 위해 노력해왔다.

망가진 심장을 치료하기 위해 엔지니어들이 취한 광범위한 접근법은 로힌이 흥미를 느끼는 지점이다. 로힌은 내게 1974년 영화 〈곰돌이 푸와 티거〉에서 티거 목소리 연기로 그래미상을 수상한 미국의 복화술사 폴 윈첼의 이야기를 들려주었다. 윈첼은 1956년에 완전인공심장(심장을 보완하는 것이 아니라 완전히 대체하도록 설계한 것)에 대한 최초의 특허를 출원했고, 1963년에 특허를 취득했다. 몇 년 후인 1969년에 하스켈 카프라는 환자가 세계 최초로 인공심장을 이식받았다. 이 임시 장치는 심장 이식을 기다리는 3일 동안 그의 생명을 유지해주었다. 안타깝게도 그는 새 심장을 이식받은 직후 감염으로 사망했지만, 임시 심장은 제 역할을 다했다. 심장이 없는 상태에서도 사람의 생명을 유지해준 것이다.

이 장치는 설계자인 도밍고 리오타 박사와, 이식을 담당한 외과 의사 덴턴 쿨리 박사의 이름을 따서 리오타-쿨리 완전인공심장으로 불린다. 이 인공심장은 인체의 영향을 받지 않는 재료들로 제작됐는데, 여기에는 케블라를 개발한 스테퍼니 퀼렉이 한때 근무했던 화학회사 듀폰(6장 참조)에 등록된 플라스틱의 일종인 데이크론(dacron)이라는 섬유도 포함되었다. 심실을 모방한 2개의 펌프 체임버와 심장으로 혈액이 들어가는 2개의 통로(심방을 대신하는)가 있었고, 이를 통과하는 혈액의 흐름을 제어하는 밸브가 있었다. 공기로 구동됐기 때문에 엄지손가락 굵기의 공기 배관을 몸 내부에서 바같으로 연결해야 했고, 전기로 구동되는 펌프가 인공심장을 계속 뛰게 했다.

리오타-쿨리 심장은 기증자를 기다리는 동안 쓸 수 있는 임시 해결책이었지만, 1982년 12월 2일 윌리엄 C. 드브리스 박사 팀은 자빅-7이라는 장치를 이용해 바니 클라크라는 환자에게 영구 이식을 시도했다(자빅-7은 로버트 자빅의 이름을 따서 지어졌는데, 그는 유타대학교 재학 시절 송아지를 대상으로 실험 중이던 펌프에서 세 가지 중요한 개선을 이뤘다. 그는 펌프를 사람 가슴에 더 잘 맞게 모양을 바꿨고, 혈액과 더 잘 맞는 소재를 사용했으며, 혈전 위험을 줄이기 위해 심실 내부를 아주 매끄럽고 이음새가 없게끔 만들 수 있는 제작법을 개발했다). 수술 후 깨어난 클라크는 물한 잔을 달라고 부탁한 뒤 아내에게 이렇게 말했다. "비록 인공심장을 이식받았지만 여전히 당신을 사랑한다고 말하고 싶어." 그는 인공심장으로 112일 동안 살았지만 합병증으로 고생했고, 특히 외부 기계로 공기를 주입해야 하는 불편을 겪었다. 그러나 자빅-7을 이식받은 다른 두 명의 환자, 윌리엄 슈뢰더와 머리 P. 헤이든은 각각 620일과 488일 동안 생존했으며, 이 단계의 환자들은 여전히 뇌졸중과 기타 합병증에 취약하긴 해도 이런 장치가 장기적인 해결책이 될 수 있음이 확인되었다.

완전인공심장(total artificial hearts, TAH)은 설계 면에서 여전히 어려운 과제를 안고 있다. 장치의 딱딱한 모서리가 주변 조직을 손상시킬 수 있고, 혈전 및 감염 위험도 있다. 외부에서 전원이나 공기를 공급해야 하기 때문에 환자는 결국 몸에서 튜브를 빼내야 하며, 이 또한 감염 위험을 높인다. 지금까지 TAH 수술을 받은 환자는 전원을 공급하는 커다란 장비를 끌고 다녀야 했지만, 환자가 더 건강해지면 더 작은 장비로 바꿔 등에 메고 다닐 수 있다. 1969년 최초의 이식 수술이 행해진 이후 전 세계적으로 약 13개의 다양한 디자인이 개발되었다. 이 중 하나가 애리조나주 투손에서 개발된 신카디아(SynCardia) 임시 TAH다. 약 1800명의 환자에게 이식되었다. 이 장치는 사람 심장과 마찬가지로 심실 2개와 판막 4개가 있으며, 맥동식 장치로서 파이프를 통해 드나드는 공기 펄스가 심실 안팎으로 혈액을 펌프질해 심장 박동을 재현한다.

외과의와 엔지니어들은 완전인공심장을 개선하기 위해 계속 노력하는 동시에 심장을 대체하는 게 아니라 심장을 보조하는 기계식 펌프에도 주목해왔다. 이식을 요하는 심장 결함은 대부분 산소가 풍부한 혈액을 온몸으로 펌프질하는 좌심실에서 발생하기 때문에 모든 환자가 인공심장 전체를 필요로 하는 건 아니다. 로힌에 따르면, 수십 년 동안 과학자들은 좌심실이 수축하는 복잡한 방식을 완전히 이해하지 못했다. 그는 이를 유명한 마천루에 빗대 설명했는데, 마침내 내가 알아들을 수 있는 언어라서 무척 짜릿했다. 런던시의 30세인트메리액스에는 '작은 오이'라는 애칭으로 불리는 총알 모양의 타워가 있다. 이 건물의 미학은 독특하다. 바깥에서 보면 바닥을 이루는 수평 고리 구조와 기둥을 이루는 수직 구조, 타워를 감싸는 대각선 패턴이 거대한 다이아몬드 형태를 이룬다(이런 구조는 타워의 안정성 시스템, 즉 바람의 힘에 맞서 타워를 안정적으로 유지하는 구조를 만들어낸다. 전작《빌트, 우리가 지어 올린 모든 것들의 과학》에서 살펴봤던 창의적인 구조). 로힌은 심실을 움직이는 근육 층을 이 세 가지

구조적 요소에 비유했다. 심실을 안쪽으로 조이기 위해 수축하는 수평 근육 고리와 심실을 짧게 단축시키는 수직 근육, 그리고 여기에 더해 비트는 작용을 하도록 대각선으로 둥글게 감싸는 섬유질이 있다. 이 세 가지 메커니즘이 함께 작용해 혈액을 온몸에 빠르고 효율적으로 펌프질하기 때문에, 심장의 움직임을 인공적으로 모방하는 것은 무척 까다롭다.

이런 정보로 무장한 엔지니어들은 심실보조장치(ventricular assist devices, VAD)라는 것을 발전시키고 있다. 대부분의 VAD가 한쪽 끝은 좌심실에, 다른 쪽 끝은 대동맥(혈액을 전신으로 보내는 혈관)에 부착된다. 혈액은 심실에서 VAD로 들어가고, VAD는 대동맥으로 혈액을 보내 온몸에 흐르게 한다. 이 장치는 연속적으로 혈액을 흐르게 하는 장치이므로(즉 완전인공심장처럼 공기 펄스를 공급할 필요가 없다) 체내에서 배터리 팩으로 연결되는 가느다란 전선 하나만 있다.

의대를 갓 졸업한 로힌은 VAD를 처음 접했을 때 다소 당황했다. 시니어 전문의가 그에게 환자의 맥박을 체크하라고 했기 때문이다. 로힌은 별생각 없이 환자 손목에 손가락을 댔지만 당황스럽게도 심장이 뛰고 있음을 알려주는 혈액의 부드러운 진동을 감지할 수 없었다. 이 때문에 의사로서 자신의 능력을 의심했는데, 알고 보니 그건 교묘한 질문이었다. 심폐기와 마찬가지로 VAD는 진짜 심장이나 완전인공심장처럼 혈액을 폭발적으로 보내는 게 아니라 연속적으로 순환시킨다. 그래서 환자에게 맥박이 없었던 것이다.

현재 가장 성공적인 VAD는 자기부상 펌프를 사용한다. 일반적으로 회전자(선풍기 같은 장치)가 돌면서 유체를 이동시키는 펌프는

펌프

회전자에 축이 있으며, 이 축이 모터에 연결돼 있어서 회전자를 돌아가게 해준다. 인도에서 살 때 우리 집은 딱 이렇게 생긴 천장 선풍기를 썼는데, 전원을 켜면 기다란 원통 끝에 연결돼 있는 날개가 돌아가는 장치였다. 하지만 여러 개의 움직이는 부품이 혈액에 닿는 것은 세포와 구조를 손상시킬 수 있어서 그다지 좋지 않다. 반면에 자기부상 펌프에는 모터에 닿지 않는 공중 부양 회전자가 있는데, 자기부상 열차가 선로 위 공중에 떠 있는 것과 같은 방식이다.

자기부상 펌프는 약간의 전자기 마법을 이용하며, 서로 다른 발명품을 결합할 경우 얼마나 놀라운 것을 만들 수 있는지를 보여주는 또 하나의 멋진 사례다. 이 펌프에는 모터와 회전자가 하나씩 있다. 모터는 속이 빈 원통형으로, 코일 전선이 감긴 영구자석이 여러 개 들어 있다. 이 원통형 모터 내부에 날개가 달린 납작한 금속 원통형의 회전자가 자리 잡고 있다. 모터에 전원이 공급되면 자석과 전류에서 생긴 전자기력이 회전자를 위로 밀어올려 회전자가 공중에 매달리게 된다. 이렇게 매달린 회전자는 장치 내벽과 일정한 간격을 유지하기 때문에 혈액이 뭉개지지 않고 흐를 수 있다. 또 모터 내부의 자석이 회전자 날개를 회전시켜 혈액이 심실에서 멀어지는 방향으로 흐르도록 한다. 이 간격을 완벽하게 유지하기 위해 모터는 매초마다 수천 개의 신호를 보낸다. 뭔가 불일치가 발생하면 전류와 그에 따른 전자기력이 변경되면서 회전자의 위치가 조정된다. 즉 착용자가 움직이거나 뛰거나 누워 있을 때에도 자석은 강도를 미세조정함으로써 혈액 세포가 뭉개지지 않도록 한다.

현재 심실보조장치는 신체 외부에 있는 배터리로 전원을 공급받는다. 배터리의 크기가 점점 작아짐에 따라 디자이너들은 휴대폰처럼 가슴 속에 완전히 장착해 무선으로 충전할 수 있는 모델을 개발하고 있다. 나는 로힌에게 이 장치의 수명이 심장 이식과 비교해 어느 정도인지 물어봤는데, 수명이 비슷해지기 시작했다는 대답을 듣고 깜짝 놀랐다. 이식한 심장의 평균 수명은 약 14년이지만, 그의 환자 중 한 명은 34년 동안 사용했다. 최신 세대 VAD는 아직 그렇게 오래 사용되지 않았지만, 구형 모델도 10년을 넘기고 있다.

○ ◎ ◎

펌프 기술은 생명 자체를 연장하고 바꾸는 데 사용돼왔을 뿐만 아니라 인간의 한계를 뛰어넘어 이전에 인류가 가보지 못한 곳을 대담하게 갈 수 있게 해주었다. 하지만 인류 최초의 우주여행에서는 우주비행사의 생명을 구할 수 있는 펌프가 있었음에도, 하마터면 그를 잃을 뻔했다.

알렉세이 레오노프는 우주를 유영한 지 12분 만에 문제가 생겼다는 것을 깨달았다. 그가 숨을 쉬고 압력을 유지할 수 있도록 우주복이 헬멧과 온몸에 공기를 공급하고 있었는데, 그가 보스호트 2호에서 나와 진공 상태인 우주 공간으로 들어서자 우주복이 팽창하면서 과하게 부풀어 오른 풍선처럼 변형되면서 엄청 뻣뻣해졌다(그때까지 우주 공간에 들어간 사람은 아무도 없었기 때문에 우주복이 어떻게 작동할지 누구도 확신할 수 없었다). 우주복 장갑과 부츠도 팽창하면서 안쪽 표면이 손과 발에서 멀어졌다. 이제 공중전화 부스보다 작은 공간에 발부터 밀어 넣어 우주선 안으로 다시 들어가야 했다. 하지만 우주복과 사지가 접촉해 있지 않은 상태였기 때문에 알렉세이는 우주선과 자신을 연결하는 밧줄이나 다른 물체들을 잡을 방법이 없었다. 생명 유지 시스템이 고장 나기까지 40분이 남아 있었다.

알렉세이는 관제소에 알리지 않고 우주복 내부에 산소를 밀폐해주는 수동 밸브를 열어서 절반가량의 공기를 힘겹게 방출했다. 약간씩 움직일 때마다 체력이 엄청나게 소진됐고, 그는 발끝부터 다리와 팔까지 순차적으로 체온이 위험할 정도로 높아지고 있다는 것을 느꼈다. 하지만 그는 해냈다. 우주복에서 간신히 공기를 빼내 유연성을 확보한 뒤 머리부터 우주선 안으로 들어가는 데 성공했다. 부츠 무릎까지 땀이 차오를 정도로 흠뻑 젖어 있었다. 그는 탈수와 탈진으로 고통받고 있었다. 불과 30분 만에 체중이 6킬로그램이나 줄었다. 그럼에도 1965년 3월 18일, 알렉세이 레오노프는 우주를 유영한 최초의 인간으로 역사에 남았다. 4년 뒤 닐 암스트롱은 달에 발을 디딘 최초의 사람이 되어 감동적인 '작은 발걸음' 연설을 하게 된다. 이에 비해 알렉세이 레오노프가 자기 경험에 대해 본국에 보고한 내용은 조금 더 사실에 기반해 있었다. "특수한 우주복만 있으면 인간은 우주에서 생존하고 일할 수 있습니다. 관심을 가져주셔서 감사합니다."

펌프는 우주라는 극한의 환경에서 생존할 수 있게 해주는 우주복의 아주 중요한 필수 부품이다. 우주복에는 크게 두 유형이 있는데, 하나는 발사 및 재진입 시 우주선 내부에서 착용하는 것이고 다른 하나는 우주유영, 즉 미국항공우주국(NASA)에서 말하는 선외활동(extravehicular activity, EVA) 시 착용하는 것으로 매우 실용적이기 때문에 레오노프가 겪은 아찔한 드라마를 연출하지 않는다. 우주선 밖 활동을 위해 착용하는 우주복은 선외 이동 장치(extravehicular mobility unit, EMU)라고 부른다. 두 종류의 우주복 모두 우주비행사가 숨을 쉴 수 있도록 산소를 공급하는 것이 중요하다. 하지만 우리 몸은 지구 대기의 무게와 압력을 견디도록 되어 있기 때문에 EMU 는 훨씬 더 많은 기능을 수행해야 한다. 사람을 우주로 날려 보내면, 다른 물리 규칙이 적용된다.

우주는 진공 상태다. 공기가 없는 진공 상태에 노출되면 몸을 구성하는 액체가 기체로 변하기 시작해 몸이 부풀어 오르고 급격히 냉각된다. 폐가 공기를 완전히 빨아들여 질식할 수도 있다. 우주에서 벌어지는 공격은 이뿐만이 아니다. 처리되지 않은 방사능에 장시간 노출되면 장기가 익어버릴 수 있고, 우주를 매우 빠른 속도로 이동하는 먼지와 파편이 총알처럼 몸을 관통할 수도 있다. 한편 온도가 섭씨 영하 150도부터 햇빛이 내리쬐는 곳은 섭씨 120도를 넘기도 하므로 우주유영 시 온도 때문에 인체가 혹사당할 수도 있다. 따라서 우주복은 인체의 생존을 위해 이 혹독한 환경에서 생존하고 활동하는 데 필요한 모든 것을 효율적으로 제공하는 작은 우주선이나 마찬가지다. 움직이면서 수리하고 실험할 수 있도록 인체의 움직임을 반영해야 하며, 적절한 압력을 생성하고 마실 물과 호흡할 산소를 공급하는 기능을 갖추어야 한다.

전형적인 우주복은 주로 세 부분으로 구성된다. 가장 바깥층은 변화하는 온도와 작은 암석 입자들로부터 몸을 보호해준다. 그 안쪽에는 재료 패널을 꿰매서 만든 구조 층이 있다(우리가 입는 옷과 유

펌프
─────

사한 형태). 우주복이 진공 상태에서 부풀어 오르는 것을 방지한다. 그 안쪽 층은 공기주머니다. 나일론으로 만들고 일종의 플라스틱으로 코팅해 불투과성을 띠어 우주비행사의 몸에서 공기나 습기가 외부로 빠져나가는 것을 막아준다. 헬멧 뒤쪽의 가압 체임버에서 산소가 나와 이 주머니와 헬멧으로 들어간다. 산소가 얼굴 위로 이동해서 우주비행사가 내뿜은 이산화탄소를 제거한 뒤 전신 구석구석을 이동하면서 땀으로 인한 수분을 흡수한다. 이 펌프는 우주비행사가 숨을 쉴 수 있게 해주고 몸 전체에 충분한 압력을 유지해준다.

하지만 내가 보기에 이 펌프는 다른 목적으로 쓰일 때 더 놀랍다. 우주복은 방사선, 극심한 온도 변화, 작은 암석 입자들로부터 신체를 보호하기 위해 여러 겹의 소재로 제작됐기 때문에 알렉세이 레오노프는 문자 그대로 부츠 안으로 땀을 흘렸다. NASA는 아폴로 달 탐사 우주복을 설계할 때 이 문제를 해결하고자 했지만 또 다른 문제가 있었다. 당시 설계된 우주복은 뻣뻣하고 부피가 커서 우주비행사의 움직임을 심각하게 제한했다. 1967년 거들과 브래지어 전문 생산 업체인 플레이텍스 사의 산업부는 자신들의 경험을 살려 거의 천으로만 된 우주복을 만들었다. 직원 한 명에게 시제품을 입힌 다음 지역 고등학교 운동장에서 축구공을 차고 던지고 달리는 모습을 촬영했다. 그들은 계약을 따냈고, 브래지어 재봉사들에게 새로운 프로젝트를 맡겼다(이 여성들은 자기들이 만든 우주복을 입은 우주비행사들로부터 직접 감사 인사를 받았다. 달 착륙 50주년을 기념하는 인터뷰에서 패턴을 재단한 릴리 엘리엇은 우주비행사들이 사다리를 타고 내려올 때 가슴이 벅찼다고 회상했다. 대부분의 사람들이 인류의 '커다란 도약'에 경외

볼트와 너트

감을 느낄 때 릴리는 우주복의 실밥이 터지지 않기만을 기원했다).

우주복은 우주비행사 한 명 한 명을 위해 맞춤 제작되었다. 당시 일반 재봉틀로 아주 곱고 얇은 천 21겹을 64분의 1인치 오차 범위 내에서 공들여 바느질했다. 이 특별한 작업을 위한 특별한 기계는 없었다. 여러 겹의 천이 우주비행사를 유연하게 움직이게 해주면서 신체를 보호해주었고, 이와 동시에 산소 등 생명 유지 장치가 들어 있는 배낭 속 기계에서 발생하는 열과 몸에서 발생하는 열을 가뒀다. 여기서 두 번째 펌프가 등장한다. 이런 열을 막기 위해 엔지니어들은 메인 우주복 안에 입을 옷을 별도로 설계했다. 액체 냉각 및 환기 의류(LCVG)로 알려진 이 옷은 아기(및 청소년과 편안함을 추구하는 집순이들)가 입는 일체형 의류와 매우 흡사하게 생겼다. 신축성이 뛰어나고 몸에 꼭 맞는 전신 의류인 LCVG에는 작은 관들이 90미터 넘게 엮여 있다. 배낭 안에 있는 원심 펌프(잔디밭에 물을 뿌리는 펌프와 비슷하다)가 작은 탱크 속에 있는 냉각수를 관 주변으로 흘려보내 체온을 정상 범위 내로 유지해준다. 우주인이 몸을 움직이거나 힘을 쓰면 탈수나 과열 위험에 처해 치명적일 수 있다. 펌프는 데워진 물을 배낭으로 도로 가져와 냉각한 뒤 재순환시킨다.

엔지니어링 해결책은 종종 예상치 못한 다른 응용 분야에 적용되기도 한다. 도자기 제작 용도에서 운송 수단으로 변신한 바퀴처럼 말이다. 원심 펌프는 르네상스 시대 예술가이자 건축가인 프란체스코 디 조르조 마르티니가 15세기 논문에서 진흙을 들어올릴 잠재력을 지닌 기계로 처음 개념을 소개했으며, 이후 1689년 데니스 파팽이 배수 용도로 개발했다. 이 두 선구자들이 자신의 연구가

펌프

언젠가 인류의 우주여행에 결정적인 역할을 하게 될 것이라고 상상이나 했을까.

○ ◎ ◉

　우리 대부분은 우주 공간의 혹독함을 경험할 일이 없을 것이다. 하지만 우리 중 상당수는 생명을 보존하는 데 펌프가 중요한 역할을 하는 또 다른 장소에서 시간을 보내게 될 것이다. 그곳은 다름 아닌 산부인과 병원이다.

　내 출산 과정은 복잡했다. 임신하기 위해 침습적이고 고된 난임 치료를 세 차례 받아야 했고, 마침내 성공했을 땐 아찔할 정도로 감사한 마음과 숨 막힐 듯한 불안감이 번갈아 교차했다. 안타깝게도 지금도 무척 흔하게 발생하는 유산에 대한 걱정이 밀려오곤 했고, 임신 6주쯤 약간의 출혈이 시작됐을 땐 울먹임을 삼키며 서둘러 병원으로 향했다. 촬영 결과 다행히 걱정하지 않아도 된다는 말을 들었고(물론 다른 모든 두려움은 여전했다), 7개월이 조금 지난 뒤 밝은 조명이 켜진 수술실에서 찬 공기를 뿜어내는 에어컨 때문에 약간의 추위를 느끼며 딸을 출산했다.

　모유 수유는 내가 원해서 한 거였지만, 수년간의 난임 치료로 인한 신체적·정신적 트라우마 때문인지, 힘든 임신 과정 때문인지, 그것도 아니면 그냥 모유 수유 자체가 너무 힘들어서인지 모유 수유는 지금까지 내가 해본 일 중 가장 어려웠다. 내 입장에서는 진짜 형편없는 일이었다고 말할 수 있겠다.

　젖꼭지에 불이 붙는 것 같았다. 유관이 자극받아 모유가 분비될

볼트와 너트

때면 가슴부터 팔까지 강한 핀과 바늘로 찌르는 듯한 감각이 밀려들었다. 딸이 침을 흘리는 동안 나는 온몸의 근육이 긴장되고 눈물이 흘러내리는 것을 견디며 가만히 앉아 있었다. 고통스러웠지만, 호르몬이 가득해 감정적으로 취약한 상태였던 나는 머릿속으로 모유 수유의 온갖 장점을 떠올리면서 좋은 엄마가 되기 위해 모유 수유를 계속해야겠다고 생각했다. 하루에 6~8시간씩 견뎌야 하는 그 시간은 인생 최악의 고통이라고밖에 설명할 수 없다. 잠을 잘 수가 없었다. 샤워도 할 수 없었다. 쉴 틈이 없었다. 아기는 울었고 나는 이내 닥쳐올 고통에 몸을 웅크렸다. 그때는 몰랐지만, 산후 우울증에 빠져들고 있었다.

젖이 많이 나오는 것은 좋은 일이었지만 그래서 젖이 자주 고이고 막히기도 했다. 내 가슴은 아이가 붙잡을 수 없는 평평한 벽이 돼버렸다. 유관은 늘어지고 민감해졌다. 너무 자주 막혔고 유방에서는 덩어리가 만져졌는데, 스치기만 해도 너무 아파서 눈물이 나올 정도였다. 그 덩어리는 마사지를 하거나 아기에게 수유를 해야만 풀어낼 수 있었다. 그렇지 않으면 유방염에 걸릴 위험이 있었다.

내가 혼란에 빠져 있는 동안 남편은 딸이 태어나기 몇 달 전 친구가 선물해준 수동 유축기를 떠올렸다. 그 유축기를 꺼내 부품을 만져봤다. 젖꼭지를 감싸는 깔때기 모양의 보호대. 모유가 채워질 수도 있고 아닐 수도 있는 젖병. 이 둘 사이를 연결하는, 작은 밸브가 여러 개 달린 부품(내 가슴에서 모유를 짜낼 때 누르는 손잡이가 부착돼 있었다)까지. 극도의 피로와 고통에 시달리던 내게 유축기는 갑자기 놀라운 가능성을 보여주었다. 젖꼭지를 꽉 깨무는 작은 입 없이도

펌프

내 시간에, 내 속도에 맞춰 젖을 짜낼 수 있었다. 두 시간 이상의 긴 수면을 꿈꿀 수 있었다. 남편도 딸에게 젖을 먹일 수 있었다. 이미 많은 일을 겪은 내 몸에 대한 끈질기고 끊임없는 요구로부터 자유를 되찾을 수 있었다.

몇 주 뒤 딸의 다음 식사를 준비하기 위해 가슴 앞의 레버를 손으로 리드미컬하게 누르며 앉아 있었을 때에는 전보다 정신이 덜 혼미했고, 유축기가 어떻게 개발됐고 수십 년 동안 어떻게 진화해왔는지 궁금해지기 시작했다(모든 엄마가 이런 생각을 떠올리는 것은 아닐 수도 있겠지만, 달리 뭐라 말할 수 있겠는가? 유축은 긴 시간 강제로 생각하게 만드는 활동이고, 결국 나는 괴짜 엔지니어니까 말이다). 유축기는 중요한 임무를 해내야 한다. 유두와 유방의 섬세한 조직을 손상시키지 않으면서 모유가 나올 수 있게 충분한 압력을 만들어야 한다(따라서 압력과 속도를 조절할 수 있는 것이 이상적이다). 아기가 질병에 걸리지 않도록 분해하고 세척하기 쉬워야 한다. 아기 입의 움직임을 모방하고 모유가 계속 나오게 해야 한다. 그리고 모든 유방은 다 다르게 생겼다. 모두에 적용할 수 있는 유축기를 어떻게 설계할 수 있을까?

유축기 덕에 나는 꼭 필요했던 융통성을 되찾았지만 시간을 많이 빼앗겼고 가슴에 부착된 여러 장치들 때문에 마치 농장 동물이 된 듯한 기분을 느끼기도 했다. 사실 우연은 아니다. 초기 유축기는 소젖 짜는 모습을 보고 착안했기 때문이다. 1890년대에 발명가 존 하트넷과 데이비드 로빈슨은 오스트레일리아에서 동물용 착유기에 대한 특허를 받았다. 이 기계는 주기적으로 진공 상태를 만들어 유방을 자극함으로써 젖이 더 자연스럽게 나오도록 했다. 그러나 다른 초기 유축기에 비하면 특별히 더 비인격적이고 불쾌감을 주는 물건은 아니었다. 인터넷을 조금만 검색해보면 황동과 유리로 아름답게 꾸며졌지만 상당히 단순하고 험악하게 생긴 18세기 유축기나, 구식 자전거의 전구 경적과 비슷하게 생긴 1897년식 장치, 유방에 부착하는 유리컵과 여성이 젖을 빨아들이는 데 사용하는 파이프가 달린 20세기의 이상한 장치들을 볼 수 있다(이게 어떻게 작동했을지 정말 모르겠다).

1898년에 또 한 명의 남성 조지프 H. 후버(모유 수유를 하는 부모 입장에서 감사하게도 진공청소기 발명가는 아니었다)는 스프링을 이용한 '빨아들이고 풀어주는' 기능을 도입했다. 이는 유방을 계속해서 당기지 않는 메커니즘이 처음 추가된 것으로, 오늘날 우리가 사용하는 유축기 디자인에 영향을 미쳤다. 스웨덴 엔지니어인 에이나르 에그넬은 1956년 사람을 위한 최초의 기계식 유축기를 설계했다. 그는 최초로 유방 조직을 손상시키지 않는 최대 안전 압력을 실험으로 계산하고, 아기를 더 잘 모방하기 위해 이상적인 맥동 속도를 찾아냈다(궁금해하는 사람이 있을까 봐 적자면, 분당 47회다).

그러나 당시에도 유축은 아기에게 건강상 이유가 있을 때나 엄마 젖꼭지가 함몰돼 아기가 젖을 물기 힘들 때 사용하는 최후의 수단으로 여겨졌기 때문에 유축기가 다소 크고 무거웠다. 에그넬이 만든 것은 너무 약해 젖을 빨 수 없는 아기들을 위한 대형 병원용 유축기였다. 사실 의료용이 아닌 부모의 부담을 덜어주기 위한 용도, 즉 휴식이나 단순편의를 위해, 공급량을 늘리기 위해, 또는 냉장고에 모유를 보관하기 위해 유축기를 사용한다는 개념은 불과 수

펌프

십 년 전부터 디자인에 반영되었다. 가정에서 전기로 구동해 쓸 수 있는 개인용 유축기는 내가 10대였던 1990년대 후반에야 시장에 출시되었다.

장치 자체의 디자인은 최근까지 거의 변하지 않았다. 유축기에는 보통 깔때기 모양의 플라스틱 유방 보호대가 있는데, 주둥이 부분이 젖꼭지 바로 앞에 오게 유방 위에 대서 사용한다. 펌프도 있는데, 내 것처럼 수동식도 있고 전동식도 있다. 전동식 유축기에는 회전 속도가 변하며 흡입력이 달라지는 회전자가 있어서 젖꼭지를 앞으로 당겼다가 놓는 식으로 아기가 젖 빠는 방식을 모방한다. 마지막으로 젖병은 유방에서 나오는 모유를 모은다.

개인적으로 나는 전동식 유축기를 사용해본 적은 없는데, 전동식이든 수동식이든 크기가 커서 유방에 매달려 있는 모습이 너무 눈에 띈다. 전동식 유축기 펌프는 시끄럽다. 배터리로 작동하는 휴대용도 있지만, 흡입력이 가장 강한 제품은 플러그를 벽에 꽂은 상태에서 사용해야 한다. 공기 배관이 유방 보호대로 연결돼 맥동하는 흡입력을 만들어낸다. 직장에 복귀한 엄마는 회사에서 유축 용도로 지정된 방(아닐 수도 있다)에 장시간 혼자 앉아 있어야 하는 처지가 된다. 유축을 충분히 자주 하지 않으면 모유가 엉겨서 새고, 모유 공급에도 영향을 미칠 위험이 있다. 그래서 직장에 복귀한 뒤에도 모유 수유를 계속하기로 결정한 사람은 필요 시 유축기를 사용할 수 있도록 일정을 꾸준히 관리해야 한다.

내게 유축은 내 몸의 필요와, 남편이 딸에게 젖을 먹일 수 있게 해준다는 점에서 획기적인 변화였지만 반드시 시스젠더 여성이거나 임신 경험이 있어야만 모유 수유를 하거나 유축기를 사용할 수 있는 게 아니라는 점을 기억해야 한다. 트랜스젠더 남성(상체 수술 이후라도), 입양한 부모, 논바이너리 부모, 대리모를 통해 아이를 얻은 부모도 유두 자극과 호르몬 치료를 병행해 모유 수유를 할 수 있는 경우가 많다. 의학의 발전으로 2018년에는 트랜스젠더 여성 최초로 6주 동안 아기에게 분유를 먹이지 않고 모유 수유를 하는 데 성공했다. 유축기는 유두, 결국 유관까지 자극해 모유를 만들어내는 메커니즘으로 모든 부모가 되는 여정에서 중요한 역할을 할 수 있다. 따라서 모든 유형의 모유 수유 부모의 요구사항을 설계에 반영하는 것이 중요하다고 생각한다.

유축기 디자인이 여전히 19세기에 머물러 있고 전부 남성이 설계한 상황에서, 기업들은 이제 부모의 요구를 최우선으로 고려해 유축기를 재설계하고 있다. 그중 하나가 2018년 말에 출시된 엘비(Elvie) 유축기다. 타니아 볼러가 고안한 것으로, 그녀는 상당수 여성 인구에 영향을 미치지만 사람들이 공개적으로 이야기하기를 꺼려하는, 금기시되는 여성 건강 문제를 해결하기 위해 자기 회사를 이용하기로 결심한 인물이다. 나는 엘비에서 근무하는 전자공학 엔지니어 슈룩 엘-아타르(그녀/그들)와 이야기를 나눴다(내가 그녀의 프로필을 처음 접한 것은 이집트 밸리댄스 드래그쇼와 난민 지원 활동 때문이었는데, 슈룩도 그중 하나였다).

엘비 유축기를 개발한 핵심 팀은 연구원부터 사용자 경험(UX) 디자이너, 소프트웨어 및 전자공학 엔지니어까지 약 10명으로 구

펌프

성되었다. 유축기에 대한 기존의 이미지를 지우고 기본으로 돌아가 처음부터 다시 시작하자는 취지였다. 디자인 프로세스의 중심에 유축기 사용자를 두고 그들의 요구사항을 해결하려고 한 최초의 시도였다.

슈룩은 유축기를 처음 사용하는 부모들과 광범위한 대화를 나눈 끝에 여섯 가지 핵심 원칙을 세웠다. 조용하고, 손을 쓰지 않아도 되고, 눈에 잘 띄지 않고, 스마트하고, 사용하기 쉽고, 무엇보다도 젖소 착유기 같은 느낌을 주지 않아야 한다는 것이었다. 그 결과 브래지어 안에 넣을 수 있도록 설계된 달걀 모양의 유축기가 탄생했다. 기존 유축기와 마찬가지로 유방에 장착하는 보호대가 있다. 핵심이 되는 펌프 메커니즘은 땅딸막한 젖병과 함께 보호대 둘레에 부착돼 있다. 시각적으로 컵 사이즈가 한두 단계 늘어난다. 무선이며 매우 조용하다. 그래서 유축기를 가슴에 부착하고 옷을 다시 입은 다음 사무실, 회의실 또는 이동 중에도 조용히 모유를 짜면서 하루 일과를 계속할 수 있다. 스마트폰 앱을 통해 젖병에 모인 젖의 양을 예상하고 유축기 속도를 조절할 수 있다.

이 장치에서 가장 혁신적인 엔지니어링 요소는 펌프다. 다른 제품들의 전기 펌프는 시끄럽고 부피가 큰 회전모터를 사용해 공기 흡입에 변화를 일으켰다. 유축기를 브래지어 안에 부분적으로라도 들어갈 만큼 작게 만들려면 새로운 메커니즘이 필요했다. 슈룩은 압전이라는 거의 마법 같은 현상을 이용하는 에어펌프를 사용했다고 설명했다.

수정, 설탕, 세라믹 일부, 뼈, 심지어 나무 등 몇몇 재료는 압전

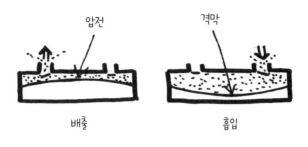

압전

격막

배출

흡입

압전 에어펌프

(piezoelectric) 효과를 나타낸다(pieze는 그리스어로 '민다'는 뜻이다). 이런 물질이 어떤 식으로든 찌그러지거나 변형되면 내부 전하가 만들어진다. 반대 경우도 마찬가지다. 압전 재료에 전압을 가하면 모양이 변한다. 엔지니어들은 이 원리를 이용해 작고 효과적인 에어펌프를 만들었다.

유연한 재료로 만든 동그란 격막(膈膜)에 동그랗고 얇은 압전 재료를 붙인다. 그런 다음 공기 흡입구가 있는 용기에 넣는다. 시스템에 전압이 가해지면 압전층의 모양과 면적이 변하면서 신축성 있는 격막이 아래쪽으로 당겨지고 흡입구로 공기가 빨려 들어온다. 그 뒤 전압을 조정해 잡아당겼던 격막을 원래대로 놓아준다. 펌프는 이 동작을 초당 수만 번 반복함으로써 기기 주변의 일부 영역을 저압으로 만든다. 펌프가 멈추면 장치 주변 압력이 다시 정상으로 올라간다. 웨어러블 유축기에서 압전 펌프는 유방 보호대 한쪽에 놓이게 된다. 보호대는 단단한 플라스틱으로 만들어졌지만 말랑한 실리콘 격막이 연결된 곳에 구멍이 뚫려 있다. 배터리로 구동되는

펌프

269

펌프가 실리콘 격막을 가슴에서 멀어지게 당기면 젖꼭지 주변 공기가 흡입된다. 그런 다음 펌프가 일시 정지해 공기가 배출되고, 아기의 빠는 동작을 모방해 유두를 자극하고 모유를 짜내는 사이클이 계속해서 이어지게 된다.

물론 유축기마다 장단점이 있다. 벽에 꽂아야 하는 병원용 유축기는 크고 다루기 힘들지만 유관이 막히거나 덩어리가 생기기 쉬운 사람에게 특히 중요한 강력한 흡입력을 제공한다. 큰 젖병을 연결하면 더 많은 양의 모유를 모을 수 있다. 웨어러블 유축기는 조용하고 휴대하기 편하지만 흡입력이나 모유 저장량이 동일하지 않다. 또 비용과 접근성, 건강보험으로 유축기를 구입할 수 있는지 또는 자비로 지불해야 하는지에 대한 문제도 있다.

결국 자기 체형과 필요에 따라 선택할 수 있다. 이런 선택권이 존재하는 것은, 슈룩의 말마따나 누군가가 160년 뒤에는 모유 수유를 하는 부모가 소처럼 취급돼서는 안 된다는 결단을 내린 덕분이다. 마침내 유축기는 현대 가족의 요구를 고려해 설계되었다.

엔지니어링이 제품을 구상하고 개발하는 과정에서 사용자를 고려하고 함께 논의해야 한다는 것이 얼핏 당연해 보이지만, 앞에서 살펴본 바와 같이 항상 그런 것은 아니다. 만약 그랬다면 폴리나 겔만의 키는 비행기를 조종하는 데 문제가 되지 않았을 것이고, 그녀는 조종사가 됐을 것이다. 만약 그랬다면 집안일을 담당하던 사람들이 훨씬 더 일찍 식기세척기와 기타 가전제품을 만들고 특허를 받을 수 있는 기반을 갖췄을 것이다. 만약 그랬다면 기술 발전의 혜택이 권력자뿐만 아니라 모든 사람에게 돌아갔을 것이다.

결국 엔지니어링은 세상의 일부로 우리의 현재와 미래를 구성한다. 따라서 엔지니어로서 우리는 지구와 지구 거주민의 이익을 엔지니어링의 핵심 가치로 삼아야 한다.

펌프

맺음말
이 모든 것은 결국 인간에 대한 이야기

엔지니어링은 본질적으로 사람 이야기를 들려준다.

뉴욕에 살던 어린 시절, 주변의 초고층 건물을 둘러보기 시작했을 때 내가 흥미를 느꼈던 점 중 하나가 바로 이것이다. 물론 처음에는 건축물의 거대한 규모와 화려함에 넋을 잃고 바라보기만 했다. 그러다가 점차 호기심이 깊어졌다. 벽돌, 돌, 콘크리트로 만들어진 이 구조물들이 우리에 대한 증거라는 사실을 깨달았다. 우리의 필요와 욕구, 우리가 어떻게 꿈을 꾸고 해결책을 만들었는지, 우리가 어떻게 마을이나 도시를 조직하고 일상생활을 영위해왔는지 등등 말이다. 자동차에서 컴퓨터, 커피 머신에 이르기까지 엔지니어링은 우리 인류가 어떤 모습인지를 나타낸다. 엔지니어링은 우리가 서로, 그리고 지구와 상호작용하는 방식인 셈이다.

엔지니어링은 우리가 누구였는지 밝혀줄 수 있다. 우리의 역사를 알려줄 수 있다. 인류는 수천 년 동안 엔지니어링을 해왔으며, 이런 능력 덕분에 여느 생물과 다른 길을 걸어왔다. 이 길을 추적해보면 우리가 고대 조상에 대해 알고 있는 많은 것(어떻게 먹고 짓고 살았는지부터 어떻게 사회를 형성했는지까지)이 그들이 두드린 부싯돌과 그들이 엮어낸 끈, 이동할 때 사용한 수단, 조사하고 항해하는 데 사용한 도구 등에서 나온 것임을 알 수 있다. 과거 바퀴 같은 물건이 어느 지역에서 고안되고 만들어진 뒤 다른 지역으로 공유되고 확산되는 과정을 볼 수 있는데, 이는 엔지니어링 업적이 삶을 더 나은 방향으로 변화시킬 수 있다는 기대감에서 촉발된 문화 간 지식 교류다(때로는 좋지 않은 방향으로도 변했다. 무기 역시 실크로드를 따라 오가며 전파되었다). 인류 조상들은 서로에게서 배우며 때로는 기본으로 돌아가 기술을 다른 방식으로 재구성하거나, 다른 결과를 만들어내기 위해 기술을 응용하기도 했다. 네안데르탈인이 만든 끈으로부터 인공 섬유와 강철 로프를 만들어낸 것처럼 말이다.

엔지니어링은 또한 인류가 누구인지를 드러낸다. 역사적 사물을 통해 과거를 조명할 수 있듯이 현재 우리를 둘러싼 사물에 대해 질문하면 현재에 대해 많은 것을 알 수 있다. 엔지니어링은 지루하고 어렵거나 압도적인 것으로 느껴질 수 있으며 때로는 불투명한 블랙박스처럼 낯설게 비춰질 수도 있다. 하지만 엔지니어링이 인류가 살아가는 방식과 인류가 만드는 공동체의 핵심이라는 점을 고려할 때, 인류가 만든 물건이 어떻게 작동하는지 이해하는 것은 보람 있는 일이며 심지어는 새로운 깨달음을 줄 수도 있다고 생각한다(원조 '유레카의 순간'이 엔지니어로부터 나온 건 우연이 아니다). 엔지니어링을 이해하면 우리 스스로에 대해 배울 수 있으며, 블랙박스를 살펴보는 것은 엄청난 임파워링이 될 수도 있다.

내 남편에게는 바드리나스라는 사촌이 있다. 바드리나스는 어떤 자리에서도 항상 조용한 자신감의 아우라를 풍기는데, 이런 아우라는 어떤 문제에 대한 해결책을 지금은 모르더라도 앞으로 알아낼 수 있을 것이라는 믿음에서 나온다(항상 배우려는 겸손함과 더불어 이는 훌륭한 엔지니어가 갖춰야 할 자질이다). 이런 신념은 사물이 어떻게 작동하는지 탐구하고, 복잡성 속에서 단순함을 찾는 일에 평생을 바친 데서 비롯된 것이다.

바드리나스가 떠올리는 가장 어린 시절의 기억 중 하나는 다섯 살 무렵의 일이다. 삼촌이 이웃집의 전구를 교체하기 위해 그를 어깨에 올려주었다. 당시는 1980년대였고, 인구가 2만 명 남짓이던 어느 인도 남부 마을은 전기가 들어오는 집이 거의 없었다. 종종 전구를 교체해야 할 때면 사람들은 전기에 대한 생경함과 감전사에 대한 두려움 때문에 불안감을 느꼈다. 하지만 어린 바드리나스는 배우고자 하는 의욕이 넘쳤고, 도전적인 일에 발 벗고 나섰다. 삼촌의 어깨에 올라타고 전구를 갈아 끼웠던 그날 이후 그의 기술에 대한 호기심은 멈출 줄 몰랐다. 그래서 바드리나스에게는 그때가 여러모로 전구에 불을 켜듯 생각이 번뜩인 순간으로 남았다. 그가 모든 것을 시작하게 만든, 불꽃이 튀었던 당시를 설명할 때면 나는 크레용을 부수는 데 정신이 팔렸던 내 어린 시절이 떠올랐다(사물이 어떻게 작동하는지 알아내기 위해 사물을 분해하는 일에 매료됐던 거라고 하자). 어쨌든 그는 물건을 절대 버리지 않는 문화에서 살았다(뭄바이 대도시에서 자란 내게도 매우 익숙한 문화다). 가전제품이나 라디오가 고장 나면 바드리나스는 가족을 따라 길모퉁이에 있는 수리점을 찾아갔고, 독학으로 배운 엔지니어들이 제품을 뜯어 고장을 진단하고 문제를 해결하는 과정을 지켜보곤 했다. 고등학생 때는 멀티미터를 구입해 전등을 다시 연결하거나 고장 난 블렌더를 수리할 수 있게 되었다. 영국으로 이주했을 땐 에너지를 절약하기 위해 애버딘에 있는 침실 5개짜리 집의 배관을 다시 배치하고 연결해 보일러에 별도 회로를 만들었다. 최근에는 (아내와 아들의 우려에도 불구하고) 평면 TV를 분해해 회로에 결함이 있다는 것을 알아내고 온라인에서 중고로 부품을 구입해 교체하기도 했다.

제품에 새 생명을 불어넣는다는 것은 돈을 절약하고 일회용 경제에 기여하지 않는다는 명백한 장점 외에도 행복감과 만족감, 성취감을 가져다준다. 바드리나스는 물건과 자신의 관계가 변화한다고 느낀다. 상점에서 구입해 별다른 유대감을 느끼지 못하던 물건에서 자기 흔적이 담긴 진정한 소유물로 말이다.

기술이라는 블랙박스에 겁먹지 않으면 개인적 차원에서도 자유로워질 수 있지만, 그것을 넘어서서 사물의 원리를 이해하면 공예와 디자인 그리고 인류가 지구에 미치는 파괴적인 영향을 어떻게 다루어야 하는지도 이해할 수 있다. 따라서 엔지니어링은 인류가 원하는 모습으로 우리를 이끌 수 있다.

이 책을 집필하는 동안 나는 사물을 분해하는 것의 가치, 그리고 사물을 분해하는 것(문자 그대로 그리고 은유적으로)이 어떻게 더 나은 미래로 이어질 수 있는지에 대해 활기차고 자극이 되는 토론을 많이 나눴다. 일곱 가지 사물과 그 사물이 어떻게 함께 어우러져 우리가 사는 세상을 만드는지 생각할 때마다 특히 친구 리베카 라모스와 나눈 유익했던 토론이 떠오른다. 건축가이자 예술가이자 디자이너인 리베카는 예술과 디자인을 이해함으로써 더 많은 사람들이 그것을 접할 수 있게 하고 인류가 의식 있는 소비자가 되도록 돕는 것을 사명으로 삼고 있다. 그녀의 할머니는 스페인의 신발 공장에서 일하다가 전쟁 후 베네수엘라로 이주했으며, 리베카에게 장인정신과 품질에 대한 가치를 물려주었다. 리베카는 우리가 물건을 '소유'하는 것은 그 물건의 수명 중 극히 일부분에 불과하며, 디자인을 더 깊이 이해하면 옷 한 벌이든 대형 건설 프로젝트의 일부분이든 무언가를 생산하거나 소비할 때마다 지구에 미치는 거대한 파급효과와 기나긴 연쇄작용을 알 수 있다고 말한다. 모든 제품은 원료를 채취하거나 추출하고 만들고 포장하고 조립하는 과정을 거쳐야 하는데(전부 우리가 손을 대기도 전이다), 이 모든 과정을 끝내고 나면 어떤 일이 벌어질까? 물건 뒤에 무엇이 있고 전체를 만드는 구성 요소가 무엇인지 알지 못하면 품질, 가격 대비 가치, 지속 가능성에 대해 우리는 더 나쁜 결정을 내리게 될 것이다.

엔지니어링 분야의 선구적인 사상가 구루 마드하반은 필요하거나 필요하지 않을 수도 있는 새 물건을 끊임없이 생산하는 것은 의심스러운 행위이며, 엔지니어링의 핵심 설계에 윤리, 경제성, 환경을 고려하는 것이 가장 중요하다고 말한다. 이런 정신은 리베카가 믿는 바와 같이 우리 모두가 지향해야 할 디자인 프로세스와 매우 밀접한 관련이 있으며, 끊임없이 물건을 생산하는 지속 불가능한 행위를 멈추는 방법이 될 것이다. 영국은 세계에서 가장 많은 전자 폐기물을 배출하는 국가로, 한 해 1인당 약 24킬로그램의 전자 폐기물을 배출한다. 미국은 2019년에 1인당 약 21킬로그램을 버렸다. 이 중 약 40퍼센트가 다른 나라로 불법 수출돼 버려지는 것으로 추정되며, 이런 전자 폐기물에서 나오는 오염물질이 현지의 식량과 상수도에 스며들 수 있다. 또한 막대한 양의 귀금속도 매립된다.

다행히 다른 방법이 있다는 것을 보여주기 위해 나서는 사람들이 있다. 런던의 대니엘 퍼키스가 바로 그런 인물 중 한 명이다. 그녀는 영국 전역의 전자제품 유지보수 및 수리에 영향을 미치는 요인을 이해하고 매핑하는 것을 목표로 '빅 리페어 프로젝트'라는 연구 프로젝트를 운영하고 있다. 이 작업의 기본 개념 중 하나는 '순환적 사고'로, 모든 물질은 수명이 다할 때까지 가치가 있으며 버리지 말고 분해해 다시 조립해서 재구성해야 한다는 아이디어다. 이는 분자 또는 화학적 규모에서 적용될 수도 있고(예컨대 박테리아나 효소를 이용한 퇴비화), 또는 보다 거시적인 물리적 규모에서도 적용될 수 있다(장치를 분해한 뒤 부품을 수리 또는 교체하거나, 분해한 부품을 재사용하는 경우).

대니엘은 수많은 제품들이 사용할 때가 아니라 제조 단계에서 대부분의 유해물질을 발생시킨다는 점을 특히 중요하게 지적했다. 사용 수명이 제한돼 있거나 수리가 불가능해 결국 버려지는, 제품 노후화도 큰 문제다. 영국에서는 가전제품(휴대폰, 전자제품)의 17퍼센트만이 재활용되고 있으며, 미국에서는 이 수치가 15퍼센트로 떨어진다. 이런 기술 제품들이 보통 애초부터 재료가 복잡하게 배열돼 있어서 추출하기 어렵거나, 통제된 환경에서 재활용하지 않을 경우 건강과 환경에 해를 끼친다는 점이 일부 원인이다. 디자인과 재료가 복잡할수록 다시 분리하기 어렵기 때문에 결국 매립되는 경우가 많다. 그러므로 디자인 프로세스의 시작 단계부터 제품을 분해하는 방법을 고려해야, 제품을 수리하거나 업그레이드해서 더 오래 사용할 수 있고 훗날 재활용도 할 수 있다.

　시민 엔지니어링과 의식적인 소비의 원칙, 그리고 사물이 어떻게 작동하는지에 대한 지식을 하나로 모으는 것도 좋은 일이지만, 제조업체도 동참해야 하고 정부와 정책도 마찬가지다. 대체로 대니엘은 낙관적이다. 지난 몇 년 동안 그녀는 사람들이 서로 제품을 고쳐주는 수리 커뮤니티가 증가하고 새단장한 중고 휴대폰과 중고 기술에 대한 광고가 늘어나는 것을 봐왔다. 전 세계적인 팬데믹 봉쇄 조치로 인해 필요한 도구를 갖추지 못한 사람들도 원격 근무와 원격 학습을 할 수밖에 없었고, 이에 따라 저렴한 전자제품을 만드는 데에 비약적인 발전이 있었다.

　바라건대, 내가 사물을 작게 분해하고 파고들면서 과거와 현재와 미래의 엔지니어링이 압도적이거나 딱딱한 것이 아니라 자극을 주고 힘을 실어주며 인간적인 측면도 갖고 있다는 사실을 보여주었을 것이다. 복잡함을 조금씩 벗겨내 단순함을 발견할 수도 있지만 그것은 때로 기만일 수 있으며, 그 이야기와 과학이 어우러져 다시 복잡성으로 돌아가는 매혹적인 여정으로 우리를 이끈다. 엔지니어링을 이해하면 개인적으로 얻게 되는 이점도 있지만, 또한 우리가 사는 행성과 모든 생명체에 대한 공감을 지닌 종으로 나아갈 수 있다. 이 방법을 배우고 그에 수반되는 기술을 이해하기 위한 기초 단계로, 작은 것부터 시작해볼 수 있다. 겉보기에 이해하기 어려운 사물을 열어보고 그것을 이루는 구성 요소를 이해하려고 노력해보는 것이다. 그리고 그 구성 요소들을 다시 조립하기 전에 스스로에게 이런 질문을 해보자. 어떻게 하면 더 나아질 수 있을까?

맺음말

참고문헌

공통(일반)

Earth911. '20 Staggering E–Waste Facts in 2021'. Earth911, 11 October 2021. https://earth911.com/eco-tech/20-e-waste-facts/.

Forman, Chris and Claire Asher. *Brave Green World*. MIT Press, 2021.

Gadd, Karen. *TRIZ for Engineers: Enabling Inventive Problem Solving*. Wiley, 2011.

Holmes, Keith C. *Black Inventors: Crafting over 200 Years of Success*. Global Black Inventor Research Projects Inc., 2008.

Jaffe, Deborah. *Ingenious Women: From Tincture of Saffron to Flying Machines*. Sutton Publishing, 2004.

Jayaraj, Nandita, and Aashima Freidog. *31 Fantastic Adventures in Science: Women Scientists of India*. Puffin Books, 2019.

Madhavan, Guru. *Think like an Engineer: Inside the Minds That Are Changing Our Lives*. Oneworld, 2016.

Malloy, Kai. 'UK on Track to Become Europe's Biggest e-Waste Contributor'. Resource, 21 October 2021. https://resource.co/article/uk-track-become-europe-s-e-waste-contributor.

McLellan, Todd. *Things Come Apart 2.0*. Thames & Hudson, 2013.

Petroski, Henry. *The Evolution of Useful Things: How Everyday Artifacts–from Forks and Pins to Paper Clips and Zippers–Came to Be as They Are*. Vintage Books, 1992.

Rattray Taylor, Gordon, ed. *The Inventions That Changed the World: An Illustrated Guide to Man's Practical Genius through the Ages*. Reader's Digest, 1983.

Toner Buzz. 'Staggering E-Waste Facts & Statistics 2022', 9 March 2022. https://www.tonerbuzz.com/blog/e-waste-facts-statistics/.

Walker, Robin. *Blacks and Science Volume 2: West and East African Contributions to Science and Technology*. Reklaw Education, 2016.

Walker, Robin. *Blacks and Science Volume 3: African American Contributions to Science and Technology*. Reklaw Education, 2013.

1장 못

Ackroyd, J. A. D. 'The Aerodynamics of the Spitfi re'. *Journal of Aeronautical History*, 2016.

Alexievich, Svetlana. *The Unwomanly Face of War*. Penguin Random House, 1985.

Anne of All Trades. 'Blacksmithing: Forging a Nail by Hand'. YouTube, 17 May 2019. https://www.youtube.com/watch?v=dBCN5K5NwpM.

Atack, D., and D. Tabor. 'The Friction of Wood'. *Proceedings of the Royal Society A*, vol. 246, no. 1247, 26 August 1958.

Bill, Jan. 'Iron Nails in Iron Age and Medieval Shipbuilding'. In *Crossroads in Ancient Shipbuilding*. Roskilde, 1991.

Budnik, Ruslan. 'Instrument of the Famous "Night Witches" '. War History Online, 8 August 2018. https://www.warhistoryonline.com/military-vehicle-news/soviet-plane-u2-po2.html.

Castles, Forts and Battles. 'Inchtuthil Roman Fortress'. http://www.castlesfortsbattles.co.uk/perth_fife/inchtuthil_roman_fort.html.

Chervenka, Mark. 'Nails as Clues to Age'. Real or Repro. https://www.realorrepro.com/article/Nails-as-clues-to-age.

Collette, Q., I. Wouters, and L. Lauriks. 'Evolution of Historical Riveted Connections: Joining Typologies, Installation Techniques and Calculation Methods'. *Structural Studies, Repairs and Maintenance of Heritage Architecture XII*, pp. 295–306, 2011. https://doi.org/10.2495/STR110251.

Collette, Q. 'Riveted Connections in Historical Metal Structures (1840–1940). Hot-Driven Rivets: Technology, Design and Experiments.' 2014. https://doi.org/10.13140/2.1.3157.2801.

Collins, W. H. 'A History 1780–1980'. Swindell and Co., From Eliza Tinsley & Co. Ltd.

Corlett, Ewan. *The Iron Ship–The Story of Brunel's SS Great Britain*. Conway Maritime Press, 2002.

Dalley, S. *The Mystery of the Hanging Garden of Babylon: An Elusive World Wonder Traced*. OUP Oxford, 2013.

Eliza Tinsley. 'The History of Eliza Tinsley'. http://elizatinsley.co.uk/our-history/.

Eliza Tinsley & Co. Ltd. 'Nail Mistress'. [Eliza Tinsley Obituary].

Essential Craftsman. 'Screws: What You Need to Know'. YouTube, 27 June 2017. https://www.youtube.com/watch?v=N3jG5xtSQAo.

Fastenerdata. 'History of Fastenings'. https://www.fastenerdata.co.uk/history-of-fastenings/.

Formisano, Bob. 'How to Pick the Right Nail for Your Next Project'. The Spruce, 11 January 2021. https://www.thespruce.com/nail-sizes-and-types-1824836.

Forest Products Laboratory. *Wood Handbook: Wood as an Engineering Material*. United States Department of Agriculture, 2010.

Founders Online. 'From Thomas Jefferson to Jean Nicolas Démeunier, 29 April 1795'. University of Virginia Press. http://founders.archives.gov/documents/Jefferson/01-28-02-0259.

Glasgow Steel Nail. 'The History of Nail Making'. http://www.glasgowsteelnail.com/nailmaking.htm.

Goebel Fasteners. 'History of Rivets & 20 Facts You Might Not Know'. 15

October 2019. https://www.goebelfasteners.com/history-of-rivets-20-facts-you-might-not-know/.

Hening, W. W. *The Statutes at Large: Being a Collection of All the Laws of Virginia, from the First Session of the Legislature, in the Year 1619 : Published Pursuant to an Act of the General Assembly of Virginia, Passed on the Fifth Day of February One Thousand Eight Hundred and Eight*. 1823.

How, Chris. *Early Steps in Nail Industrialisation*. Queens' College, University of Cambridge, 2015.

How, Chris. 'Evolutionary Traces in European Nail-Making Tools'. In *Building Knowledge, Constructing Histories*, CRC Press, 2018.

How, Chris. *Historic French Nails, Screws and Fixings: Tools and Techniques*. Furniture History Society of Australasia, 2017.

How, Chris. 'The British Cut Clasp Nail'. In *Proceedings of the First Construction History Society Conference, Queens' College, University of Cambridge*, Construction History Society, 2014.

How, Chris. 'The Medieval Bi-Petal Head Nail'. In *Further Studies in the History of Construction: The Proceedings of the Third Annual Conferences of the Construction History Society*, Construction History Society, 2016.

Hunt, Kristen. 'Design Analysis of Roller Coasters'. Thesis submitted to Worcester Polytechnic Institute, May 2018.

Inspectapedia. 'Antique Nails: History & Photo Examples of Old Nails Help Determine Age & Use'. https://inspectapedia.com/interiors/Nails_Hardware_Age.php.

Johnny from Texas. 'Builders of Bridges (1928) Handling Hot Rivets'. YouTube, 23 February 2020. https://www.youtube.com/watch?v=96q9dUQbQ2s.

Jon Stollenmeyer, Seek Sustainable Japan. 'Love of Japanese Architecture + Building Traditions'. YouTube, 15 October 2020. https://www.youtube.com/watch?v=lQBUl0JCaHk.

Kershaw, Ian. 'Before Nails, There Was Pegged Wood Construction'. Outdoor Revival, 14 April 2019. https://www.outdoorrevival.com/instant-articles/before-nails-there-waspegged-wood-construction.html.

Mapelli, C., R. Nicodemi, R. F. Riva, M. Vedani, and E. Gariboldi. 'Nails of the Roman Legionary'. *La Metallurgia Italiana*, 2009.

Morgan, E. B., and E. Shacklady. *Spitfire: The History*. Key Publishing, Stamford, 1987.

Much Hadham Forge Museum. 'Our Museum'. https://www.hadhammuseum.org.uk.

Museum of Fine Arts Boston. 'Jug with Lotus Handle'. https://collections.mfa.org/ objects/132466/jug-with-lotus-handle;jsessionid=32EE38C65AAF96EC1B343C7BF 68C65F0.

Nord Lock. 'The History of the Bolt'. https://www.nord-lock.com/insight/knowledge/ 2017/the-history-of-the-bolt/.

Neuman, Scott. 'Aluminum's Strange Journey From Precious Metal To Beer Can'. *NPR*, 10 December 2019. https://www.npr.org/2019/12/05/785099705/aluminums-strange-journey-from-precious-metal-to-beer-can.

Perkins, Benjamin. 'Objects: Nail Cutting Machine, 1801, by Benjamin Perkins. M29 [Electronic Edition]'. Massachusetts Historical Society. https://www.masshist.org/ thomasjeffersonpapers/doc?id=arch_M29&mode=lgImg.

Pete & Sharon's SPACO. 'Making Hand Forged Nails'. https://spaco.org/Blacksmithing/ Nails/Nailmaking.htm.

Pitts, Lynn F., and J.K. St Joseph. *Inchtuthil: The Roman Legionary Fortress Excavations, 1952–65*. Society for the Promotion of Roman studies, 1985.

Rivets de France. 'History'. http://rivetsfrance.com/histoire_du_rivet_UK.html.

Roberts, J. M. 'The "PepsiMax Big One" Rollercoaster Blackpool Pleasure Beach'. *The Structural Engineer*, vol. 72, no. 1, 1994.

Roberts, John. 'Gold Medal Address: A Life of Leisure'. *The Structural Engineer*, 20 June 2006.

Rybczynski, Witold. *One Good Turn: A Natural History of the Screwdriver & the Screw*. Scribner, 2001.

Sakaida, Henry. *Heroines of the Soviet Union 1941–1945*. Osprey Publishing, 2003.

Sedgley Manor. 'Black Country Nail Making Trade'. http://www.sedgleymanor.com/ trades/nailmakers2.html.

Shuttleworth Collection. 'Solid Riveting Procedures'. [Design guidance].

Sullivan, Walter. 'The Mystery of Damascus Steel Appears Solved'. *The New York Times*, 29 September 1981. https://www.nytimes.com/1981/09/29/science/the-mystery-of-damascus-steel-appears-solved.html.

Tanner, Pat. 'Newport Medieval Ship Project: Digital Reconstruction and Analysis of the Newport Ship'. [3D Scanning Ireland]. May 2013

Taylor, Jonathan. 'Nails and Wood Screws'. Building Conservation. https://www.

buildingconservation.com/articles/nails/nails.htm.

The Engineering Toolbox. 'Nails and Spikes–Withdrawal Force'. https://www.engineeringtoolbox.com/nails-spikes-withdrawal-load-d_1814.html. https://wagner-werkzeug.de/start.html

Thomas Jefferson's Monticello. 'Nailery'. https://www.monticello.org/site/research-and-collections/nailery.

TR Fastenings. 'Blind Rivet Nuts, Capacity Tables'. [Company Brochure, Edition 2]. https://www.trfastenings.com

Truini, Joseph. 'Nails vs. Screws: How to Know Which Is Best for Your Project'. Popular Mechanics, 29 March 2022. https://www.popularmechanics.com/home/tools/how-to/a18606/nails-vs-screws-which-one-is-stronger/.

Twickenham Museum. 'Henrietta Vansittart, Inventor, Engineer and Twickenham Property Owner'. http://www.twickenham-museum.org.uk/detail.php?aid =477& cid=53&ctid=1.

Visser, Thomas D. A *Field Guide to New England Barns and Farm Buildings*. University Press of New England, 1997.

Wagner Tooling Systems. 'The History of the Screw'. [Company brochure].

Weincek, Henry. 'The Dark Side of Thomas Jefferson'. *Smithsonian Magazine*, 10 October 2012. https://www.smithsonianmag.com/history/the-dark-side-of-thomas-jefferson-35976004/.

Willets, Arthur. *The Black Country Nail Trade*. Dudley Leisure Services, 1987.

Wilton, Rebecca. 'The Life and Legacy of Eliza Tinsley (1813–1882), Black Country Nail Mistress'. MA in West Midlands History, University of Birmingham.

Winchester, Simon. *The Perfectionists: How Precision Engineers Created the Modern World*. HarperCollins, 2018.

Zhan, M., and H. Yang. 'Casting, Semi-Solid Forming and Hot Metal Forming'. In *Comprehensive Materials Processing, Elsevier*, 2014.

2장 바퀴

American Physical Society. 'On the Late Invention of the Gyroscope'. *Bulletin of the American Physical Society*, vol. 57, no.3. https://meetings.aps.org/Meeting/APR12/Event/170224.

Anthony, David W. *The Horse, the Wheel, and Language: How Bronze-Age Riders from the Eurasian Steppes Shaped the Modern World*. Erenow. https://erenow.net/ancient/the-horse-the-wheel-and-language/13.php.

Art-A-Tsolum. '4,000 Years Old Wagons Found in Lchashen, Armenia'. 28 December

2017. https://allinnet.info/archeology/4000-years-old-wagons-found-in-lchashen-armenia/.

Baldi, J. S. 'How the Uruk Potters Used the Wheel'. EXARC, YouTube, 2020. https://www.youtube.com/watch?v=9qOM1CV2WvQ.

BBC News. 'Stone Age Door Unearthed by Archaeologists in Zurich'. 21 October 2010. https://www.bbc.com/news/world-europe-11593005.

Belancic Glogovcan, Tanja. 'World's Oldest Wheel Found in Slovenia'. I Feel Slovenia, 6 January 2020. https://slovenia.si/art-and-cultural-heritage/worlds-oldest-wheel-found-in-slovenia/.

Bellis, Mary. 'The Invention of the Wheel'. ThoughtCo, 20 December 2020. https://www.thoughtco.com/the-invention-of-the-wheel-1992669.

Berger, Michele W. 'How the Appliance Boom Moved More Women into the Workforce'. Penn Today, 30 January 2019. https://penntoday.upenn.edu/news/how-appliance-boom-moved-more-women-workforce.

Bowers, Brian. 'Social Benefi ts of Electricity'. *IEE Proceedings A (Physical Science, Measurement and Instrumentation, Management and Education, Reviews)*, vol. 135, no. 5, 5 May 1988. https://doi.org/10.1049/ip-a-1.1988.0047.

Brown, Azby. *The Genius of Japanese Carpentry: Secrets of an Ancient Craft*. Tuttle, 2013.

Burgoyne, C. J., and R. Dilmaghanian. 'Bicycle Wheel as Prestressed Structure'. *Journal of Engineering Mechanics*, vol. 119, no. 3, March 1993.

Cassidy, Cody. 'Who Invented the Wheel? And How Did They Do It?' *Wired*. https://www.wired.com/story/who-invented-wheel-how-did-they-do-it/.

Chariot VR. 'A Brief History Of The Spoked Wheel'. https://www.chariotvr.com/.

Cochran, Josephine G. 'Dish Washing Machine'. United States Patent Office 355, 139, issued 28 December 1886.

Davidson, L.C. *Handbook for Lady Cyclists*. Hay Nisbet, 1896.

Davis, Beverley. 'Timeline of the Development of the Horse'. *Sino-Platonic Papers*, no. 177, August 2007.

Deloche, Jean. 'Carriages in Indian Iconography'. In *Contribution to the History of the Wheeled Vehicle in India*, 13–48. Français de Pondichéry, 2020. http://books.openedition.org/ifp/774.

Deneen Pottery. 'Pottery: The Ultimate Guide, History, Getting Started, Inspiration' https://deneenpottery.com/pottery/.

Deutsches Patent-und Markenamt. 'Patent for Drais' "Laufmaschine", The ancestor of all bicycle'. https://www.dpma.de/english/our_office/publications/news/milestones/200ja hrepatentfuerdasur-fahrrad-index.html.

engineerguy. 'How a Smartphone Knows Up from Down (Accelerometer)'. YouTube, 22

May 2012. https://www.youtube.com/watch?v= KZVgKu6v808.

European Space Agency. 'Gyroscopes in Space'. https://www.esa.int/ESA_Multimedia/Videos/2016/03/Gyroscopes_in_space.

Evans-Pughe, Christine. 'Bold Before Their Time'. *Engineering and Technology Magazine*, June 2011.

Freeman's Journal and Daily Commercial Advertiser, 30 August 1899.

Gambino, Megan. 'A Salute to the Wheel'. *Smithsonian Magazine*, 17 June 2009. https://www.smithsonianmag.com/science-nature/a-salute-to-the-wheel-31805121/.

Garcia, Mark. 'Integrated Truss Structure'. 20 September 2018. http://www.nasa.gov/mission_pages/station/structure/elements/integrated-truss-structure.

Garis-Cochran, Josephine G. 'Advertisement for Dish Washing Machine'. 1895.

Gibbons, Ann. 'Thousands of Horsemen May Have Swept into Bronze Age Europe, Transforming the Local Population'. Science, 21 February 2017. https://www.science.org/content/article/thousands-horsemen-may-have-swept-bronze-age-europe-transforming-local-population.

Glaskin, Max. 'The Science behind Spokes'. Cyclist, 28 April 2015. https://www.cyclist.co.uk/in-depth/85/the-science-behind-spokes.

Green, Susan E. *Axle and Wheel Terminology, an Historical Dictionary*.

Haan, David de. *Antique Household Gadgets and Appliances c. 1860 to 1930*. Blandford Press, 1977.

Harappa. 'Chariots in the Chalcolithic Rock Art of India'. https://www.harappa.com/content/wheels-indian-rock-art.

Hazael, Victoria. '200 Years since the Father of the Bicycle Baron Karl von Drais Invented the "Running Machine"'. Cycling UK. https://www.cyclinguk.org/cycle/draisienne-1817-2017-200-years-cycling-innovation-design.

History Time. 'The Nordic Bronze Age/Ancient History Documentary'. YouTube, 22 February 2019. https://www.youtube.com/watch?v=s_OFqGuLc7s.

ISS Live! 'Control Moment Gyroscopes: What Keeps the ISS from Tumbling through Space?' NASA,

Kenoyer, J. M. 'Wheeled Vehicles Of the Indus Valley Civilization of Pakistan and India', University of Wisconsin-Madison. January 7, 2004.

Kessler, P. L. 'Kingdoms of the Barbarians – Uralics'. History Files, https://www.historyfiles.co.uk/KingListsEurope/BarbarianUralic.htm?fbclid=IwAR35rTVAQapSQ5aS0qvxUXNFZD_k5kWtrVz7Dex-1w1siMsXo4-le-qnKsc.

Lemelson. 'Josephine Cochrane: Dish Washing Machine'. https://lemelson.mit.edu/resources/josephine-cochrane.

Lewis, M. J. T. 'Gearing in the Ancient World'. Endeavour, vol. 17, no. 3, 1 January

1993. https:// doi.org/10.1016/0160-9327(93)90099-O.

Lloyd, Peter. 'Who Invented the Toothed Gear?' Idea Connection. https://www.ideaconnection.com/right-brain-workouts/00346-who-invented-the-toothed-gear.html.

Manners, William. *Revolution: How the Bicycle Reinvented Modern Britain*. Duckworth, 2019.

Manners, William. 'The Secret History of 19th Century Cyclists'. *Guardian*, 9 June 2015. https://www.theguardian.com/environment/bike-blog/2015/jun/09/feminism-escape-widening-gene-pools-secret-history-of-19th-century-cyclists.

Minetti, Alberto E., John Pinkerton, and Paola Zamparo. 'From Bipedalism to Bicyclism: Evolution in Energetics and Biomechanics of Historic Bicycles'. *Proceedings of the Royal Society of London. Series B: Biological Sciences*, vol. 268, no. 1474. 7 July 2001. https://doi.org/10.1098/rspb.2001.1662.

NASA. 'Reference Guide to the International Space Station'. September 2015.

NASA History Division. 'EP – 107 Skylab: A Guidebook'. https://history.nasa.gov/EP-107/ch11.htm.

NASA. 'International Space Station Familiarization: Mission Operations Directorate Space Flight Training Division'. 31 July 1998.

NASA Video. 'Gyroscopes'. YouTube, 22 May 2013. https://www.youtube.com/watch?v=FGc5xb23XFQ.

Pollard, Justin. 'The Eccentric Engineer'. *Engineering and Technology Magazine*, July 2018.

Postrel, Virginia. 'How Job-Killing Technologies Liberated Women'. Technology & Ideas: Bloomberg, 14 March 2021.

Quora. 'How Does The International Space Station Keep Its Orientation?' Forbes, 26 April 2017. https://www.forbes.com/sites/quora/2017/04/26/how-does-the-international-space-station-keep-its-orientation/.

Racing Nellie Bly. 'Chipped China Inspired Josephine Cochrane To Invent Effective Victorian Era Dishwashers'. 12 November 2017. https://racingnelliebly.com/weirdscience/chipped-china-inspired-josephine-cochrane-invent-dishwashers/.

Schaeffer, Jacob Christian. *Die bequeme und höchstvortheilhafte Waschmaschine*, 1767.

ScienceDaily. 'Reinventing the Wheel – Naturally'. https://www.sciencedaily.com/releases/2010/06/100614074832.htm.

ScienceDaily. 'Fridges And Washing Machines Liberated Women, Study Suggests'. https://www.sciencedaily.com/releases/2009/03/090312150735.htm.

Simply Space. 'ISS Attitude Control – Torque Equilibrium Attitude and Control Moment Gyroscopes'. YouTube, 6 September 2019. https://www.youtube.com/watch?v=4aF7zwhlDDU.

Sommeria, Joël. 'Foucault and the Rotation of the Earth'. *Science in the Making: The*

Comptes Rendus de l'Académie des Sciences Throughout History, vol. 18, no. 9, 1 November 2017. https://doi.org/10.1016/j.crhy.2017.11.003.

Stockhammer, Philipp W., and Joseph Maran, eds. *Appropriating Innovations: Entangled Knowledge in Eurasia, 5000–1500 BCE*. Oxbow Books, 2017.

Sturt, George. *The Wheelwright's Shop*. Cambridge University Press, 1923.

Tietronix. 'Console Handbook: ADCO Attitude Determination and Control Officer'. [Technical Handbook prepared for NASA, Johnson's Space Centre].

Tucker, K., N. Berezina, S. Reinhold, A. Kalmykov, A. Belinskiy, and J. Gresky. 'An Accident at Work? Traumatic Lesions in the Skeleton of a 4th Millennium BCE "Wagon Driver" from Sharakhalsun, Russia'. HOMO, vol. 68, no. 4, August 2017. https://doi.org/10.1016/j.jchb.2017.05.004.

United States Patent and Trademark Offi ce. 'Josephine Cochran: "I'll Do It Myself"'. https://www.uspto.gov/learning-and-resources/journeys-innovation/historical-stories/ill-do-it-myself.

Vogel, Steven. *Why the Wheel Is Round: Muscles, Technology, and How We Make Things That Move*. University of Chicago Press, 2018.

Wolchover, Natalie. 'Why It Took So Long to Invent the Wheel'. Live Science, 2 March 2012. https://www.livescience.com/18808-invention-wheel.html.

Woodford, Chris. 'How Do Wheels Work? Science of Wheels and Axles'. Explain that Stuff, 27 January 2009. http://www.explainthatstuff.com/howwheelswork.html.

Wright, John, and Robert Hurford. 'Making a Wheel–How to Make a Traditional Light English Pattern Wheel'. Rural Development Commission, 1997.

3장 스프링

American Physical Society. 'June 16, 1657: Christiaan Huygens Patents the First Pendulum Clock'. June 2017. http://www.aps.org/publications/apsnews/201706/history.cfm.

American Physical Society. 'March 20, 1800: Volta Describes the Electric Battery'. March 2006. http://www.aps.org/publications/apsnews/200603/history.cfm.

Andrewes, William J. H. 'A Chronicle Of Timekeeping'. Scientific American, 1 February 2006. https://doi.org/10.1038/scientificamerican0206-46sp.

Animagraffs. 'How a Mechanical Watch Works'. YouTube, 20 November 2019. https://www.youtube.com/watch?v=9_QsCLYs2mY.

'Antiquarian Horology'. *The Athenian Mercury VI*, no. 4, query 7, 13 February 1692/93.

Arbabi, Ryan. 'At the Extremes of Acoustic Science'. [Conference Paper]. Farrat, July 2021.

ArchDaily. 'House of Music/Coop Himmelb(l)Au'. 14 April 2014. a https://www.

archdaily.com/495131/house-of-music-coop-himmelb-l-au.

Archery Historian. 'Mongolian Bow VS English Longbow – Advantages and Drawbacks'. 23 June 2018. https://archeryhistorian.com/mongolian-bow-vs-english-longbow-advantages-and-drawbacks/.

Automated Industrial Motion. 'ALL ABOUT SPRINGS: Comprehensive Guide to the History, Use and Manufacture of Coiled Springs'. 2019. https://aimcoil.com/wp-content/uploads/2019/10/All-About-Springs-FINAL-10-2019-B.pdf

Backwell, Lucinda, Justin Bradfield, Kristian J. Carlson, Tea Jashashvili, Lyn Wadley, and Francesco d'Errico. 'The Antiquity of Bow-and-Arrow Technology: Evidence from Middle Stone Age Layers at Sibudu Cave'. *Antiquity*, vol. 92, no. 362, April 2018. https://doi.org/10.15184/aqy.2018.11.

BBC News. 'A Point of View: How the World's First Smartwatch Was Built'. 27 September 2014. https://www.bbc.com/news/magazine-29361959.

Beacock, Ian P. 'A Brief History of (Modern) Time'. *The Atlantic*, 22 December 2015. https://www.theatlantic.com/technology/archive/2015/12/the-creation-of-modern-time/421419/.

Beever, Jason Wayne, and Zoran Pavlovic. 'The Modern Reproduction of a Mongol Era Bow Based on Historical Facts and Ancient Technology Research'. EXARC, 1 June 2017. https://exarc.net/issue-2017-2/at/modern-reproduction-mongol-era-bow-based-historical-facts-and-ancient-technology-research.

Bellis, Mary. 'The History of Mechanical Pendulum and Quartz Clocks'. ThoughtCo, 12 April 2018. https://www.thoughtco.com/history-of-mechanical-pendulum-clocks-4078405.

Berman, Mark, et al. 'The Staggering Scope of U.S. Gun Deaths Goes Far beyond Mass Shootings'. *Washington Post*, 8 July 2022. https://www.washingtonpost.com/nation/interactive/2022/gun-deaths-per-year-usa/.

Blakemore, Erin. 'Who Were the Mongols?'. *National Geographic*, 21 June 2019. https://www.nationalgeographic.com/culture/article/mongols.

Blumenthal, Aaron, and Michael Nosonovsky. 'Friction and Dynamics of Verge and Foliot: How the Invention of the Pendulum Made Clocks Much More Accurate'. *Applied Mechanics*, vol. 1, no. 2, 29 April 2020. https://doi.org/10.3390/applmech1020008.

Britannica. 'Bow and Arrow'. https://www.britannica.com/technology/bow-and-arrow.

Brown, Emily Lindsay. 'The Longitude Problem: How We Figured out Where We Are'. The Conversation, 18 July 2013. http://theconversation.com/the-longitude-problem-how-we-figured-out-where-we-are-16151.

Brown, Erik. 'How The Ancients Improved Their Lives With Archery'. Medium, 15

October 2020. https://medium.com/mind-cafe/how-the-ancients-improved-their-lives-with-archery-1704318a1e60.

Brownstein, Eric X. 'The Path of the Arrow The Evolution of Mongolian National Archery'. World Learning/SIT Study Abroad, Mongolia, Spring 2008.

Buckley Ebrey, Patricia. 'Crossbows'. *A Visual Sourcebook of Chinese Civilization*. http://depts.washington.edu/chinaciv/miltech/crossbow.htm.

Bues, Jon. 'Introducing: The Zenith Defy 21 Ultraviolet'. Hodinkee, 1 June 2020. https://www.hodinkee.com/articles/zenith-defy-21-ultraviolet-introducing.

Burgess, Ebenezer. *Surya Siddhanta Translation*. Internet Archive. http://archive.org/details/SuryaSiddhantaTranslation.

Cartwright, Mark. 'Crossbows in Ancient Chinese Warfare'. World History Encyclopedia, 17 July 2017. https://www.worldhistory.org/article/1098/crossbows-in-ancient-chinese-warfare/.

Charles Frodsham and Co Ltd. 'Discovering Harrison's H4.' https://frodsham.com/commissions/h4/.

Chong, Alvin. 'In-Depth: Time Consciousness and Discipline in the Industrial Revolution'. SJX Watches, 21 July 2020. https://watchesbysjx.com/2020/07/time-consciousness-and-discipline-industrial-revolution.html.

Croix Rousse Watchmaker. 'Explanation, How Verge Escapement Works'. YouTube, 11 September 2017. https://www.youtube.com/watch?v=BoeP0adbDKg.

Currie, Neil George Roy. *Kinky Structures*. School of Computing, Science and Engineering University of Salford, 2020.

Daltro, Ana Luiza. 'Interview. Yasuhisa Toyota, The Sound Wizard'. ArchiExpoe-Magazine, 12 February 2018. https://emag.archiexpo.com/interview-yasuhisa-toyota-the-sound-wizard/.

Davies, B. J. 'The Longevity of Natural Rubber in Engineering Applications'. The Malaysian *Rubber Producers Research Association*, reprinted from article in *Rubber Developments* vol. 41, no. 4.

DeVries, Kelly, and Robert Douglas Smith. *Medieval Weapons: An Illustrated History of Their Impact*. ABC-CLIO, 2007.

Einsmann, Scott. 'History Proves Archery's Roots Are Ancient, and This Evidence Is Awesome!', Archery 360, 3 May 2017. https://archery360.com/2017/05/03/history-proves-archerys-roots-ancient-evidence-awesome/.

Fact Monster. 'Accurate Mechanical Clocks'. 21 February 2017. https://www.factmonster.com/calendars/history/accurate-mechanical-clocks.

Farrat. 'Building Vibration Isolation Systems: Vibration Control for Buildings and Structures'. [Design Guidance].

Farrat. 'Acoustic Isolation of Concert Halls'. [Design Guidance].

Farrell, Oliver. 'From Acoustic Specification to Handover. A Practical Approach to an Effective and Robust System for the Design and Construction of Base (Vibration) Isolated Buildings'. Farrat, 2017. https://www.farrat.com/wp-content/uploads/2017/11/VCAS-BVI-TP-ICSV24-Base-Isolated-Buildings-17a-web.pdf

Farrell, Oliver, and Ryan Arbabi. 'Long-Term Performance of Farrat LNR Bearings for Structural Vibration Control'.

Fowler, Susanne. 'From Working on Watches to Writing About Them'. New York Times, 8 September 2021. https://www.nytimes.com/2021/09/08/fashion/watches-rebecca-struthers-book-england.html.

Fusion. 'A Briefer History of Time: How Technology Changes Us in Unexpected Ways'. YouTube, 18 February 2015. https://www.youtube.com/watch?v=fD58Bt2gj78.

GERB. 'Floating Floors and Rooms'. [Company Sales Brochure], 2016.

GERB. 'Tuned Mass Dampers for Bridges, Floors and Tall Structures'. [Technical Paper].

GERB. 'Vibration Control Systems Application Areas'. [Sales Brochure].

GERB. 'Vibration Isolation of Buildings'. [Sales Brochure].

Gonsher, Aaron. 'Interview: Master Acoustician Yasuhisa Toyota'. Red Bull Music Academy Daily, 14 April 2017. https://daily.redbullmusicacademy.com/2017/04/yasuhisa-toyota-interview.

Gledhill, Sean. 'Pushing the Boundaries of Seismic Engineering'. *The Structural Engineer*, vol. 89, no, 12, 21 June 2011.

Glennie, Paul, and Nigel Thrift. 'Reworking E. P. Thompson's "Time, Work-Discipline and Industrial Capitalism" '. *Time & Society*, vol. 5, no. 3, October 1996. https://doi.org/10.1177/0961463X96005003001.

Graceffo, Antonio. 'Mongolian Archery: From the Stone Age to Naadam'. Bow International, 14 August 2020. https://www.bow-international.com/features/mongolian-archery-from-the-stone-age-to-nadaam/.

HackneyedScribe. 'Han Dynasty Crossbow III'. History Forum, 2 July 2019. https://historum.com/threads/han-dynasty-crossbow-iii.179336/.

Harris, Colin S., ed. *Engineering Geology of the Channel Tunnel*. American Society of Civil Engineers, 1996.

Harder, Jeff and Sharise Cunningam. 'Who Invented the First Gun?'. HowStuffWorks, 12 January 2011. https://science.howstuffworks.com/innovation/inventions/who-invented-the-first-gun.htm.

Hirst, Kris. 'The Invention of Bow and Arrow Hunting Is at Least 65,000 Years Old'. ThoughtCo, 19 May 2019. https://www.thoughtco.com/bow-and-arrow-hunting-history-4135970.

Hunt, Hugh. 'Inside Big Ben: Why the World's Most Famous Clock Will Soon Lose Its Bong'. The Conversation, 29 April 2016. http://theconversation.com/inside-big-ben-why-the-worlds-most-famous-clock-will-soon-lose-its-bong-58537.

Institute for Health Metrics and Evaluation. 'Six Countries in the Americas Account for Half of All Firearm Deaths'. 24 August 2018. https://www.healthdata.org/news-release/six-countries-americas-account-half-all-firearm-deaths.

Kaveh, Farrokh, and Manouchehr Moshtagh Khorasani. 'The Mongol Invasion of the Khwarazmian Empire: The Fierce Resistance of Jalal-e Din.' *Medieval Warfare*, Vol. 2, No. 3, 2012.

Landes, David S. *Revolution in Time: Clocks and the Making of the Modern World*. Harvard University Press, 1998.

Loades, Mike. *The Crossbow*. Osprey Publishing, 2018.

Lombardi, Michael. 'First in a Series on the Evolution of Time Measurement: Celestial, Flow, and Mechanical Clocks [Recalibration]'. *IEEE Instrumentation & Measurement Magazine*, vol. 14, no. 4, August 2011. https://doi.org/10.1109/MIM.2011.5961371.

Mason Industries. 'Double Defl ection Neoprene Mount'. BULLETIN ND-26-1. [Technical Paper].

Mason Industries. 'BUILDING ISOLATION SLFJ Spring Isolators BBNR Rubber Isolation Bearings'. https://www.mason-uk.co.uk/wp-content/uploads/2017/09/ab104v2.pdf

Mason Industries. 'History'. https://mason-ind.com/history/.

Mason Industries. 'Mason Jack-Up Floor Slab System'. 2017. https://www.mason-uk.co.uk/wp-content/uploads/2017/08/acs.102.3.1.pdf

Mason Industries. 'ASHRAE Lecture: Noise and Vibration Problems and Solutions'. November 1966. https://mason-ind.com/ashrae-lecture/.

Mason Industries. 'Spring Mount for T.V. Studio Floor for Columbia Broadcasting System'. [Product Specifi cation].

Mason Industries, Inc. 'FREE STANDING SPRING MOUNTS and HEIGHT SAVING BRACKETS'. [Product Specifi cation], 2017.

Mason UK Ltd – Floating Floors, Vibration Control & Acoustic Products. 'Seismic Table Testing of Inertia Base Frame | DCL Labs'. YouTube, 23 April 2020. https://www.youtube.com/ watch?v= bCRnIEeKp2M. Mason UK. 'Concrete Floating Floor Vibration Isolation, House of Music, Denmark'. https://www.mason-uk.co.uk/masonukcasestudies/house-music-denmark/ .

May, Timothy. *The Mongol Art of War*. Casemate Publishers, 2007.

McFadden, Christopher. 'Mechanical Engineering in the Middle Ages: The Catapult, Mechanical Clocks and Many More We Never Knew About'. Interesting Engineering,

28 April 2018. https://interestingengineering.com/mechanical-engineering-in-the middle-ages-the-catapult-mechanical-clocks-and-many-more-we-never-knew-about.

Mills, Charles W. 'The Chronopolitics of Racial Time'. *Time & Society*, vol. 29, no. 2, May 2020. https://doi.org/10.1177/0961463X20903650.

Myers, Joe. 'In 2016, half of all gun deaths occurred in the Americas'. World Economic Forum, 6 August 2019. https://www.weforum.org/agenda/2019/08/gun-deaths-firearms-americas-homicide/.

North, James David. *God's Clockmaker: Richard of Wallingford and the Invention of Time*, 2005.

Ogle, Vanessa. *The Global Transformation of Time* . Harvard University Press, 2015.

Open Culture. 'How Clocks Changed Humanity Forever, Making Us Masters and Slaves of'. 19 February 2015. https://www.openculture.com/2015/02/how-clocks-forever-changed-humanity-in-1657.html.

Pearce, Adam, and Jac Cross. 'Structural Vibration – a Discussion of Modern Methods'. *The Structural Engineer*, vol. 89, no. 12, 21 June 2011.

Physics World. 'A Brief History of Timekeeping', 9 November 2018. https://physicsworld.com/a/a-brief-history-of-timekeeping/.

Ramboll Group. 'House of Music: Harmonic Interaction in Architectural Playground'. https://ramboll.com/projects/rdk/musikkenshus.

Roberts, Alice. 'A True Sea Shanty: The Story behind the Longitude Prize'. *Observer*, 17 May 2014. https://www.theguardian.com/science/2014/may/18/true-sea-shanty-story-behind-longitude-prize-john-harrison.

Royal Museums Greenwich. 'Time to Solve Longitude: The Timekeeper Method'. 29 September 2014. https://www.rmg.co.uk/stories/blog/time-solve-longitude-timekeeper-method.

Royal Museums Greenwich. 'Longitude Found – the Story of Harrison's Clocks'. https://www.rmg.co.uk/stories/topics/harrisons-clocks-longitude-problem.

Ruderman, James. 'High-Rise Steel Offi ce Buildings in the United States' *The Structural Engineer* vol. 43, no. 1, 1965.

Saito, Daisuke, Mott MacDonald, and Kazumi Terada. 'More for Less in Seismic Design for Bridges – an Overview of the Japanese Approach'. *The Structural Engineer*, 1 February 2016.

Salisbury Cathedral. 'What Is the Story behind the World's Oldest Clock?'. YouTube, 4 June 2020.

Sample, Ian. 'Eureka! Lost Manuscript Found in Cupboard'. *Guardian*, 9 February 2006. https://www.theguardian.com/uk/2006/feb/09/science.research.

Stanley, John. 'How Old Is the Bow and Arrow?' World Archery, 8 April 2019. https://

worldarchery.sport/news/166330/how-old-bow-and-arrow.

Stilken, Alexander. 'Masters of Sound'. Porsche Newsroom, 15 November 2017. https://newsroom.porsche.com/en/company/porsche-yasuhisa-toyota-acoustician-andreas-henke-burmester-sound-elbphilharmonie-hamburg interview-music-14497.html.

Szabo, Christopher. 'Ancient Chinese Super-Crossbow Discovered'. Digital Journal, 24 March 2015. https://www.digitaljournal.com/tech-science/ancient-chinese-super-crossbow-discovered/article/429061.

Szczepanski, Kallie. 'How Did the Mongols Impact Europe?' ThoughtCo, 18 February 2010. https://www.thoughtco.com/mongols-effect-on-europe-195621.

The Naked Watchmaker. 'Rebecca Struthers'. https://www.thenakedwatchmaker.com/people-rebecca-struthers-1.

The National Museum of Mongolian History. 'The Mongol Empire of Chingis Khan and His Successors'. https://depts.washington.edu/silkroad/museums/ubhist/chingis.html.

The Worshipful Company of Clockmakers. 'The Worshipful Company of Clockmakers'. https://clockmakers.org/home.

Thompson, E. P. 'Time, Work-Discipline, and Industrial Capitalism'. *Past & Present*, vol. 38, December 1967.

Tiflex Limited. 'UK Manufacturers of Cork and Rubber Bonded Materials'. https://www.tifl ex.co.uk/home.html.

Tzu, Sun. *The Art of War: Complete Texts and Commentaries*. Shambhala, 2003.

University of Pennsylvania Museum. 'Modern Mongolia: Reclaiming Genghis Khan'. https://www.penn.museum/sites/mongolia/section2a.html.

Vieira, Helena. 'Mechanical Clocks Prove the Importance of Technology for Economic Growth'. LSE Business Review, 27 September 2016. https://blogs.lse.ac.uk/businessreview/2016/09/27/mechanical-clocks-prove-the-importance-of-technology-for-economic-growth/.

Valerio, Doug G., Mason Mercer. 'A Practical Approach to Building Isolation'. [Technical Paper] 2019.

Wayman, Erin. 'Early Bow and Arrows Offer Insight Into Origins of Human Intellect'. *Smithsonian Magazine*, 7 November 2012. https://www.smithsonianmag.com/science-nature/early-bow-and-arrows-offer-insight-into-origins-of-human-intellect-112922281/.

Williams, Matt. 'What Is Hooke's Law?', Universe Today, 13 February 2015. https://www.universetoday.com/55027/hookes-law/.

Williamson, Kim. 'Most Slave Shipwrecks Have Been Overlooked—until Now'. *National Geographic*, 23 August 2019. https://www.nationalgeographic.com/culture/article/most-slave-shipwrecks-overlooked-until-now. and https://www.youtube.com/watch?v=3u1LzPnIJAc.

볼트와 너트

Whittle, Jessica. 'Dissipative Seismic Design: Placing Dampers in Buildings'. *The Structural Engineer*, vol. 88, no. 4, 16 February 2010.

Zorn, Emil A. G. Patentschrift – Erschütterungsschutz für Gebäude.pdf. 624955. [Patent fi led in 1932].

4장 자석

ABCMemphis. 'What's inside a 113 year old hand crank telephone?'. YouTube, 26 July 2020. https://www.youtube.com/watch?v=R_aKydZjRuY.

Akasaki, Isamu, Hiroshi Amano, and Shuji Nakamura. 'Blue LEDs – Filling the World with New Light'. [Nobel Prize Press Release], 2014.

Antique Telephone History. 'The Gallows Telephone'. https://www.antiquetelephonehistory. com/gallows.html.

Beck, Kevin. 'What Is the Purpose of a Transformer?' Sciencing, 16 November 2018. https://sciencing.com/purpose-transformer-4620824.html.

Berke, Jamie. 'Alexander Graham Bell and His Controversial Views on Deafness'. Verywell Health, 13 March 2022. https://www.verywellhealth.com/alexander-graham-bell-deafness-1046539.

Biography.com. 'James West'.

Bob's Old Phones. 'Ericsson AC100 Series "Skeletal" Telephone'. http://www.telephone collecting.org/Bob%20phones/Pages/Skeletal/Skeletal.htm.

Bondyopadhyay, Probir K. 'Sir J C Bose's Diode Detector Received Marconi's First Transatlantic Wireless Signal of December 1901 (The "Italian Navy Coherer" Scandal Revisited)'. *IETE Technical Review*, vol. 15, no. 5, September 1998. https://doi.org/10 .1080/02564602.1998.11416773.

Bose, Jagadish Chandra. *Sir Jagadish Chandra Bose: His Life, Discoveries and Writings*. G. A. Natesan & Co., Madras, 1921.

Brain, Marshall. 'How Radio Works'. HowStuffWorks, 7 December 2000. https:// electronics.howstuffworks.com/radio.htm.

Brain, Marshall. 'How Television Works'. HowStuffWorks, 26 November 2006. https:// electronics.howstuffworks.com/tv.htm.

Bridge, J. A. 'Sir William Brooke O'Shaughnessy, M.D., F.R.S., F.R.C.S., F.S.A.: A Biographical Appreciation by an Electrical Engineer'. *Notes and Records of the Royal Society of London*, vol. 52, no. 1, 1998.

British Telephones. 'Telephone No. 16'. https://www.britishtelephones.com/t016.htm.

Campbell, G. 'The Evolution of Some Electromagnetic Machines'. *Students' Quarterly*

Journal, vol. 23, no. 89, 1 September 1952. https://doi.org/10.1049/sqj.1952.0051.

CERN. 'The Large Hadron Collider'. https://home.cern/science/accelerators/large-hadron-collider.

CERN. 'Facts and Figures about the LHC'. https://home.cern/resources/faqs/facts-and-figures-about-lhc.

Chilkoti, Avantika and Amy Kazmin. 'Indian telegram service stopped stop'. *Financial Times*. 14 June 2013.

'Dedication Ceremony for IEEE Milestone "Development of Electronic Television, 1924–1941" '. IEEE Nagoya section Shizuoka University. [Paper on Ceremony].

Desai, Pratima. 'Tesla's Electric Motor Shift to Spur Demand for Rare Earth Neodymium'. Reuters, 12 March 2018. https://www.reuters.com/article/us-metals-autos-neodymium-analysis-idUSKCN1GO28I.

Engineering and Technology History Wiki. 'Milestones: Development of Electronic Television, 1924–1941', 3 November 2021. https://ethw.org/Milestones:DevelopmentofElectronicTelevision,1924-1941.

Engineering and Technology History Wiki. 'Milestones: First Millimeter-Wave Communication Experiments by J.C. Bose, 1894–96', 3 November 2021. https://ethw.org/Milestones:FirstMillimeter-waveCommunicationExperiments_byJ.C._Bose,_1894-96.

Fox, Arthur. 'Do Microphones Need Magnetism To Work Properly?' My New Microphone. https://mynewmicrophone.com/do-microphones-need-magnetism-to-work-properly/.

French, Maurice L. 'Obituary: Kenjiro Takayanagi'. *SMPTE Journal*, October 1990.

Garber, Megan. 'India's Last Telegram Will Be Sent in July'. *The Atlantic*, 17 June 2013. https://www.theatlantic.com/technology/archive/2013/06/indias-last-telegram-will-be-sent-in-july/276913/.

Geddes, Patrick. *The Life and Work of Sir Jagadish C.* Bose. Longmans, 1920.

Ghosh, Saroj. 'William O'Shaughnessy – An Innovator and Entrepreneur'. *Indian Journal of History of Science*, vol. 29, no. 1, 1994.

Gorman, Mel. 'Sir William O'Shaughnessy, Lord Dalhousie, and the Establishment of the Telegraph System in India'. *Technology and Culture*, vol. 12, no. 4, October 1971.

Greenwald, Brian H., and John Vickrey Van Cleve. '"A Deaf Variety of the Human Race": Historical Memory, Alexander Graham Bell, and Eugenics'. *The Journal of the Gilded Age and Progressive Era*, vol. 14, no. 1, January 2015. https://doi.org/10.1017/S1537781414000528.

Hahn, Laura D., and Angela S. Wolters. *Women and Ideas in Engineering: Twelve Stories from Illinois*. University of Illinois Press, 2018.

Herbst, Jan F. 'Permanent Magnets'. *American Scientist*, vol. 81, no. 3, 1993.

Hillen, C.F.J. 'Telephone Instruments, Payphones and Private Branch Exchanges'. *Post Offi ce Electrical Engineers Journal*, vol. 74, October 1981.

History of Compass. 'History of the Magnetic Compass'. http://www.historyofcompass. com/compass-history/history-of-the-magnetic-compass/.

Edison Tech Center. 'History of Transformers'. https://edisontechcenter.org/Transformers. html.

Harris, Tom, Chris Pollette, and Wesley Fenlon. 'How Light Emitting Diodes (LEDs) Work'. HowStuffWorks, 31 January 2002. https://electronics.howstuffworks.com/led. htm.

History. com. 'Morse Code & the Telegraph'. https://www.history.com/topics/inventions/ telegraph.

Hui, Mary. 'Why Rare Earth Permanent Magnets Are Vital to the Global Climate Economy'. Quartz, 14 May 2021. https://qz.com/1999894/why-rare-earth-magnets-are-vital-to-the-global-climate-economy/.

In Hamamatsu. 'Takayanagi Memorial Hall' https://www.inhamamatsu.com/art/ takayanagi-memorial-hall.php.

Integrated Magnetics. 'Magnets & Magnetism Frequently Asked Questions'. https:// www.intemag.com/magnetic-frequently-asked-questions.

International Telecommunication Union. 'Jagadish Chandra Bose: A Bengali Pioneer of Science'. https://www.itu.int/itunews/manager/display.asplang=en&year=2008&issue =07&ipage=34&ext=html.

Jessa, Tega. 'Permanent Magnet'. Universe Today, 19 March 2011. https://www. universetoday.com/85002/permanent-magnet/.

Jha, Somesha. 'RIP Telegram Fullstop'. Business Standard News, 15 June 2013. https://www.business-standard.com/article/beyond-business/rip-telegram-fullstop-113061500743 1.html.

Joamin Gonzalez-Gutierrez. 'REProMag H2020 Project'. YouTube, 10 June 2016. https://www.youtube.com/watch?v=G3ZCzXelPcI.

Kansas Historical Society. 'Almon Strowger'. Kansapedia. https://www.kshs.org/ kansapedia/almon-strowger/16911. https://www.biography.com/inventor/james-west.

Kantain, Tom. 'Differences Between a Telephone & Telegraph'. Techwalla. https://www. techwalla.com/articles/differences-between-a-telephone-telegraph.

Khan Academy. 'Experiment: What's the Shape of a Magnetic Field?'. https://www. khanacademy.org/science/physics/discoveries/electromagnet/a/experiment-electromagnetism.

Kramer, John B. 'The Early History of Magnetism'. *Transactions of the Newcomen Society*, vol. 14, no. 1, 1 January 1933. https://doi.org/10.1179/tns.1933.013.

Liffen, John. 'The Introduction of the Electric Telegraph in Britain, a Reappraisal of the Work of Cooke and Wheatstone'. *The International Journal for the History of Engineering & Technology*, vol. 80, no. 2, 1 July 2010. https://doi.org/10.1179/17581 2110X12714133353911.

Lincoln, Don. 'How Blue LEDs Work, and Why They Deserve the Physics Nobel'. Nova, 10 October 2014. https://www.pbs.org/wgbh/nova/article/how-blue-leds-work-and-why-they-deserve-the-physics-nobel/.

Livingston, James D. *Driving Force: The Natural Magic of Magnets*. Harvard University Press, 1996.

Lucas, Jim. 'What Are Radio Waves?'. Live Science, 27 February 2019. https://www.livescience.com/50399-radio-waves.html.

Magnetech, HangSeng. 'Electromagnets vs Permanent Magnets'. Magnets By HSMAG, 8 May 2016. https://www.hsmagnets.com/blog/electromagnets-vs-permanent-magnets/.

Marks, Paul. 'Magnets Join Race to Replace Transistors in Computers'. New Scientist, 6 August 2014. https://www.newscientist.com/article/mg22329812-800-magnets-join-race-to-replace-transistors-in-computers/.

National Geographic. 'Magnetism'. https://education.nationalgeographic.org/resource/magnetism.

MPI. 'Magnetism: History of the Magnet Dates Back to 600 BC'. https://mpimagnet.com/education-center/magnetism-history-of-the-magnet/.

Meyer, Kirstine. 'Faraday and Ørsted'. *Nature*, vol. 128, no. 3,226, August 1931. https://doi.org/10.1038/128337a0.

Moosa, Iessa Sabbe. 'History and Development of Permanent Magnets'. *International Journal for Research and Development in Technology*, vol. 2, no. 1, July 2014.

Montgomery Ward & Co. 'Rural Telephone Lines: How to Build Them'. 1900 (approx.) Republished by Glen E. Razak, Kansas, 1970.

Morgan, Thaddeus. '8 Black Inventors Who Made Daily Life Easier'. History. com. https://www.history.com/news/8-black-inventors-african-american.

Naoe, Munenori. 'National Institute of Information and Communications Technology'. *The Journal of The Institute of Image Information and Television Engineers*, vol. 63, no. 6, 2009. https://doi.org/10.3169/itej.63.780.

National Museums Scotland. 'Alexander Graham Bell's Box Telephone'. https://www.nms.ac.uk/explore-our-collections/stories/science-and-technology/alexander-graham-bell/.

NobelPrize.org. 'The Nobel Prize in Physics 2014'. https://www.nobelprize.org/prizes/physics/2014/press-release/.

Old Telephone Books. 'First Telephone Book'. http://www.oldtelephonebooks.com/pages/ first_phone_book.

O'Driscoll, Bill. 'Pittsburgh Author Takes A Critical Look At Alexander Graham Bell's Work With The Deaf'. 90.5 WESA, 27 April 2021. https://www.wesa.fm/arts-sports-culture/2021-04-27/pittsburgh-author-takes-a-critical-look-at-alexander-graham-bells-work-with-the-deaf.

O'Shaughnessy, William Brooke. *Memoranda Relative to Experiments on the Communication of Telegraphic Signals by Induced Electricity*. Bishop's College Press, 1839.

O'Shaughnessy, William Brooke. *The Electric Telegraph in British India: A Manual of Instructions for the Subordinate Offi cers, Artifi cers, and Signallers Employed in the Department*. London: Printed by order of the Court of Directors, 1853.

Overshott, K. J. 'IEE Science Education & Technology Division: Chairman's Address. Magnetism: It Is Permanent'. *IEE Proceedings A: Science, Measurement and Technology*, vol. 138, no. 1, 1991. https://doi.org/10.1049/ip-a-3.1991.0003.

Partner, Simon. *Assembled in Japan: Electrical Goods and the Making of the Japanese Consumer*. University of California

Press, 2000. Preece, W. H., and J. Sivewright. *Telegraphy*. Ninth edition. Longmans, Green, 1891.

Pride In STEM. 'Out Thinkers – Andrew Princep'. YouTube, 11 August 2019. https:// www.youtube.com/watch?v=IE-OcWTELCE.

Qualitative Reasoning Group, Northwestern University. 'How Do You Make a Radio Wave?' https://www.qrg.northwestern.edu/projects/vss/docs/Communications/3-how-do-you-make-a-radio-wave.html.

Queen Elizabeth Prize for Engineering. 'The World's Strongest Permanent Magnet'. https://qeprize.org/winners/the-worlds-strongest-permanent-magnet.

Ramirez, Ainissa. 'Jim West's Marvellous Microphone'. Chemistry World, 7 February 2022. https://www.chemistryworld.com/culture/jim-wests-marvellous-microphone/4015059.article.

Ramirez, Ainissa. *The Alchemy of Us: How Humans and Matter Transformed One Another*. The MIT Press, 2020.

Russell Kenner. 'Magneto Phone Ericsson'. YouTube, 7 August 2020. https://www. youtube.com/watch?v=4W1LMdZfcPo.

Salem: Still Making History. 'Bell, Watson, and the First Long Distance Phone Call'. 3 March 2021. https://www.salem.org/blog/bell-long-distance-call-salem/.9781529340075

Sangwan, Satpal. 'Indian Response to European Science and Technology 1757–1857'. *British Journal for the History of Science*, vol, 21, 1988.

Sarkar, Suvobrata. 'Technological Momentum: Bengal in the Nineteenth Century'. *Indian*

Historical Review, vol. 37, no. 1, June 2010. https://doi.org/10.1177/037698361003700105.

Scholes, Sarah. 'What Do Radio Waves Tell Us about the Universe?' Frontiers for Young Minds, 3 February 2016. https://kids.frontiersin.org/articles/10.3389/frym.2016.00002.

'Scientific Background on the Nobel Prize in Physics 2014: Efficient Blue Light–Emitting Diodes Leading to Bright and Energy–Saving White Light Sources'. Compiled by the Class for Physics of the Royal Swedish Academy of Sciences, 7 October 2014.

ScienceDaily. 'Magnetic Fields Provide a New Way to Communicate Wirelessly: A New Technique Could Pave the Way for Ultra Low Power and High–Security Wireless Communication Systems'. https://www.sciencedaily.com/releases/2015/09/150901100323.htm.

Science Museum. 'Goodbye to the Hello Girls: Automating the Telephone Exchange'. 22 October 2018. https://www.sciencemuseum.org.uk/objects-and-stories/goodbye-hello-girls-automating-telephone-exchange.

Sessier, Gerhard M., and James E. West. 'Electrostatic Transducer'. United States Patent Office 3,118,979, filed 7 August 1961, issued 21 January 1964. https://www.freepatentsonline.com/3118979.html.

Shedden, David. 'Today in Media History: In 1877 Alexander Graham Bell Made the First Long–Distance Phone Call to The Boston Globe'. Poynter, 12 February 2015. https://www.poynter.org/reporting-editing/2015/today-in-media-history-in-1877-alexander-graham-bell-made-the-first-long-distance-phone-call-to-the-boston-globe/.

Shiers, George. 'Ferdinand Braun and the Cathode Ray Tube'. *Scientific American*, vol. 230, no. 3, 1974.

Shridharani, Krishnalal Jethalal. *Story of the Indian Telegraphs: A Century of Progress*. Posts and Telegraph Department, 1960.

Smith, Laura. 'First Commercial Telephone Exchange–Today in History: January 28'. Connecticut History, 28 January 2020. https://connecticuthistory.org/the-first-commercial-telephone-exchange-today-in-history.

Smithsonian's History Explorer. 'Morse Telegraph Register'. 4 November 2008. https://historyexplorer.si.edu/resource/morse-telegraph-register.

SPARK Museum of Electrical Invention. 'Almon B. Strowger: The Undertaker Who Revolutionized Telephone Technology'. https://www.sparkmuseum.org/almon-b-strowger-the-undertaker-who-revolutionized-telephone-technology/.

Strowger, A. B. 'Automatic Telephone Exchange'. United States Patent Office, US447918A, issued 10 March 1891.

Susmagpro. 'Recovery, Reprocessing and Reuse of Rare-Earth Magnets in the Circular

Economy'. https://www.susmagpro.eu/.

Takayanagi, Kenjiro. '1926 Kenjiro Takayanagi Displays the Character on TV'. [NHK Blog Post], 2002.

Telephone Collectors International Inc. 'TCI Library'. https://telephonecollectors.info/index.php/browse?own=0.

Technology Connections. 'Lines of Light: How Analog Television Works'. YouTube, 2 July 2017. https://www.youtube.com/watch?v=l4UgZBs7ZGo&ab_channel=TechnologyConnections.

Technology Connections. 'Mechanical Television: Incredibly Simple, yet Entirely Bonkers'. YouTube, 7 August 2017. https://www.youtube.com/watch?v=v5OANXk-6-w.

Technology Connections. 'Television – Playlist'. YouTube. https://www.youtube.com/playlist?list=PLv0jwu7G_DFUGEfwEl0uWduXGcRbT7Ran.

The Evolution of TV. 'Kenjiro Takayanagi: The Father of Japanese Television'. 1 January 2016. https://web.archive.org/web/20160101180643/ and http://www.nhk.or.jp/strl/aboutstrl/evolution-of-tv-en/p05/.

The Rutland Daily Globe. 'The First Newspaper Despatch (Sic.) Sent by a Humna (Sic.) Voice Over the Wires'. 12 February 1877.

University of Cambridge, Department of Engineering. 'Prof Hugh Hunt'. http://www3.eng.cam.ac.uk/~hemh1/#logiebaird.

University of Oxford Department of Physics. 'Cathode Ray Tube'. https://www2.physics.ox.ac.uk/accelerate/resources/demonstrations/cathode-ray-tube.

U.S. National Park Service. 'Site of the First Telephone Exchange – National Historic Landmarks'. https://www.nps.gov/subjects/nationalhistoriclandmarks/site-of-the-first-telephone-exchange.htm.

Vadukut, Shruti Chakraborty and Sidin. 'The Telegram Is Dying.' Mint, 27 September 2008. https://www.livemint.com/Leisure/dnRqhS9tSxkvxMEJx3xh7H/The-telegram-is-dying.html.

Woodford, Chris. 'How Does Computer Memory Work?'. Explain that Stuff, 27 July 2010. http://www.explainthatstuff.com/how-computer-memory-works.html.

Woodford, Chris. 'How Do Relays Work?'. Explain that Stuff, 4 January 2009. http://www.explainthatstuff.com/howrelayswork.html.

Woodford, Chris. 'How Do Telephones Work?'. Explain that Stuff, 12 January 2007. http://www.explainthatstuff.com/telephone.html.

Yanais, Hiroichi. 'A Passion for Innovation – Dr. Takayanagi, a Graduate of Tokyo Tech and Pioneer of Television'. Tokyo Institute of Technology. https://www.titech.ac.jp/english/public-relations/about/stories/kenjiro-takayanagi.

참고문헌

5장 렌즈

1001 Inventions and the World of Ibn Al-Haytham. 'Who Was Ibn Al-Haytham?'. https://www.ibnalhaytham.com/discover/who-was-ibn-al-haytham/.

1001 Inventions. '[FILM] 1001 Inventions and the World of Ibn Al Haytham (English Version)'. YouTube, 24 November 2018. https://www.youtube.com/watch?v=MmPTTFff44k&ab_channel=1001Inventions.

Al-Amri, Mohammad D., Mohamed El-Gomati, and M. Suhail Zubairy, eds. *Optics in Our Time*. Springer International Publishing, 2016. https://doi.org/10.1007/978-3-319-31903-2.

Aldersey-Williams, Hugh. *Dutch Light: Christiaan Huygens and the Making of Science in Europe*. Picador, 2020.

Alexander, Donavan. 'Take the Perfect Shot by Understanding the Camera Lenses on Your Smartphone'. Interesting Engineering, 14 July 2019. https://interestingengineering.com/capturing-the-perfect-shot-understanding-the-purpose-of-those-extra-lenses-on-your-smartphone.

Al-Khalili, Jim. 'Advances in Optics in the Medieval Islamic World'. *Contemporary Physics*, vol. 56, no. 2, 3 April 2015. https://doi.org/10.1080/00107514.2015.1028753.

Al-Khalili, Jim. 'Doubt Is Essential for Science – but for Politicians, It's a Sign of Weakness'. *Guardian*, 21 April 2020. https://www.theguardian.com/commentisfree/2020/apr/21/doubt-essential-science-politicians-coronavirus.

Al-Khalili, Jim. 'In Retrospect: Book of Optics'. *Nature*, vol. 518, no. 7,538, February 2015. https://doi.org/10.1038/518164a.

Al-Khalili, Jim. *Pathfinders: The Golden Age of Arabic Science*. Penguin Books, 2012.

UC Museum of Paleontology, University of Berkeley. 'Antony van Leeuwenhoek'. https://ucmp.berkeley.edu/history/leeuwenhoek.html.

Haque, Nadeem. 'Author Bradley Steffens on "First Scientist", Ibn al-Haytham'. Muslim Heritage, 8 January 2020. https://muslimheritage.com/interview-bradley-steffens/.

Arun Murugesu, Jason. 'Bionic Eye That Mimics How Pupils Respond to Light May Improve Vision'. New Scientist, 17 March 2022. https://www.newscientist.com/article/2312754-bionic-eye-that-mimics-how-pupils-respond-to-light-may-improve-vision/.

Ball, Philip. 'Ibn Al Haytham And How We See'. *Science Stories*, BBC, 9 January 2019.

Beller, Jonathan. *The Message is Murder: Substrates of a Computational Capital*. Pluto Press, 2017.

Botchway, Stanley W., P. Reynolds, A. W. Parker, and P. O'Neill. 'Use of near Infrared Femtosecond Lasers as Sub-Micron Radiation Microbeam for Cell DNA Damage and Repair Studies.' *Mutation Research*, vol. 704, 2010.

Botchway, Stanley W., Kathrin M. Scherer, Steve Hook, Christopher D. Stubbs, Eleanor Weston, Roger H. Bisby, and Anthony W. Parker. 'A Series of Flexible Design Adaptations to the Nikon E-C1 and E-C2 Confocal Microscope Systems for UV, Multiphoton and FLIM Imaging: NIKON CONFOCAL FOR UV MULTIPHOTON AND FLIM'. *Journal of Microscopy*, vol. 258, no. 1, April 2015. https://doi.org/10.1111/jmi.12218.

Branch Education. 'What's Inside a Smartphone?'. YouTube, 11 July 2019. https://www.youtube.com/watch?v=fCS8jGc3log&ab_channel=BranchEducation.

BrianJFord.com. 'Brian J Ford's "Leeuwenhoek Legacy" '. http://www.brianjford.com/wlegacya.htm.

California Center for Reproductive Medicine – CACRM. 'Understanding Embryo Grading & Blastocyst Grades | What Do Embryo Grades Mean? CACRM'. YouTube, 13 June 2014. https://www.youtube.com/watch?v=3HOJIIj-b-c.

Carrington, David. 'How Many Photos Will Be Taken in 2020?' Mylio, 29 April 2021. https://blog.mylio.com/how-many-photos-will-be-taken-in-2020/.

Cobb, M. 'An Amazing 10 Years: The Discovery of Egg and Sperm in the 17th Century: The Discovery of Egg and Sperm'. *Reproduction in Domestic Animals*, vol. 47, August 2012. https://doi.org/10.1111/j.1439-0531.2012.02105.x.

Cole, Teju. 'When the Camera Was a Weapon of Imperialism. (And When It Still Is.)'. *New York Times*, 6 February 2019. https://www.nytimes.com/2019/02/06/magazine/when-the-camera-was-a-weapon-of-imperialism-and-when-it-still-is.html.

CooperSurgical Fertility Companies. 'RI Integra 3'. 27 September 2019. a https://fertility.coopersurgical.com/equipment/integra-3/.

Cooper Surgical. 'Equipment: Our Cutting-Edge Range for ART – Incubators, Workstations, Micromanipulators and Lasers'. [Technical Brochure]. https://royalsociety.org/news/2019/10/leeuwenhoek-microscope-reunited-with-original-slides/.

Cox, Spencer. 'What Is F-Stop, How It Works and How to Use It in Photography'. Photography Life, 6 January 2017. https://photographylife.com/f-stop.

Deol, Simar. 'Remembering Homai Vyarawalla, India's First Female Photojournalist'. INDIE Magazine, 12 March 2020. https://indie-mag.com/2020/03/remembering-homai-vyarawalla-indias-first-female-photojournalist/.

Digital Public Library of America. 'Early Photography'. https://dp.la/exhibitions/evolution-personal-camera/early-photography.

Fermilab. 'Why Does Light Bend When It Enters Glass?'. YouTube, 1 May 2019. https://www.youtube.com/watch?v=NLmpNM0sgYk.

Fertility Associated. 'ICSI Footage'. YouTube, 13 March 2017. https://www.youtube.

com/watchv=GTiKFCkPaUE&ab_channel=FertilityAssociates.

Fertility Specialist Sydney. 'Ivf Embryo Developing over 5 Days by Fertility Dr Raewyn Teirney'. YouTube, 12 April 2014. https://www.youtube.com/watch?v=V6-v4eF9dyA&ab_channel=FertilitySpecialistSydney.

Fineman, Mia. 'Kodak and the Rise of Amateur Photography'. The Metropolitan Museum of Art: Heilbrunn Timeline of Art History. October 2004. https://www.metmuseum.org/toah/hd/kodk/hd_kodk.htm.

Ford, Brian J. 'Recording Three Leeuwenhoek Microscopes'. *Infocus Magazine*, 6 December 2015. https://doi.org/10.22443/rms.inf.1.129.

Ford, Brian J. 'The Royal Society and the Microscope'. *Notes and Records of the Royal Society of London*, vol. 55, no. 1, 22 January 2001. https://doi.org/10.1098/rsnr.2001.0124.

Ford, Brian J. 'Celebrating Leeuwenhoek's 375th Birthday: What Could His Microscopes Reveal?' *Infocus Magazine*, December 2007.

Ford, Brian J. 'Found: The Lost Treasure of Anton van Leeuwenhoek'. *Science Digest*, vol. 90, no. 3, March 1982.

Ford, Brian J. *Single Lens: The Story of the Simple Microscope*. Harper & Row, 1985.

Ford, Brian J. 'The Cheat and the Microscope: Plagiarism Over the Centuries'. *The Microscope*, vol. 53, no. 1, 2010.

Ford, Brian J. *The Optical Microscope Manual: Past and Present Uses and Techniques*. David & Charles (Holdings) Limited, 1973.

Ford, Brian J. 'The Van Leeuwenhoek Specimens'. *Notes and Records of the Royal Society of London*, vol. 36, no. 1, August 1981.

Gates Jr., Henry Louis. 'Frederick Douglass's Camera Obscura: Representing the Antislave "Clothed and in Their Own Form"'. *Critical Enquiry*, vol. 42, Autumn 2015.

Gauweiler, Lena, Dr Eckhardt, and Dr Behler. 'Optische Pinzette (optical tweezer)'. Presented at the Laseranwendungstechnik WS 19/2017 December 2019.

Gest, H. 'The Discovery of Microorganisms by Robert Hooke and Antoni van Leeuwenhoek, Fellows of The Royal Society'. *Notes and Records of the Royal Society of London*, vol. 58, no. 2, 22 May 2004. https://doi.org/10.1098/rsnr.2004.0055.

Gregory, Andrew. 'Bionic Eye Implant Enables Blind UK Woman to Detect Visual Signals'. *Guardian*, 21 January 2022. https://www.theguardian.com/society/2022/jan/21/bionic-eye-implant-blind-uk-woman-detect-visual-signals.

Gross, Rachel E. 'The Female Scientist Who Changed Human Fertility Forever'. BBC. https://www.bbc.com/future/article/20200103-the-female-scientist-who-changed-human-fertility-forever.

Hall, A. R. 'The Leeuwenhoek Lecture, 1988, Antoni Van Leeuwenhoek 1632-1723'.

Notes and Records of the Royal Society of London, vol. 43, 1989.

Hannavy, J, ed. 'LENSES: 1830s–1850s'. In *Encyclopedia of Nineteenth Century Photography*. London: Routledge, 2008.

Helff, Sissy, and Stefanie Michels. 'Chapter: Re-Framing Photography – Some Thoughts'. In *Global Photographies: Memory, History, Archives*, Transcript Verlag 2021.

Hertwig, Oskar. *Dokutmente Zur Geschichte Der Zeugungslehre: Eine Historische Studie*. Verlag von Friedrich Cohen, 1918.

History of Science Museum. 'Sphere No. 8: Thomas Sutton Panoramic Camera Lens'. Autumn 1998. http://www.mhs.ox.ac.uk/about/sphaera/sphaera-issue-no-8/sphere-no-8-thomas-sutton-panoramic-camera-lens/.

IIT Bombay July 2018. 'Week 5-Lecture 27: Ti:Sapphire Laser (Lab Visit)'. YouTube, 20 February 2020. https://www.youtube.com/watch?v=MQv4-XNAJe8.

Jain, Mahima. 'The Exoticised Images of India by Western Photographer Have Left a Dark Legacy'. Scroll.in, 20 February 2019. https://scroll.in/magazine/913134/the-exoticised-images-of-india-by-western-photographers-have-left-a-dismal-legacy.

Koenen, Anke, and Michael Zolffel. *Microscopy for Dummies*. Zeiss, 2020.

Kress, Holger. *Cell Mechanics During Phagocytosis Studied by Optical Tweezers Based Microscopy*. Cuvillier Verlag, 2006.

Kriss, Timothy C., and Vesna Martich Kriss. 'History of the Operating Microscope: From Magnifying Glass to Microneurosurgery'. *Neurosurgery*, vol. 42, no. 4, 1998.

Kuo, Scot C. 'Using Optics to Measure Biological Forces and Mechanics'. *Traffic*, vol. 2, no. 11, 2001. https://doi.org/10.1034/j.1600-0854.2001.21103.x.

Lawrence, Iszi. 'Animalcules'. *The Z-List Dead List*, season 3, episode 3, 26 February 2015. https://zlistdeadlist.libsyn.com/s03e3-animalcules.

Leica Microsystems. 'Leica Objectives: Superior Optics for Confocal and Multiphoton Research Microscopy'. [Technical Brochure], 2014.

Leica Microsystems. 'Leica TCS SP8 STED: Opening the Gate to Super-Resolution'. [Technical Brochure], 2012.

Leica Microsystems. 'Leica TCS SP8 STED 3X: Your Next Dimension!' [Technical Brochure], 2014.

Lens on Leeuwenhoek. 'Specimens: Sperm'. https://lensonleeuwenhoek.net/content/specimens-sperm.

'Lens History'. In *The Focal Encyclopedia of Photography*, Desk edition. London: Focal Press, 2017.

Lerner, Eric J. 'Advanced Applications: Biomedical Lasers: Lasers Support Biomedical Diagnostics'. Laser Focus World, 1 May 2000. https://www.laserfocusworld.com/test-measurement/research/article/16555719/advanced-applications-biomedical-lasers-

lasers-support-biomedical-diagnostics.

Maison Nicéphore Niépce. 'Niépce and the Invention of Photography'. https://photo-museum.org/niepce-invention-photography/.

Marsh, Margaret, and Wanda Ronner. *The Pursuit of Parenthood: Reproductive Technology from Test-Tube Babies to Uterus Transplants*. Johns Hopkins University Press, 2019.

McConnell, Anita. *A Survey of the Networks Bringing a Knowledge of Optical Glass-Working to the London Trade, 1500–1800*. Cambridge: Whipple Museum of the History of Science, 2016.

McQuaid, Robert. 'Ibn Al-Haytham, the Arab Who Brought Greek Optics into Focus for Latin Europe'. MedCrave Online, 12 April 2019. https://medcraveonline.com/AOVS/ibn-al-haytham-the-arab-who-brought-greek-optics-into-focus-for-latin-europe.html.

Medline Plus. 'Laser Therapy'. https://medlineplus.gov/ency/article/001913.htm.

Microscope World. 'ZEISS Axio Observer Inverted Life Sciences Research Microscope'. https://www.microscopeworld.com/p-3163-zeiss-axio-observer-life-science-inverted-microscope.aspx.

Mokobi, Faith. 'Inverted Microscope-Definition, Principle, Parts, Labeled Diagram, Uses, Worksheet'. Microbe Notes, 10 April 2022. https://microbenotes.com/inverted-microscope/.

Mourou, Gérard, and Donna Strickland. 'Tools Made of Light'. The Nobel Prize in Physics 2018: Popular Science Background. The Royal Swedish Academy of Sciences.

Narayan, Roopa H. 'Nyaya-Vaisheshika: The Theory of Matter in Indian Physics'. https://www.sjsu.edu/people/anand.vaidya/courses/asianphilosophy/s0/Indian-Physics-2.pdf

National Science and Media Museum. 'The History of Photography in Pictures'. 8 March 2017. https://www.scienceandmediamuseum.org.uk/objects-and-stories/history-photography.

NewsCenter. 'Chirped-Pulse Amplification: 5 Applications for a Nobel Prize-Winning Invention', 4 October 2018. https://www.rochester.edu/newscenter/what-is-chirped-pulse-amplification-nobel-prize-341072/.

Nield, David. 'The Extra Lenses in Your Smartphone's Camera, Explained'. *Popular Science*, 28 March 2019. https://www.popsci.com/extra-lenses-in-your-smartphones-camera-explained/.

Nikon. 'The Optimal Parameters for ICSI – Perfect Your ICSI with Precise Optics'. [Information Brochure], 2019.

Open University. 'Life through a Lens'. 2 March 2020. https://www.open.edu/openlearn/history-the-arts/history/life-through-lens.

Pearey Lal Bhawan. 'How the Invention of Photography Changed Art'. http://www.

peareylalbhawan.com/blog/2017/04/12/how-the-invention-of-photography-changed-art/.

Photo H26. 'Périscope Apple : ceci n'est pas un zoom'. 22 April 2016. https://photo.h26.me/2016/04/22/periscope-apple-ceci-nest-pas-un-zoom/.

Photonics. 'Lasers: Understanding the Basics'. https://www.photonics.com/Articles/Lasers_Understanding_the_Basics/a25161.

Pool, Rebecca. 'Life through a Microscope: Profi le – Professor Brian J Ford'. Microscopy and Analysis, October 2017.

Poppick, Laura. 'The Long, Winding Tale of Sperm Science'. Smithsonian Magazine, 7 June 2017. https://www.smithsonianmag.com/science-nature/scientists-finally-unravel-mysteries-sperm-180963578/.

Powell, Martin. *Louise Brown: 40 Years of IVF, My Life as the World's First Test-Tube Baby*. Bristol Books, 2018.

Pritchard, Michael. *A History of Photography in 50 Cameras*. Bloomsbury, 2019.

Randomtronic. 'Close Look at Mobile Phone Camera Optics'. YouTube, 10 December 2016. https://www.youtube.com/watch?v=KH0MZctnJlo&ab_channel=randomtronic.

Rehm, Lars. 'Ultra-Thin Lenses Could Eliminate the Need for Smartphone Camera Bumps'. DPReview, 12 October 2019. https://www.dpreview.com/news/7077967600/ultra-thin-lenses-could-eliminate-the-need-for-smartphone-camera-bumps.

Rock, John, Miriam F. Menkin, 'In Vitro Fertilization and Cleavage of Human Ovarian Eggs', Science, New Series, Volume 100, Issue 2588, August 4, 1944, 105–107.

Royal Society. 'Eye to Eye with a 350-Year Old Cow: Leeuwenhoek's Specimens and Original Microscope Reunited in Historic Photoshoot'. 17 October 2019. Hand, Eric. 'We Need a People's Cryo-EM." Scientists Hope to Bring Revolutionary Microscope to the Masses'. Science, 23 January 2020. https://www.science.org/content/article/we-need-people-s-cryo-em-scientists-hope-bring-revolutionary-microscope-masses.

Sines, George, and Yannis A. Sakellarakis. 'Lenses in Antiquity'. *American Journal of Archaeology*, vol. 91, no. 2., 1987). https://doi.org/10.2307/505216.

Scheisser, Tim. 'Know Your Smartphone: A Guide to Camera Hardware'. TechSpot, 28 July 2014. https://www.techspot.com/guides/850-smartphone-camera-hardware/.

Stierwalt, Sabrina. 'A Nobel Prize-Worthy Idea: What Is Chirped Pulse Amplifi cation?'. Quick and Dirty Tips, 12 February 2019. https://www.quickanddirtytips.com/education/science/a-nobel-prize-worthy-idea-what-is-chirped-pulse-amplification.

Subcon Laser Cutting Ltd. 'Contributions of Laser Technology to Society'. 24 September 2019. https://www.subconlaser.co.uk/contributions-of-laser-technology-to-society/.

Szczepanski, Kallie. 'Kites, Maps, Glass and Other Asian Inventions'. ThoughtCo, 13

December 2019. https://www.thoughtco.com/ancient-asian-inventions-195169.

Tbakhi, Abdelghani, and Samir S. Amr. 'Ibn Al-Haytham: Father of Modern Optics'. *Annals of Saudi Medicine*, vol. 27, no. 6, 2007. https://doi.org/10.5144/0256-4947.2007.464.

The British Museum. 'Inlay | British Museum (Nimrud)'. https://www.britishmuseum.org/collection/object/W_-90959.

The Economist. 'Taking Selfies with a Liquid Lens'. 14 April 2021. https://www.economist.com/science-and-technology/2021/04/14/taking-selfies-with-a-liquid-lens.

The Metropolitan Museum of Art. 'Collection Item: Unknown | [Amateur Snapshot Album]'. https://www.metmuseum.org/art/collection/search/281975.

The Royal Society. 'Arabick Roots'. June 2011. https://royalsociety.org/-/media/exhibitions/arabick-roots/2011-06-08-arabick-roots.pdf

van Leeuwenhoek, Antoni. 'Leeuwenhoek's Letter to the Royal Society (Dutch)'. Circulation of Knowledge and Learned Practices in the 17th Century Dutch Republic. http://ckcc.huygens.knaw.nl/epistolarium/letter.html?id=leeu027/0035.

van Mameren, Joost. 'Optical Tweezers: Where Physics Meets Biology'. Physics World, 13 November 2008. https://physicsworld.com/a/optical-tweezers-where-physics-meets-biology/.

Wheat, Stacy, Katie Vaughan, and Stephen James Harbottle. 'Can Temperature Stability Be Improved during Micromanipulation Procedures by Introducing a Novel Air Warming System?' *Reproductive BioMedicine Online*, vol. 28, May 2014. https://doi.org/10.1016/S1472-6483(14)50036-3.

Wired. 'Photography Snapshot: The Power of Lenses'. 14 September 2012. https://www.wired.com/2012/09/photography-lenses/.

W. W. Norton & Company. 'Picturing Frederick Douglass'. https://web.archive.org/web/20160806065824/. and http://books.wwnorton.com/books/picturing-frederick-douglass/.

Woodford, Chris. 'How Do Lasers Work? Who Invented the Laser?'. Explain that Stuff, 8 April 2006. http://www.explainthatstuff.com/lasers.html.

Zeiss. 'Assisted Reproductive Technology'. [Technical Brochure 2.0].

6장 끈

Arie, Purushu. 'Caste, Clothing and The Bias Cut'. The Voice of Fashion, 7 June 2021. https://thevoiceoffashion.com/centrestage/opinion/caste-clothing-and-the-bias-cut-4486.

Astbury, W.T., and A. Street. 'X-Ray Studies of the Structure of Hair, Wool, and Related

Fibres. I. General'. *Philosophical Transactions of the Royal Society of London: Series A, Containing Papers of a Mathematical or Physical Character*, vol. 230, 1932.

BBC News. '50,000-Year-Old String Found at France Neanderthal Site', 13 April 2020. https://www.bbc.com/news/world-europe-52267383.

Bellis, Mary. 'Information About Textile Machinery Inventions'. ThoughtCo, 1 July 2019. https://www.thoughtco.com/textile-machinery-industrial-revolution-4076291.

Bilal, Khadija. 'Here's Why It All Changed: Pink Used to Be a Boy's Color & Blue For Girls'. The Vintage News, 1 May 2019. https://www.thevintagenews.com/2019/05/01/pink-blue/.

Brown, Theodore M., and Elizabeth Fee. 'Spinning for India's Independence'. *American Journal of Public Health*, vol. 98, no. 1, January 2008. https://doi.org/10.2105/AJPH.2007.120139.

Castilho, Cintia J., Dong Li, Muchun Liu, Yue Liu, Huajian Gao, and Robert H. Hurt. 'Mosquito Bite Prevention through Graphene Barrier Layers'. *Proceedings of the National Academy of Sciences*, vol. 116, no. 37, 10 September 2019. https://doi.org/10.1073/pnas.1906612116.

Chen, Cathleen. 'Why Genderless Fashion Is the Future'. The Business of Fashion, 22 November 2019. https://www.businessoffashion.com/videos/news-analysis/voices-talk-alok-v-menon-gender-clothes-fashion/.

Clase, Catherine, Charles-Francois de Lannoy, and Scott Laengert. 'Polypropylene, the Material Now Recommended for COVID-19 Mask Filters: What It Is, Where to Get It'. The Conversation, 19 November 2020. http://theconversation.com/polypropylene-the-material-now-recommended-for-covid-19-mask-filters-what-it-is-where-to-get-it-149613.

Edden, Shetara. 'High-Tech Performance Fabrics To Know'. Maker's Row, 12 October 2016. https://makersrow.com/blog/2016/10/high-tech-performance-fabrics-to-know/.

Firth, Ian P. T., and Poul Ove Jensen. 'Bridges: Spanning Art and Technology'. *The Structural Engineer*, Centenary Issue, 21 July 2008.

Freyssinet. 'H 1000 Stay Cable System'. 2014. https://www.freyssinet.co.nz/sites/default/files/h1000_stay_cable_system.pdf

Gersten, Jennifer. 'Are Catgut Instrument Strings Really Made From Cat Guts? The Answer Might Surprise You'. WQXR, 17 July 2017. https://www.wqxr.org/story/are-catgut-instrument-strings-ever-made-cat-guts-answer-might-surprise-you.

Gruen, L. C., and E. F. Woods. 'Structural Studies on the Microfibrillar Proteins of Wool'. *Biochemical Journal*, vol. 209, 1983.

Hardy, B. L., M. H. Moncel, C. Kerfant, M. Lebon, L. Bellot-Gurlet, and N. Mélard.

'Direct Evidence of Neanderthal Fibre Technology and Its Cognitive and Behavioral Implications'. Scientific Reports, vol. 10, no. 1, December 2020. https://doi.org/10.1038/s41598-020-61839-w.

Hagley Magazine. 'Stephanie Kwolek Collection Arrives'. *Hagley Magazine*, Winter 2014.

History of Clothing. 'History of Clothing – History of Fabrics and Textiles'. http://www.historyofclothing.com/.

Hock, Charles W. 'Structure of the Wool Fiber as Revealed by the Microscope'. *The Scientific Monthly*, vol. 55, no. 6, December 1942.

Huang, Belinda. 'What Kind of Impact Does Our Music Really Make on Society?' Sonic Bids, 24 August 2015. https://blog.sonicbids.com/what-kind-of-impact-does-our-music-really-make-on-society.

Hudson-Miles, Richard. 'New V&A Menswear Exhibition: Fashion Has Always Been at the Heart of Gender Politics'. The Conversation, 24 March 2022. http://theconversation.com/new-vanda-menswear-exhibition-fashion-has-always-been-at-the-heart-of-gender-politics-179886.

India Instruments. 'Tanpura'. https://www.india-instruments.com/encyclopedia-tanpura.html.

Jabbr, Ferris. 'The Long, Knotty, World-Spanning Story of String'. Hakai Magazine, 6 March 2018. https://hakaimagazine.com/features/the-long-knotty-world-spanning-story-of-string/.

Jones, Lucy. 'Six Fashion Materials That Could Help Save the Planet'. BBC Earth. https://www.bbcearth.com/news/six-fashion-materials-that-could-help-save-the-planet.

Kakodkar, Priyanka. 'Miraj's Legacy Sitar-Makers Go Online to Survive'. *Times of India*, 15 July 2018. https://timesofindia.indiatimes.com/city/mumbai/mirajs-legacy-sitar-makers-go-online-to-survive/articleshow/64992898.cms.

Kittler, Ralf, Manfred Kayser, and Mark Stoneking. 'Molecular Evolution of Pediculus Humanus and the Origin of Clothing'. *Current Biology*, vol. 13, 19 August 2003.

Kwolek, Stephanie Louise. 'Optimally Anisotropic Aromatic Polyamide Dopes'. United States Patent Office, 3,671,542, filed 23 May 1969, issued 20 June 1972. https://pdfpiw.uspto.gov/.piw?D_ocid =36715_42&idkey_=_NONE_&_homeurl=_http_% 3A_%_252F%252Fpatft.uspto.gov%252Fnetahtml%252FPTO%252Fpatimg._htm.

Lim, Taehwan, Huanan Zhang, and Sohee Lee. 'Gold and Silver Nanocomposite-Based Biostable and Biocompatible Electronic Textile for Wearable Electromyographic Biosensors'. *APL Materials*, vol. 9, no. 9, 1 September 2021. https://doi.org/10.1063/5.0058617.

Macalloy. 'McCalls Special Products Ltd – Historical Background'. [Company Brochure],

볼트와 너트

7 August 2002.

Mansour, Katerina. 'Sustainable Fashion Finds Success in New Materials'. Early Metrics, 15 April 2021. https://earlymetrics.com/sustainable-fashion-finds-success-new-materials/.

Marcal, Katrine. *Mother of Invention: How Good Ideas Get Ignored in an Economy Built for Men*. William Collins, 2021.

McCullough, David. *The Great Bridge: The Epic Story of the Building of the Brooklyn Bridge*. Simon & Schuster Paperbacks, 1972.

McFadden, Christopher. 'Mechanical Engineering in the Middle Ages: The Catapult, Mechanical Clocks and Many More We Never Knew About'. Interesting Engineering, 28 April 2018. https://interestingengineering.com/mechanical-engineering-in-the-middle-ages-the-catapult-mechanical-clocks-and-many-more-we-never-knew-about.

Museum of Design Excellence. 'Charkha, the Device That Charged India's Freedom Movement'. Google Arts & Culture. https://artsandculture.google.com/story/charkha-the-device-that-charged-india-s-freedom-movement/BAUBNSJPyMyVJg

Myerscough, Matthew. 'Suspension Bridges: Past and Present'. *The Structural Engineer*, vol. 10, July 2013.

New World Encyclopedia. 'Textile Manufacturing'. https://www.newworldencyclopedia.org/entry/Textile_manufacturing#cite_note-3.

New World Encyclopedia. 'String Instrument'. https://www.newworldencyclopedia.org/entry/String_instrument.

Nuwer, Rachel. 'Lice Evolution Tracks the Invention of Clothes'. *Smithsonian Magazine*, 14 November 2012. https://www.smithsonianmag.com/smart-news/lice-evolution-tracks-the-invention-of-clothes-123034488/.

Okie, Suz. 'These Materials Are Replacing Animal-Based Products in the Fashion Industry'. World Economic Forum, 6 October 2021. https://www.weforum.org/agenda/2021/10/these-materials-are-replacing-animal-based-products-in-the-fashion-industry/. and https://www.nationalgeographic.com/travel/article/inca-grass-rope-bridge-qeswachaka-unesco.

Plata, Allie. 'Q'eswachaka, the Last Inka Suspension Bridge'. *Smithsonian Magazine*, 4 August 2017. http://www.smithsonianmag.com/blogs/national-museum-american-indian/2017/08/05/qeswachaka-last-inka-suspension-bridge/.

Ploszajski, Anna. *Handmade: A Scientist's Search for Meaning through Making*. Bloomsbury, 2021.

Postrel, Virginia. 'How Job-Killing Technologies Liberated Women'. Bloomberg, 14 March 2021. https://www.bloomberg.com/opinion/articles/2021-03-14/women-s-liberation-started-with-job-killing-inventions.

참고문헌

Raman, C.V. 'On Some Indian Stringed Instruments'. *Indian Association for the Cultivation of Science*, vol. 7, 1921.

Ramirez, Catherine S. *The Woman in the Zoot Suit: Culture, Nationalism and the Politics of Memory*. Duke University Press, 2009.

Raniwala, Praachi. 'India's Long History with Genderless Clothing'. Mint Lounge, 16 December 2020. https://lifestyle.livemint.com//fashion/trends/india-s-long-history-with-genderless-clothing-111607941554711.html.

Reuters. 'Bridge Made of String: Peruvians Weave 500-Year-Old Incan Crossing Back into Place'. *Guardian*, 16 June 2021. https://www.theguardian.com/world/2021/jun/16/bridge-made-of-string-peruvians-weave-500-year-old-incan-crossing-back-into-place.

Rippon, J.A. 'Wool Dyeing'. In *The Structure of Wool*. Bradford (UK): Society of Dyers and Colourists, 1992.

Roda, Allen. 'Musical Instruments of the Indian Subcontinent'. The Metro-politan Museum of Art: Heilbrunn Timeline of Art History, March 2009. https://www.metmuseum.org/toah/hd/indi/hd_indi.htm.

Sears, Clare. *Arresting Dress: Cross-Dressing, Law, and Fascination in Nineteenth-Century San Francisco*. Duke University Press, 2015.

Sewell, Abby. 'Photos of the Last Incan Suspension Bridge in Peru'. National Geographic, 31 August 2018a.

Sievers, Christine, Lucinda Backwell, Francesco d'Errico, and Lyn Wadley. 'Plant Bedding Construction between 60,000 and 40,000 Years Ago at Border Cave, South Africa'. *Quaternary Science Reviews*, vol. 275, January 2022. https://doi.org/10.1016/j.quascirev.2021.107280.

Skope. 'A Brief History Of String Instruments'. 6 May 2013. https://skopemag.com/2013/05/06/a-brief-history-of-string-instruments.

String Ovation Team. 'How Are Violin Strings Made?' Connolly Music, 7 March 2019. https://www.connollymusic.com/stringovation/how-are-violin-strings-made

Steel Wire Rope. 'All Wire Ropes'. https://www.steelwirerope.com/WireRopes/steel-wire-ropes.html.

SWR. 'Sourcing, Designing and Producing Wire Rope Solutions'. [Company Brochure].

Talati-Parikh, Sitanshi. 'Why Are School Uniforms Still Gendered?'. The Swaddle, 13 May 2018. https://theswaddle.com/why-are-school-uniforms-in-india-still-gendered/.

Talbot, Jim. 'First Steel-Wire Suspension Bridge'. *Modern Steel Construction*, June 2011.

Tecni Ltd. 'Low Rotation Wire Rope – 19 x 7 Construction Cable'. YouTube, 18 July 2019. https://www.youtube.com/watch?v=El1vcBHJG_U.

Toss Levy. 'Tanpura History'. https://www.tosslevy.nl/tanpura/tanpura-history/.

Toss Levy, Indian Musical Instruments. 'The Correct Use of the Tanpura Jiva (Threads)'.

YouTube, 3 August 2020. https://www.youtube.com/watch?v=nF7fYteo1ms.

Urmi Battu. 'How to Tune a Tanpura'. YouTube, 16 March 2021. https://www.youtube.com/watch?v=waCFEQL_Ee8&ab_channel=UrmiBattu.

UNESCO. 'Did You Know? The Exchange of Silk, Cotton and Woolen Goods, and Their Association with Different Modes of Living along the Silk Roads'. https://en.unesco.org/silkroad/content/did-you-know-exchange-silk-cotton-and-woolen-goods-and-their-association-different-modes.

Vaid-Menon, Alok. *Beyond the Gender Binary*. Penguin Workshop, 2020.

Vincent, Susan J. *The Anatomy of Fashion*. Berg, 2009.

Walstijn, Maarten van, Jamie Bridges, and Sandor Mehes. 'A Real-Time Synthesis Oriented Tanpura Model'. In *Proceedings of the 19th International Conference on Digital Audio Effects (DAFx-16)*. Brno, 2016.

Venkataraman, Vaishnavi. 'Soon, You Can Zip-Line From Ferrari World Abu Dhabi's Stunning Roof'. Curly Tales, 22 October 2020. https://curlytales.com/you-can-zipline-from-ferrari-world-abu-dhabis-stunning-roof-from-march/.

Whitfield, John. 'Lice Genes Date First Human Clothes'. *Nature*, 20 August 2003. https://doi.org/10.1038/news030818-7.

Willson, Tayler. 'Meet the Emerging Brand Making Sneakers From Coffee Grounds'. Hypebeast, 12 August 2021.
https://hypebeast.com/2021/8/rens-sneaker-brand-coffee-grounds-sustainability-interview-feature.

World Health Organization. 'Coronavirus Disease (COVID-19): Masks'. 5 January 2022. https://www.who.int/news-room/questions-and-answers/item/coronavirus-disease-covid-19-masks.

'Wool: Raw Wool Specification'. *Encyclopedia of Polymer Science and Technology, Wood Composites*, vol. 12.

Wragg Sykes, Rebecca. *Kindred: Neanderthal Life, Love, Death and Art*. Bloomsbury, 2020

7장 펌프

1001 Inventions. '5 Amazing Mechanical Devices from Muslim Civilisation'. https://www.1001inventions.com/devices/.

Abbott. 'About the HeartMate II LVAD'. https://www.cardiovascular.abbott/us/en/hcp/products/heart-failure/left-ventricular-assist-devices/heartmate-2/about.html.

Abbott. 'How the CentriMag Acute Circulatory Support System Works'. https://www.cardiovascular.abbott/us/en/hcp/products/heart-failure/mechanical-circulatory-support/centrimag-acute-circulatory-support-system/about/how-it-works.html.

Abbott. 'HeartMate 3 LVAD'. https://www.cardiovascular.abbott/us/en/hcp/products/heart-failure/left-ventricular-assist-devices/heartmate-3/about.html.

Al-Hassani, Salim. 'Al-Jazari: The Mechanical Genius'. Muslim Heritage, 9 February 2001. https://muslimheritage.com/al-jazari-the-mechanical-genius/.

Al-Hassani, Salim. 'The Machines of Al-Jazari and Taqi Al-Din'. Muslim Heritage, 30 December 2004. https://muslimheritage.com/the-machines-of-al-jazari-and-taqi-al-din/.

Al-Hassani. 'Al-Jazari's Third Water-Raising Device: Analysis of Its Mathematical and Mechanical Principles'. Muslim Heritage, 24 April 2008. https://muslimheritage.com/al-jazaris-third-water-raising-device-analysis-of-its-mathematical-and-mechanical-principles/.

Ameda. 'Our History'. https://www.ameda.com/history.

Anderson, Brooke, J. Nealy, Garry Qualls, Peter Staritz, John Wilson, M. Kim, Francis Cucinotta, William Atwell, G. DeAngelis, and J. Ware. 'Shuttle Spacesuit (Radiation) Model Development'. *SAE Technical Papers*, 1 February 2001. https://doi.org/10.4271/2001-01-2368.

Bazelon, Emily. 'Milk Me: Is the Breast Pump the New BlackBerry?' Slate, 27 March 2006. https://slate.com/human-interest/2006/03/is-the-breast-pump-the-new-blackberry.html.

Behe, Caroline. 'Transgender & Non-Binary Parents'. La Leche League International. https://www.llli.org/breastfeeding-info/transgender-non-binary-parents/.

bigclivedotcom. 'Inside a Near-Silent Piezoelectric Air Pump'. YouTube, 14 June 2018. https://www.youtube.com/watch?v=hKsZUuvtylE.

B. L. S, Amrit. 'Why the US Pig Heart Transplant Was Different From the 1997 Assam Doc's Surgery'. The Wire Science, 13 January 2022. https://science.thewire.in/health/university-maryland-pig-heart-xenotransplant-dhani-ram-baruah-1997-failed-surgery-arrest/.

Bologna, Caroline. '200 Years Of Breast Pumps, In 18 Images'. HuffPost UK, 1 August 2016a. https://www.huffpost.com/entry/200-years-of-breast-pumps-in-images_n_57871bfde4b0867123dfb16d.

British Heart Foundation. 'How Your Heart Works'. https://www.bhf.org.uk/informationsupport/how-a-healthy-heart-works.

British Heart Foundation. 'Focus on: Left Ventricular Assist Devices'. https://www.bhf.org.uk/informationsupport/heart-matters-magazine/medical/lvads.

Butler, Karen. 'Relactation and Induced Lactation'. La Leche League GB, 19 March 2016. https://www.laleche.org.uk/relactation-induced-lactation/.

Cadogan, David. 'The Past and Future Space Suit'. American Scientist, vol. 103, no. 5,

2015. https://doi.org/10.1511/2015.116.338.

Campbell, Dallas. *Ad Astra: An Illustrated Guide to Leaving the Planet*. Simon & Schuster, 2017.

CBS News. 'The Seamstresses Who Helped Put a Man on the Moon'. 14 July 2019. https://www.cbsnews.com/news/apollo-11-the-seamstresses-who-helped-put-a-man-on-the-moon/.

Cheng, Allen, Christine A. Williamitis, and Mark S. Slaughter. 'Comparison of Continuous-Flow and Pulsatile-Flow Left Ventricular Assist Devices: Is There an Advantage to Pulsatility?' *Annals of Cardiothoracic Surgery*, vol. 3, no. 6, November 2014. https://doi.org/10.3978/j.issn.2225-319X.2014.08.24.

Chu, Jennifer. 'Shrink-Wrapping Spacesuits'. Massachusetts Institute of Technology, 18 September 2014. https://news.mit.edu/2014/second-skin-spacesuits-0918.

Davis, Charles Patrick. 'How the Heart Works: Diagram, Anatomy, Blood Flow'. MedicineNet. https://www.medicinenet.com/heart-how-the-heart-works/article.htm.

Diana West. 'Trans Breastfeeding FAQ'. https://dianawest.com/trans-breastfeeding-faq/.

Dinerstein, Joel. 'Technology and Its Discontents: On the Verge of the Posthuman'. *American Quarterly*, vol. 58, no. 3, 2006. https://doi.org/10.1353/aq.2006.0056.

Elvie. 'Elvie'. https://www.elvie.com.

Encyclopedia of Australian Science and Innovation. 'Robinson, David – Person-' . Swinburne University of Technology, Centre for Transformative Innovation. https://www.eoas.info/biogs/P003898b.htm.

Encyclopedia Britannica. 'Shaduf: Irrigation Device'. https://www.britannica.com/technology/shaduf.

Eurostemcell. 'The Heart: Our First Organ'. https://www.eurostemcell.org/heart-our-first-organ.

Garber, Megan. 'A Brief History of Breast Pumps'. *The Atlantic*, 21 October 2013. https://www.theatlantic.com/technology/archive/2013/10/a-brief-history-of-breast-pumps/280728/.

Greatrex, Nicholas, Matthias Kleinheyer, Frank Nestler and Daniel Timms. 'This Maglev Heart Could Keep Cardiac Patients Alive'. IEEE Spectrum, 22 August 2019. https://spectrum.ieee.org/this-maglev-heart-could-keep-cardiac-patients-alive.

Greenfield, Rebecca. 'Celebrity Invention: Paul Winchell's Artificial Heart'. *The Atlantic*, 7 January 2011. https://www.theatlantic.com/technology/archive/2011/01/celebrity-invention-paul-winchells-artificial-heart/68724/.

Hamzelou, Jessica. 'Transgender Woman Is First to Be Able to Breastfeed Her Baby'. New Scientist, 14 February 2018. https://www.newscientist.com/article/2161151-transgender-woman-is-first-to-be-able-to-breastfeed-her-baby/.

참고문헌

Hasic, Albinko. 'The First Spacewalk Could Have Ended in Tragedy for Alexei Leonov. Here's What Went Wrong'. *Time*, 18 March 2020. https://time.com/5802128/alexei-leonov-spacewalk-obstacles/.

History.com. 'March 23: Artificial Heart Patient Dies'. https://www.history.com/this-day-in-history/artificial-heart-patient-dies.

How Products are Made. 'Spacesuit'. http://www.madehow.com/Volume-5/Spacesuit.html.

Jarvik Heart. 'Robert Jarvik, MD on the Jarvik-7'. 6 April 2016. https://www.jarvikheart.com/history/robert-jarvik-on-the-jarvik-7/.

Kato, Tomoko S., Aalap Chokshi, Parvati Singh, Tuba Khawaja, Faisal Cheema, Hirokazu Akashi, Khurram Shahzad, et al. 'Effects of Continuous-Flow Versus Pulsatile-Flow Left Ventricular Assist Devices on Myocardial Unloading and Remodeling'. *Circulation: Heart Failure*, vol. 4, no. 5, September 2011. https://doi.org/10.1161/CIRCHEARTFAILURE.111.962142.

Kotz, Deborah. '2022 News – University of Maryland School of Medicine Faculty Scientists and Clinicians Perform Historic First Successful Transplant of Porcine Heart into Adult Human with End-Stage Heart Disease'. University of Maryland School of Medicine, 10 January 2022. https://www.medschool.umaryland.edu/news/2022/University-of-Maryland-School-of-Medicine-Faculty-Scientists-and-Clinicians-Perform-Historic-First-Successful-Transplant-of-Porcine-Heart-into-Adult-Human-with-End-Stage-Heart-Disease.html.

Kwan, Jacklin. 'What Would Happen to the Human Body in the Vacuum of Space?'. Live Science, 13 November 2021. https://www.livescience.com/human-body-no-spacesuit.

Lathers, Marie. *Space Oddities: Women and Outer Space in Popular Film and Culture, 1960–2000*. Bloomsbury Publishing, 2010.

Le Fanu, James. *The Rise and Fall of Modern Medicine*. Abacus, 2011.

Ledford, Heidi. 'Ghost Heart Has a Tiny Beat'. Nature, 13 January 2008. https://doi.org/10.1038/news.2008.435.

Longmore, Donald. *Spare Part Surgery: The Surgical Practice of the Future*. Aldus Books London, 1968.

Madrigal, Alexis C. 'The World's First Artificial Heart'. *The Atlantic*, 1 October 2010. https://www.theatlantic.com/technology/archive/2010/10/the-worlds-first-artificial-heart/63949/.

Magazine, Smithsonian. 'The Nightmare of Voskhod 2'. *Smithsonian Magazine*, January 2005. https://www.smithsonianmag.com/air-space-magazine/the-nightmare-of-voskhod-2-8655378/.

Mahoney, Erin. 'Spacesuit Basics'. NASA, 4 October 2019. a http://www.nasa.gov/

feature/spacewalk-spacesuit-basics.

Martucci, Jessica. 'Breast Pumping'. *AMA Journal of Ethics*, vol. 15, no. 9, 1 September 2013. https://doi.org/10.1001/virtualmentor.2013.15.9.mhst1-1309.

McFadden, Christopher. 'Mechanical Engineering in the Middle Ages: The Catapult, Mechanical Clocks and Many More We Never Knew About'. Interesting Engineering, 28 April 2018. https://interestingengineering.com/mechanical-engineering-in-the-middle-ages-the-catapult-mechanical-clocks-and-many-more-we-never-knew-about.

McKellar, Shelley. *Artificial Hearts: The Allure and Ambivalence of a Controversial Medical Technology*. Wellcome Collection, 2018. https://wellcomecollection.org/works/yjs8tzcc.

Mechanical Boost. 'What Is a Pump? What Are the Types of Pumps?'. 4 December 2020. https://mechanicalboost.com/what-is-a-pump-types-of-pumps-and-applications/

MedicineNet. 'Picture of Heart Detail'. https://www.medicinenet.com/image-collection/heart_detail_picture/picture.htm.

Medlife Crisis. 'The 6 Weirdest Hearts in the Animal Kingdom'. YouTube, 11 February 2018. https://www.youtube.com/watch?v=1jHmsBLq0Eo.

Mends, Francine. 'What Are Piezoelectric Materials?' Sciencing, 28 December 2020. https://sciencing.com/piezoelectric-materials-8251088.html.

Morris, Thomas. *The Matter of the Heart: A History of the Heart in Eleven Operations*. Vintage, 2017.

Mullin, Emily. 'A Simple Artifi cial Heart Could Permanently Replace a Failing Human One'. MIT Technology Review, 16 March 2018. https://www.technologyreview.com/2018/03/16/104612/a-simple-artifi cial-heart-could-permanently-replace-a-failing-human-one/.

Murata Manufacturing Co., Ltd. 'Basic Knowledge of Microblower (Air Pump)'. https://www.murata.com/en-eu/products/mechatronics/fluid/library/basics.

Murata Manufacturing Co., Ltd. 'Microblower (Air Pump) | Micro Mechatronics'. https://www.murata.com/en-eu/products/mechatronics/fluid.

National Heart, Lung and Blood Institute. 'Developing a Bio-Artifi cial Heart'. https://www.nhlbi.nih.gov/events/2013/developing-bio-artificial-heart.

National Heart, Lung and Blood Institute. 'What Is Total Artifi cial Heart?'. https://www.nhlbi.nih.gov/health/total-artifi cial-heart.

National Museum of American History. 'Liotta-Cooley Artificial Heart'. https://americanhistory.si.edu/collections/search/object/nmah_688682.

Newman, Dava. 'Building the Future Spacesuit'. *ASK Magazine*. https://www.nasa.gov/pdf/617047main_45s_building_future_spacesuit.pdf.

O'Donahue, Kelvin. 'How Do Oil Field Pumps Work?' Sciencing, 14 March 2018.

https://sciencing.com/do-oil-field-pumps-work-5557828.html.

Pumps and Systems. 'History of Pumps'. 28 February 2018. https://www. pumpsandsystems.com/history-pumps.

Sarkar, Manjula, and Vishal Prabhu. 'Basics of Cardiopulmonary Bypass'. *Indian Journal of Anaesthesia*, vol. 61, no. 9. September 2017. https://doi.org/10.4103/ija. IJA_379_17.

Science Friday. 'Bringing A "Ghost Heart" To Life'. 14 February 2020. https://www. sciencefriday.com/segments/ghost-heart-engineering/.

Science Museum Group. 'Sir Henry Wellcome's Museum Collection'. https://collection. sciencemuseumgroup.org.uk/search/collection/sir-henry-wellcome's-museum-collection.

Shrouk El-Attar (@dancingqueeroffi cial). 'Chatting with @elvie 's CEO and MY BOSS @tania.Boler'. Instagram, 11 March 2021. https://www.instagram.com/tv/CMSoP_gAhLY/?utm_source=ig_web_copy_link.

Shumacker, Harris B. *A Dream of the Heart: The Life of John H. Gibbon, Jr Father of the Heart Lunch Machine*, 1999.

SynCardia. 'SynCardia Temporary Total Artifi cial Heart'. https://syncardia.com/ clinicians/home/.

SynCardia. '7 Things You Should Know About Artifi cial Hearts', 9 August 2018. https:// syncardia.com/patients/media/blog/2018/08/seven-things-about-artificial-hearts/.

Taschetta-Millane, Melinda. 'Pig Heart Transplant Patient Continues to Thrive'. DAIC, 16 February 2022. http://www.dicardiology.com/article/pig-heart-transplant-patient-continues-thrive.

Texas Heart Institute. '50th Anniversary of the World's First Total Artifi cial Heart'. https://www.texasheart.org/50th-anniversary-of-the-worlds-first-artificial-heart/.

TED Archive. 'How to Create a Space Suit – Dava Newman'. YouTube, 29 August 2017. https://www.youtube.com/watch?v=lZvP_URAjmM.

The Stemettes Zine. 'Meet Vinita Marwaha Madill'. 11 January 2021. https://stemettes. org/zine/articles/meet-vinita-marwaha-madill/.

The European Space Agency. 'Alexei Leonov: The Artistic Spaceman'. 4 October 2007. https://www.esa.int/About_Us/ESA_history/Alexei_Leonov_The_artistic_spaceman.

Thomas, Kenneth S. 'The Apollo Portable Life Support System'. NASA. https://www. hq.nasa.gov/alsj/ALSJ-FlightPLSS.pdf.

Thomas, Kenneth S., and Harold J. McMann. *U.S. Spacesuits*. Second Edition. Springer-Praxis, 2012.

Thornton, Mike, Dr Robert Randall and Kurt Albaugh. 'Then and Now: Atmospheric Diving Suits'. *Underwater Magazine*, March/April 2001. https://web.archive.

org/web/20081209012857/. and http://www.underwater.com/archives/arch/marapr01.01.shtml.

US Patents Office. 'Breast Pump System Patent Application – USPTO report'. https://uspto.report/patent/app/20180361040.

Vallely, Paul. 'How Islamic Inventors Changed the World'. *Independent*, 17 May 2008. https://web.archive.org/web/20080517013534/ and http://news.independent.co.uk/world/science_technology/article350594.ece.

VanHemert, Kyle. 'Aerospace Gurus Show Off a Fancy Space Suit Made for Mars'. *Wired*, 5 November 2014. https://www.wired.com/2014/11/aerospace-gurus-show-fancy-space-suit-made-mars/.

Watts, Sarah. 'The Voice Behind Some of Your Favorite Cartoon Characters Helped Create the Artificial Heart'. Leaps.org, 30 July 2021. https://leaps.org/artificial-heart-paul-winchell/.

Wellcome Collection. 'A Breast Pump Manufactured by H. Wright. Wood'. https://wellcomecollection.org/works/rsypec3r.

WebMD. 'Anatomy and Circulation of the Heart'. https://www.webmd.com/heart-disease/high-cholesterol-healthy-heart.

Winderlich, Melanie. 'How Breast Pumps Work'. How Stuff Works, 9 February 2012. https://science.howstuffworks.com/innovation/everyday-innovations/breast-pump.htm.

World Pumps. 'A Brief History of Pumps'. 6 March 2014. https://www.worldpumps.com/articles/a-brief-history-of-pumps/.

참고문헌

볼트와 너트, 세상을 만든
작지만 위대한 것들의 과학

초판 1쇄 발행 2024년 1월 15일
초판 2쇄 발행 2024년 4월 12일

지은이 로마 아그라왈
옮긴이 우아영
발행인 김형보
편집 최윤경, 강태영, 임재희, 홍민기, 강민영
마케팅 이연실, 이다영, 송신아   **디자인** 송은비   **경영지원** 최윤영

발행처 어크로스출판그룹(주)
출판신고 2018년 12월 20일 제 2018-000339호
주소 서울시 마포구 양화로10길 50 마이빌딩 3층
전화 070-8724-0876(편집) 070-8724-5877(영업)   **팩스** 02-6085-7676
이메일 across@acrossbook.com   **홈페이지** www.acrossbook.com

한국어판 출판권 ⓒ 어크로스출판그룹(주) 2024

ISBN 979-11-6774-130-1 03500

만든 사람들
편집 임재희   **교정** 오효순   **디자인** 송은비   **조판** 박은진